"十四五"职业教育国家规划教材

JIANZHU GONGCHENG JILIANG YU JIJIA

建筑工程计量与计价

（第7版）

主　编／李会静　唐小林

副主编／付　静　徐洁玲

主　审／竹隰生

重庆大学出版社

内 容 简 介

　　本书对接行业新技术、新工艺、新规范,对房屋建筑与装饰工程的计量与计价进行系统阐述,详细介绍了工程造价基础知识、建筑工程建筑面积计算规范、建筑工程工程量计算规则以及建筑工程施工图预算编制,同时结合实际工程 BIM 模型进行投标报价编制,内容扩展至施工预算、工程结算与竣工决算。

　　本书内容新颖、图文并茂、通俗易懂、实用性强,同时配套丰富的教学微课、FLASH 动画、PPT、试卷库等数字教学资源,可作为高等职业教育工程造价、建设工程管理、建筑工程技术等专业的教材使用,也可作为从事工程造价管理、概预算或相关工作的人员培训和自学参考书。

图书在版编目(CIP)数据

建筑工程计量与计价 / 李会静,唐小林主编. -- 7
版. -- 重庆:重庆大学出版社,2023.7(2025.1 重印)
高等职业教育建设工程管理类专业系列教材
ISBN 978-7-5689-3089-5

Ⅰ.①建… Ⅱ.①李… ②唐… Ⅲ.①建筑工程—计
量—高等职业教育—教材 ②建筑造价—高等职业教育—教
材 Ⅳ.①TU723.3

中国国家版本馆 CIP 数据核字(2023)第 130225 号

建筑工程计量与计价
(第 7 版)

李会静　唐小林　主编

责任编辑:林青山　　版式设计:林青山
责任校对:关德强　　责任印制:赵　晟

*

重庆大学出版社出版发行
出版人:陈晓阳
社址:重庆市沙坪坝区大学城西路 21 号
邮编:401331
电话:(023)88617190　88617185(中小学)
传真:(023)88617186　88617166
网址:http://www.cqup.com.cn
邮箱:fxk@cqup.com.cn(营销中心)
全国新华书店经销
重庆升光电力印务有限公司印刷

*

开本:787mm×1092mm　1/16　印张:22　字数:564千
2008 年 9 月第 1 版　2023 年 7 月第 7 版　2025 年 1 月第 28 次印刷
印数:83 001—88 000
ISBN 978-7-5689-3089-5　定价:59.00 元

前言

（第7版）

苟日新，日日新，又日新。编写团队紧跟造价行业发展趋势，秉承与时俱进、精益求精的精神对书稿持续更新、完善，矢志不渝地打造成一本融理论与实践为一体的 BIM+数字造价教材。

教材内容以实际工程为载体，旨在对建筑工程计量及计价等方面的知识结合工程施工图进行讲解，依据最新政策、法规、行业标准等对原有的理论和工程项目进行修订，力求内容及时对接行业新技术、新工艺、新规范。本次修订进一步丰富、优化了配套的教学微课、FLASH 动画、PPT、试题库等数字教学资源，同时将单层砖混结构办公用房案例升级为编制某工程框架结构公寓楼投标报价书。该案例同时配备 CAD 电子图纸、工程计价文件以及详细的工程量计算表等资源；创新利用 BIM 新技术，创建了公寓楼 BIM 模型，解决项目式教学过程中的重难点。教材的教学资源同时配置在重庆大学出版社、重庆高等教育智慧教育平台上，结合手机等移动终端，将信息化技术手段与工程实境教学完美耦合，充分体现以学生为主体，促进学生自主学习和深度学习，更好地实现由知识范式向能力范式的转变。

本教材按照党的二十大精神进行了修订，落实"立德树人"的教育根本任务，注重培养具有工程思维、工匠精神、创新精神和良好职业素养的工程造价人才。教材的内容注重理论与实践相结合，强调实践操作，积累工作经验。工程量清单以《房屋建筑与装饰工程工程量计算规范》（GB 50854—2013）及重庆实施细则为编制依据，清单计价消耗量定额以 2018 年重庆市房屋建筑与装饰工程计价定额为计价依据，旨在对房屋建筑与装饰工程各分部分项清单列项、工程量计算及清单计价等方面的知识结合工程施工图进行编制，配套了详尽的工程量计算表，便于学生自主学习。

本书由重庆电子工程职业学院李会静（一级造价师）、唐小林任主编，重庆电子工程职业学院付静、安徽城市管理职业学院徐洁玲（一级造价师）担任副主编，同致诚工程咨询有限公司副总经理熊远勤（高级经济师、一级造价师）参编。书稿最后由重庆大学管理科学与房地产学院竹隰生副教授主审。

由于 BIM+数字造价逐渐发展成熟，且编者水平有限，书中难免出现不妥和错漏之处，敬请广大读者批评指正。

编　者

前言

（第1版）

随着我国建筑业的日益发展，进入建筑工程行业的新人越来越多。这些年来，有志学预算、从事预算工作的人越来越多。这对于建筑行业从业人员新老更替，以及不断规范建筑行业计价活动，都应该是个好事情。

但是，这其中有个普遍的问题：到哪里去寻找一本适合自己学习的教材？

不管是普通大专院校的学生，还是参加短训班培训的学员，或者是边工作边自学者，老师的指导固然重要，但是对他们来说，一本适合"自己学习"的教材更是断不可缺的。

一本适合"自己学习"的预算教材应该具有易学易懂、内容新颖和结合本地具体情况的特点。

"易学易懂"的教材，深入浅出、行文通俗、图文并茂，大量举例。预算应该是一门应用性的学科，一般而言它不需要高深的理论、复杂的数学公式，不应该将它弄得深奥复杂。对于学习和具体编制预算的人，以理论够用为度，重在对规则、规定的理解和掌握。教材使用浅显的文字来叙述简单的理论，叙述常用的规则和规定是极益于"自己学习"的。同时，学预算又需多个相关学科作基础，初学者往往不具备。那就需要教材绘制较多的图样，列举较多的例题，以弥补初学者在基础上的欠缺。

"内容新颖"是指教材的内容比较新。工程造价是建设工程项目管理诸多因素中最活跃者。随着市场经济的发展和不断完善，工程造价的理论，计价方式、计算规则和规定，不断更新，教材也要与时俱进。例如，重庆市2008年建设工程计价定额颁发了，教材就得与时俱进，讲述08

定额及其相应规定;再如,建筑工地上大量使用平法表示的施工图,教材上就应介绍相应的(混凝土、钢筋)计算方法,等等。

"结合本地具体情况",这是工程计量与计价的基本准则之一。在学校或者在书店中常看到许多预算教材,讲的是全国基础定额、江苏省定额、湖北省定额、山东定额……这些教材对学习者理解预算原理、计算方法是有帮助的。但使用不结合本地具体情况的预算教材,是不利于学习者的实际工作和操作的。重庆市自2008年4月1日起开始使用2008年《重庆市建筑工程计价定额》及《重庆市建设工程费用定额》,这是重庆工程造价的一件大事。重庆市的每一名从事工程造价的同仁,都应努力学习,尽快熟悉掌握。

"易学易懂、内容新颖和结合本地具体情况",这便是本书编者的宗旨。使用通俗易懂的语言,绘制较多的图样,列举大量的例题,结合08定额讲述工程计量和计价的基本规则和规定,是本书的特点。

由于编者水平有限,兼时间仓促,书中难免出现错误、漏失、不足之处,祈盼专家及众读者批评指正。

编著者

2008年7月

目 录

第1章　工程造价及概预算概述

1.1　工程造价含义及其组成

建设项目工程
造价构成

1.1.1　工程造价的含义

工程造价通常是指工程项目在建设期(预计或实际)支出的建设费用。由于所处的角度不同,工程造价有不同的含义。

含义一:从投资者(业主)角度分析,工程造价是指建设一项工程预期开支或实际开支的全部固定资产投资费用。投资者为了获得投资项目的预期效益,需要对项目进行策划决策、建设实施(设计、施工)直至竣工验收等一系列活动。在上述活动中所花费的全部费用,即构成工程造价。从这个意义上讲,工程造价就是建设工程固定资产总投资。

含义二:从市场交易角度分析,工程造价是指在工程发承包交易活动中形成的建筑安装工程费用或建设工程总费用。显然,工程造价的这种含义是指以建设工程这种特定的商品形式作为交易对象,通过招标投标或其他交易方式,在多次预估的基础上,最终由市场形成的价格。这里的工程既可以是整个建设工程项目,也可以是其中一个或几个单项工程或单位工程,还可以是其中一个或几个分部工程,如建筑安装工程、装饰装修工程等。随着经济发展、技术进步、分工细化和市场的不断完善,工程建设中的中间产品也会越来越多,商品交换会更加频繁,工程价格的种类和形式也会更加丰富。

工程承发包价格是一种重要且较为典型的工程造价形式,是在建筑市场通过发承包交易(多数为招标投标),由需求主体(投资者或建设单位)和供给主体(承包商)共同认可的价格。

工程造价的两种含义实质上是从不同角度把握同一事物的本质。对投资者而言,工程造价就是项目投资,是"购买"工程项目需支付的费用;同时,工程造价也是投资者作为市场供给主体"出售"工程项目时确定价格和衡量投资效益的尺度。

1.1.2　工程造价的构成

工程造价中的主要构成部分是建设投资。建设投资是为完成工程项目建设,在建设期内投入且形成现金流出的全部费用。根据国家发改委和原建设部发布的《建设项目经济评价方法与参数(第3版)》(发改投资〔2006〕1325号)的规定,建设投资包括工程费用、工程建设其他费用和预备费3部分。工程费用是指建设期内直接用于工程建造、设备购置及其安装的建设投资,可以分为建筑安装工程费和设备及工器具购置费。工程建设其他费用是指建设期发生为项目建设或运营必须发生的但不包括在工程费用中的费用。预备费是在建设期内因

1

各种不可预见因素的变化而预留的可能增加的费用,包括基本预备费和价差预备费。建设项目总投资的具体构成内容如图 1.1 所示。

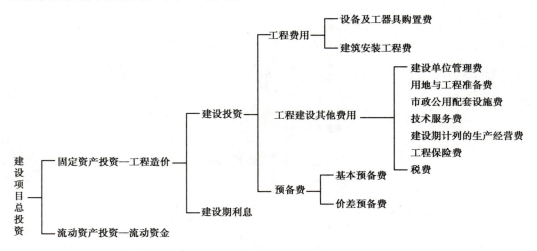

图 1.1　我国现行建设项目总投资构成

1.1.3　建筑安装工程费用组成

按住房和城乡建设部、财政部建标[2013]44 号《关于印发〈建筑安装工程费用项目组成〉的通知》的规定,建筑安装工程费用项目可按费用构成要素组成划分;另一方面,为指导工程造价专业人员计算建筑安装工程造价,也可将建筑安装工程费用按工程造价形成顺序划分。

1)建筑安装工程费用项目组成按费用构成要素划分

建筑安装工程费按照费用构成要素,分为人工费、材料费(包含工程设备,下同)、施工机具使用费、企业管理费、利润、规费和税金。其中,人工费、材料费、施工机具使用费、企业管理费和利润包含在分部分项工程费、措施项目费、其他项目费中。如图 1.2 所示。

(1)人工费

人工费是指按工资总额构成规定,支付给从事建筑安装工程施工的生产工人和附属生产单位工人的各项费用。内容包括:

①计时工资或计件工资:是指按计时工资标准和工作时间或对已做工作按计件单价支付给个人的劳动报酬。

②奖金:是指对超额劳动或增收节支支付给个人的劳动报酬,如节约奖、劳动竞赛奖等。

③津贴补贴:是指为了补偿职工特殊或额外的劳动消耗和因其他特殊原因,支付给个人的津贴,以及为了保证职工工资水平不受物价影响,支付给个人的物价补贴,如流动施工津贴、特殊地区施工津贴、高温(寒)作业临时津贴、高空津贴等。

④加班加点工资:是指按规定支付的在法定节假日工作的加班工资和在法定工作时间外延时工作的加点工资。

⑤特殊情况下支付的工资:是指根据国家法律、法规和政策规定,因病、工伤、产假、计划生育假、婚丧假、事假、探亲假、定期休假、停工学习、执行国家或社会义务等原因,按计时工资标准或计件工资标准的一定比例支付的工资。

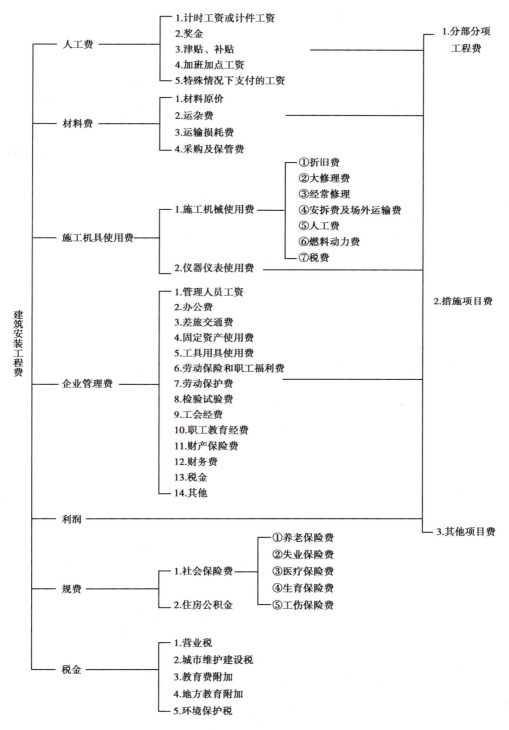

图 1.2 建筑安装工程费用项目组成
（按费用构成要素划分）

（2）材料费

材料费是指施工过程中耗费的原材料、辅助材料、构配件、零件、半成品或成品、工程设备的费用。内容包括：

①材料原价：是指材料、工程设备的出厂价格或商家供应价格。

②运杂费：是指材料、工程设备自来源地运至工地仓库或指定堆放地点所发生的全部费用。

③运输损耗费：是指材料在运输装卸过程中不可避免的损耗。

④采购及保管费：是指为组织采购、供应和保管材料、工程设备的过程中所需要的各项费用，包括采购费、仓储费、工地保管费、仓储损耗。

工程设备是指构成或计划构成永久工程一部分的机电设备、金属结构设备、仪器装置及其他类似的设备和装置。

（3）施工机具使用费

施工机具使用费是指施工作业所发生的施工机械、仪器仪表使用费或其租赁费。内容包括施工机械使用费、仪器仪表使用费。

①施工机械使用费：以施工机械台班耗用量乘以施工机械台班单价表示，施工机械台班单价应由下列 7 项费用组成。

a. 折旧费：指施工机械在规定的使用年限内，陆续收回其原值的费用。

b. 大修理费：指施工机械按规定的大修理间隔台班进行必要的大修理，以恢复其正常功能所需的费用。

c. 经常修理费：指施工机械除大修理以外的各级保养和临时故障排除所需的费用，包括为机械正常运转所需替换设备与随机配备工具附具的摊销和维护费用，机械运转中日常保养所需润滑与擦拭的材料费用及机械停滞期间的维护和保养费用等。

d. 安拆费及场外运费：安拆费指施工机械（大型机械除外）在现场进行安装与拆卸所需的人工、材料、机械和试运转费用及机械辅助设施的折旧、搭设、拆除等费用；场外运费指施工机械整体或分体自停放地点运至施工现场或由一施工地点运至另一施工地点的运输、装卸、辅助材料及架线等费用。

e. 人工费：指机上司机（司炉）和其他操作人员的人工费。

f. 燃料动力费：指施工机械在运转作业中所耗费的各种燃料及水、电等。

g. 税费：指施工机械按照国家规定应缴纳的车船使用税、保险费及年检费等。

②仪器仪表使用费：指工程施工所需使用的仪器仪表的摊销及维修费用。

（4）企业管理费

企业管理费是指建筑安装企业组织施工生产和经营管理所需的费用。内容包括：

①管理人员工资：指按规定支付给管理人员的计时工资、奖金、津贴补贴、加班加点工资及特殊情况下支付的工资等。

②办公费：指企业管理办公用的文具、纸张、账表、印刷、邮电、办公软件、现场监控、会议、水电、烧水和集体取暖降温（包括现场临时宿舍取暖降温）等费用。

③差旅交通费：指职工因公出差、调动工作的差旅费、住勤补助费，市内交通费和误餐补助费，职工探亲路费，劳动力招募费，职工退休、退职一次性路费，工伤人员就医路费，工地转移以及管理部门使用的交通工具的油料、燃料等费用。

④固定资产使用费：指管理和试验部门及附属生产单位使用的属于固定资产的房屋、设

备、仪器等的折旧、大修、维修或租赁费。

⑤工具用具使用费:指企业施工生产和管理使用的不属于固定资产的工具、器具、家具、交通工具和检验、试验、测绘、消防用具的购置、维修和摊销费。

⑥劳动保险和职工福利费:指由企业支付的职工退职金、按规定支付给离休干部的经费,集体福利费、夏季防暑降温、冬季取暖补贴、上下交通补贴等。

⑦劳动保护费:指企业按规定发放的劳动保护用品的支出,如工作服、手套、防暑降温饮料以及在有碍身体健康的环境中施工的保健费用等。

⑧检验试验费:指施工企业按照有关标准规定,对建筑以及材料、构件和建筑安装物进行一般鉴定、检查所发生的费用,包括自设试验室进行试验所耗用的材料等费用。不包括新结构、新材料的试验费,对构件做破坏性试验及其他特殊要求检验试验的费用和建设单位委托检测机构进行检测的费用,对此类检测发生的费用,由建设单位在工程建设其他费用中列支。但对施工企业提供的具有合格证明的材料进行检测不合格的,该检测费用由施工企业支付。

⑨工会经费:指企业按《工会法》规定的全部职工工资总额比例计提的工会经费。

⑩职工教育经费:指按职工工资总额的规定比例计提,企业为职工进行专业技术和职业技能培训,专业技术人员继续教育、职工职业技能鉴定、职业资格认定以及根据需要对职工进行各类文化教育所发生的费用。

⑪财产保险费:指施工管理用财产、车辆等的保险费用。

⑫财务费:指企业为施工生产筹集资金或提供预付款担保、履约担保、职工工资支付担保等所发生的各种费用。

⑬税金:指企业按规定缴纳的房产税、车船使用税、土地使用税、印花税等。

⑭其他:包括技术转让费、技术开发费、投标费、业务招待费、绿化费、广告费、公证费、法律顾问费、审计费、咨询费、保险费等。

(5)利润

利润是指施工企业完成所承包的工程获得的盈利。

(6)规费

规费是指按国家法律、法规规定,由省级政府和省级有关权力部门规定必须缴纳或计取的费用。包括:

①社会保险费:

a. 养老保险费:指企业按照规定标准为职工缴纳的基本养老保险费。

b. 失业保险费:指企业按照规定标准为职工缴纳的失业保险费。

c. 医疗保险费:指企业按照规定标准为职工缴纳的基本医疗保险费。

d. 生育保险费:指企业按照规定标准为职工缴纳的生育保险费。

e. 工伤保险费:指企业按照规定标准为职工缴纳的工伤保险费。

②住房公积金:指企业按照规定标准为职工缴纳的住房公积金。

③工程排污费:指按规定缴纳的施工现场工程排污费。

其他应列入而未列入的规费,按实际发生计取。

(7)税金

税金是指国家税法规定的应计入建筑安装工程造价的营业税、城市维护建设税、教育费附加以及地方教育附加。

2) 建筑安装工程费用项目组成按造价形成划分

建筑安装工程按照工程造价形成,由分部分项工程费、措施项目费、其他项目费、规费、税金组成。分部分项工程费、措施项目费、其他项目费包含人工费、材料费、施工机具使用费、企业管理费和利润(见图 1.3)。

(1)分部分项工程费

分部分项工程费是指各专业工程的分部分项工程应予列支的各项费用。各类专业工程的分部分项工程划分见现行国家或行业计量规范。

(2)措施项目费

措施项目费是指为完成建设工程施工,发生于该工程施工前和施工过程中的技术、生活、安全、环境保护等方面的费用。内容包括:

①安全文明施工费

a. 环境保护费:指施工现场为达到环保部门要求所需要的各项费用。

b. 文明施工费:指施工现场文明施工所需要的各项费用。

c. 安全施工费:指施工现场安全施工所需要的各项费用。

d. 临时设施费:指施工企业为进行建设工程施工所必须搭设的生活和生产用的临时建筑物、构筑物和其他临时设施费用,包括临时设施的搭设、维修、拆除、清理费或摊销费等。

②夜间施工费:指因夜间施工所发生的夜班补助费、夜间施工降效、夜间施工照明设备摊销及照明用电等费用。

③二次搬运费:指因施工场地条件限制而发生的材料、构配件、半成品等一次运输不能到达堆放地点,必须进行二次或多次搬运所发生的费用。

④冬雨季施工增加费:指在冬季或雨季施工需要增加的临时设施、防滑、排除雨雪,人工及施工机械效率降低等费用。

⑤已完工程及设备保护费:指竣工验收前,对已完工程及设备采取的必要保护措施所发生的费用。

⑥工程定位复测费:指工程施工过程中进行全部施工测量放线和复测工作的费用。

⑦特殊地区施工增加费:指工程在沙漠或其边缘地区、高海拔、高寒、原始森林等特殊地区施工增加的费用。

⑧大型机械设备进出场及安拆费:指机械整体或分体自停放场地运至施工现场或由一个施工地点运至另一个施工地点,所发生的机械进出运输及转移费用及机械在施工现场进行安装、拆卸所需的人工费、材料费、试运转费和安装所需的辅助设施的费用。

⑨脚手架工程费:指施工需要的各种脚手架搭、拆、运输费用以及脚手架购置费的摊销(或租赁)费用。

措施项目及其包含的内容详见各类专业工程的现行国家或行业计量规范。

(3)其他项目费

①暂列金额:指建设单位在工程量清单中暂定并包括在工程合同价款中的一笔款项。用于施工合同签订时尚未确定或者不可预见的所需材料、工程设备、服务的采购,施工中可能发生的工程变更、合同约定调整因素出现时的工程价款调整以及发生的索赔、现场签证确认等的费用。

②计日工:指在施工过程中,施工企业完成建设单位提出的施工图纸以外的零星项目或工作所需的费用。

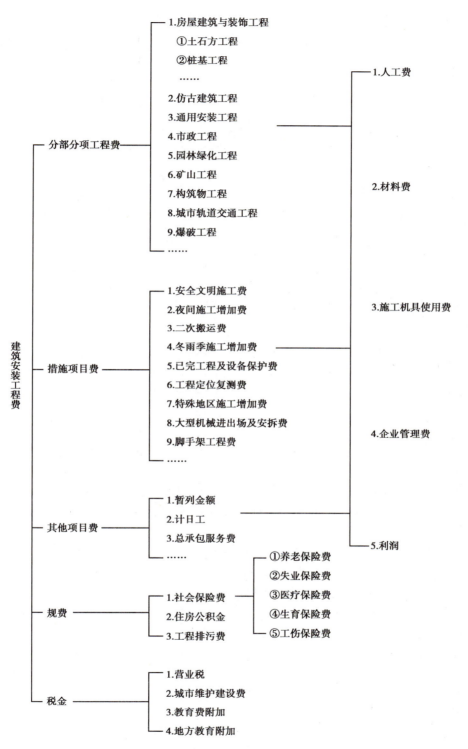

图 1.3   建筑安装工程费用项目组成
（按造价形成划分）

③总承包费：指总承包人为配合、协调建设单位进行的专业发包，对建设单位自行采购的材料、工程设备等进行保管以及施工现场管理、竣工资料汇总整理等服务所需的费用。

规费和税金定义同1.1.3节建筑安装工程费用项目组成按费用构成要素划分。

1.1.4　国外工程造价的组成内容

国外工程造价的组成内容与我国工程造价的组成内容有比较大的不同，在我国加入世界贸易组织以后，我们应该对国外工程造价的组成内容有所了解。

世界银行、国际咨询工程师联合会对工程项目的总建设成本（相当于我国的工程造价）做了统一规定，其内容如下：

（1）项目直接建设成本

项目直接建设成本包括土地征购费、场外设施费用、场地费用、工艺设备费、设备安装费、管道系统费用、电气设备费、电气安装费、仪器仪表费、机械的绝缘和油漆费、工艺建筑费、服务性建筑费用、工厂普通公共设施费、车辆费、其他当地费用等。

（2）项目间接建设成本

项目间接建设成本包括项目管理费、开工试车费、业主的行政性费用、生产前费用、运费、保险费和税金等。

（3）应急费

应急费包括未明确项目的准备金、不可预见准备金。

（4）建设成本上升费

建设成本上升费是指因材料价格上涨等因素造成建设成本增加的费用。

1.1.5　工程造价及其计价的特点

建设工程项目作为一种商品，其造价也同其他商品一样，包括各种活劳动和物化劳动的消耗量，以及这些消耗所创造的社会价值。但是，建设工程项目又有其特殊性。

建设工程具有产品固定而生产流动的特点，产品单件性、多样性的特点，产品体积庞大、生产周期长、露天作业的特点。这些特点决定了其工程造价及计价的特点。

1）工程造价的特点

工程造价具有大额性、个别性和差异性、动态性、层次性和兼容性的特点。

①大额性：能够发挥投资者投资效用的任何一项工程，不仅形体庞大，而且价值高昂，动辄数百万、数千万、数亿元，特别大的工程项目其造价甚至可达上百亿元人民币。工程造价的大额性使它关系到各方面的重大经济利益，同时会对国家宏观经济产生重要影响。这就决定了工程造价管理的特殊地位，也说明了工程造价管理的重要意义。

②个别性和差异性：任何一项工程都有特定的用途、功能、规模，因此工程结构、造型、空间分割、设备配置和内外装饰装修都有具体的要求，使得工程内外形态都具个别性、差异性。产品的差异性决定了工程造价的个别性和差异性。同时，各项工程所处地区、地段都不相同，更使这一特点得到强化。

③动态性：一个建筑工程从决策到竣工交付使用，都有一个很长的建设周期。在这个周期内，许多动态因素会发生变化，如：工程设计变更，设备材料价格、工资标准、费率、利率、汇率等的变化。这些变化都将影响到工程造价，使工程造价处于不确定状态，直至竣工决算时才能最终确定工程实际造价。

④层次性:造价的层次性取决于工程的层次性。工程造价有 3 个层次:建设项目总造价、单项工程造价、单位工程造价。如果专业分工更细,还可有分部、分项工程造价,从而形成 5 个层次。

⑤兼容性:工程造价的兼容性首先表现在它具有建设项目总投资和建筑安装工程总费用两种意义,其次表现为成本和盈利的构成非常复杂、相互交融。

2)工程造价的计价特点

①单件性计价。建筑工程产品的个别性和差异性决定每项产品都必须单独计算造价。

②多次性计价。建设工程周期长、规模大、造价高,因此要按建设程序进行,相应地也需分段多次计价,以保证工程造价的科学性。多次计价是一个逐步深化、逐步细化和逐步接近实际造价的过程。如图 1.4 所示。

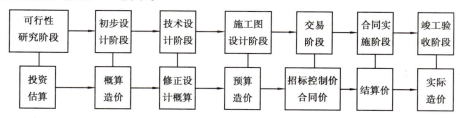

图 1.4　建设工程多次计价示意图

③组合性特征。这一特征和项目的组成划分有关。一个建设项目是一个综合体,是由许多分项工程、分部工程、单位工程、单项工程依序组成的。建设项目的这种组合决定了工程计价也是一个逐步组合的过程。其计算过程和顺序是:分项工程单价→分部工程造价→单位工程造价→单项工程造价→建设项目造价。

④多样性特征。多样性是指工程造价有多种计价方法和模式。例如,施工图预算有定额计价模式(单价法)和工程量清单计价模式(实物法),等等。

⑤复杂性特征。复杂性是指影响工程造价的因素多,计价依据复杂、种类繁多。

1.2　概(预)算概述

1.2.1　概(预)算的含义

概(预)算是指开工前,对工程项目所需的各种人力、物力资源及资金的预先计算,是以货币形式表示建筑产品(工程)价值和价格的技术经济文件。由于建设工程项目具有单件性、体积大、生产周期长、价值高的特点,因而是交易在前、生产在后,这就必须事先进行概(预)算。

概(预)算的目的是确定和控制工程造价,进行人力、物力、财力上的准备工作,以保证工程项目的顺利建成。

概(预)算作为一种专业术语,有两种理解:一种是指概(预)算从头到尾的编制过程,另一种是指编制过程的结果——概(预)算书。前者为广义的理解,后者为相对狭义的理解。

1.2.2　概(预)算的分类与作用

(1)投资估算

投资估算是指建设项目在投资决策过程中,依据现有的资料和特定的方法,对建设项目的投资数额进行的粗略估算。它是项目建设前期编制项目建议书和可行性研究报告的重要组成部分,是项目决策的重要依据之一。

(2)设计概算

设计概算是指在投资估算的控制下,由设计单位根据初步设计(或扩大初步设计)图纸、概算定额(或概算指标)、费用定额或取费标准、建设地区自然条件、技术经济条件和设备及材料价格等资料,编制和确定的工程项目全部费用的文件。设计概算是设计文件的重要组成部分。它是确定和控制基本建设投资额,编制基本建设计划,选择最优设计方案推行限额设计的重要依据,也是计算设计费用,编制招标控制价和投标报价,确定工程项目总承包合同价的主要依据。

(3)施工图预算

施工图预算是指施工图设计完成以后,根据施工图纸、现行预算定额、费用定额,以及地区设备、材料、人工、施工机械台班等预算价格编制和确定的建筑安装工程造价的经济文件。施工图预算是一般意义上的预算,又称设计预算、工程预算等。它是确定单位工程预算造价的依据;是编制招标控制价和投标报价的依据;是签订工程承包合同的依据;是建设单位与施工单位之间拨付工程款项和办理结算的依据;也是施工企业编制施工组织设计,进行成本核算不可缺少的依据。

(4)施工预算

施工预算是指在建筑安装工程施工前,由施工单位内部根据施工定额或企业定额,在施工图预算控制下编制的预算。它是施工单位编制施工作业进度计划、实行内部定额管理、进行班组核算的依据。

施工预算是施工单位管控施工成本的重要技术经济文件。

上述几种概预算文件是在工程开工之前编制形成的,而在施工过程中和竣工以后还需要分阶段编制工程结算和竣工决算,以确定工程项目的实际建设费用。它们之间的关系及差异如表1.1所示。

表1.1　不同阶段的概预(决)算特点对比

类　别	编制阶段	主要编制者	主要编制依据	主要作用
投资估算	可行性研究	工程造价咨询机构	估算指标	投资决策
设计概算	初步设计或扩大初步设计	设计单位	概算定额	控制投资及造价
施工图预算	工程承发包	工程造价咨询机构和施工单位	预算定额	编制招标控制价、投标报价、确定合同价格
施工预算	施工阶段	施工单位	施工定额	企业内部成本、施工进度控制
竣工结算	施工验收前	施工单位	预算定额、设计及变更资料	确定工程项目建造价格
竣工决算	竣工验收、交付使用	建设单位	预算定额、工程建设其他费用定额、竣工结算资料	确定工程项目实际投资

1.2.3　建设项目的划分

每一个工程项目的建设都需要按业主的特定需要单独设计、单独施工,不能批量生产和按其他项目确定工程造价。为了能准确地计算出工程造价,必须把建设项目的组成科学地分解为简单的、便于计算的基本构成单位。用汇总这些基本构成单位造价的办法,来求出该工程的总造价。

基本建设项目按照合理确定工程造价和基本建设管理工作的要求,划分为建设项目、单项工程、单位工程、分部工程、分项工程5个层次。

(1)建设项目

建设项目一般是指在一个总体设计范围内,由一个或几个工程项目组成,经济上实行独立核算,行政上实行独立管理,并且具有法人资格的建设单位。通常,一个企业、一个单位就是一个建设项目。

(2)单项工程

单项工程又称工程项目,它是建设项目的组成部分,是指具有独立的设计文件,竣工后可以独立发挥生产能力或使用效益的工程。生产性工程项目的单项工程,一般是指能独立生产的车间,包括厂房建筑、设备安装等工程。

(3)单位工程

单位工程是单项工程的组成部分,是指具备独立施工条件并能形成独立使用功能的工程。如工业厂房工程中的土建工程、设备安装工程、工业管道工程等就是单项工程所包含的不同性质的单位工程。

(4)分部工程

分部工程是单位工程的组成部分,是指将单位工程按专业性质、建筑部位等划分的工程。根据现行国家标准《建筑工程施工质量验收统一标准》(GB 50300—2013),建筑工程包括地基与基础、主体结构、装饰装修、屋面、给排水及采暖、暖风与空调、建筑电气、智能建筑、建筑节能、电梯等分部工程。

分部工程一般按工种工程来划分。例如,土建单位工程划分为土石方工程、砌筑工程、脚手架工程、钢筋混凝土工程、木结构工程、金属结构工程、装饰工程等;也可以按单位工程的构成部分来划分,例如划分为基础工程、墙体工程、梁柱工程、楼地面工程、门窗工程、屋面工程等。通常,建筑工程预算定额综合了上述两种方法来划分分部工程。

(5)分项工程

分项工程是指将分部工程按主要工种、材料、施工工艺、设备类别等划分的工程。例如,土方开挖、土方回填、钢筋、模板、混凝土、砖砌体、木门窗制作与安装、钢结构基础等工程。分项工程是工程项目施工生产活动的基础,也是计量工程用工用料和机械台班消耗的基本单元,同时又是工程质量形成的直接过程。分项工程既有其作业活动的独立性,又有相互联系、相互制约的整体性。

分项工程是建筑工程的基本构造要素。通常,我们把这一基本构造要素称为"假定建筑产品"。假定建筑产品虽然没有独立存在的意义,但是这一概念在预算编制原理、计划统计、建筑施工及管理、工程成本核算等方面都是十分重要的概念。

综上所述,一个建设项目是由一个或几个单项工程组成的,一个单项工程是由几个单位工程组成的,一个单位工程可划分为若干分部工程,一个分部工程又可划分为许多分项工程。计算工程造价时,从局部到整体进行组合,计算分项工程、分部工程、单位工程、单项工程的相关费用,再汇总即可得出建设项目的总造价。

1.3 概(预)算编制概述

上一节我们对概(预)算的分类是根据建设程序的不同阶段来划分的,各个阶段的概(预)算编制内容、方法有很多不同。本节简单介绍各个阶段的概(预)算编制方法。

平时我们所说的预算,如果没有特别说明,一般是指施工图预算,它是使用最为广泛,编制也最为复杂的一种预算形式。施工图预算的编制是本书主要讨论的内容,将在以后章节详细介绍。

1.3.1 投资估算编制方法

(1)按设备费用的百分比估算法

以拟建项目的设备费为基数,根据已建成的同类项目或装置的建筑安装工程费和其他费用等占设备价值的百分比,求出相应的建筑安装工程费用,其总和即为项目或装置的投资。

(2)朗格系数法

以设备费为基数,乘以适当系数(朗格系数)来推算项目的建设费用。

(3)生产能力指数法

根据已建成的、性质类似的建设项目或生产装置的投资额和生产能力,与拟建项目或生产装置的生产能力比较来估算项目的投资额。

(4)单位指标估算法

投资估算指标的形式很多,有元/m², 元/m³, 元/kV·A 等,根据这些指标,乘以所需的面积、体积、容量等,就可以求出相应的土建工程、安装工程的投资。

1.3.2 设计概算编制方法

(1)扩大单价法

当初步设计达到一定深度、建筑结构比较明确时,可采用扩大单价法。

(2)概算指标法

当初步设计深度不够,不能准确计算工程量,但工程采用的技术比较成熟且有类似概算指标可以利用时,可采用概算指标法。

(3)类似工程概算法

当工程设计对象与已建成或在建工程相类似,结构基本特征相同,或者概算指标和概算定额不全时,可采用类似工程概算法。

(4)单位估价法

单位估价法类似于编制施工图预算,即用概算定额或相应的取费标准来编制。

1.3.3　施工图预算编制方法

1）工料单价法

工料单价法是指分部分项工程的单价为直接工程费单价，以分部分项工程量乘以对应分部分项工程单价后的合计为单位工程直接费，直接工程费汇总后另加措施费、间接费、利润、税金生成施工图预算造价。

按照分部分项工程单价产生的方法不同，工料单价法又可以分为预算单价法和实物法。

（1）预算单价法

预算单价法就是采用地区统一计价定额中的各分项工程工料预算单价（基价）乘以相应的各分项工程的工程量，求和后得到包括人工费、材料费和施工机械使用费在内的单位工程直接工程费，措施费、间接费、利润和税金可根据统一规定的费率乘以相应的计费基数得到，将上述费用汇总后得到该单位工程的施工图预算造价。

目前，预算单价法仍是大面积使用的施工图预算编制方法。

（2）实物法

用实物法编制单位工程施工图预算，就是根据施工图计算的各分项工程量分别乘以地区定额中人工、材料、施工机械台班的定额消耗量，分类汇总得出该单位工程所需的全部人工、材料、施工机械台班的消耗数量；然后乘以当时当地人工工日单价、各种材料单价、施工机械台班单价，求出相应的人工费、材料费、机械使用费；再加上措施费、间接费、利润及税金，便可计算出单位工程施工图预算造价。

实物法计算间接费、利润、税金的方法与预算单价法相同。

2）综合单价法

综合单价法是指分项工程单价综合了直接工程费以外的多项费用。按照单价综合的内容不同，综合单价法可分为全费用综合单价和清单综合单价。

（1）全费用综合单价

全费用综合单价，即单价中综合了分项工程人工费、材料费、机械费、管理费、利润、规费以及有关文件规定的调价、税金、一定范围内的风险等全部费用。以各分项工程量乘以全费用单价计算出相应合价，合价汇总后，再加上措施项目的完全价格，就生成了单位工程施工图造价。

全费用综合单价法公式如下：

$$建筑安装预算造价 = \sum（分项工程量 \times 分项工程全费用单价）+ \sum 措施项目完全费用$$

（2）清单综合单价

分部分项工程量清单综合单价中综合了人工费、材料费、施工机械使用费、企业管理费、利润，并考虑了一定范围内的风险费用，但并未包括措施费、规费和税金，因此它是一种不完全单价。以各分部分项工程量乘以该综合单价计算出相应合价，合价汇总后，再加上措施项目费、规费和税金，就是单位工程造价。

清单综合单价法公式如下：

$$建筑安装工程预算造价 = \sum（分项工程量 \times 分项不完全单价）+ \sum 措施项目不完全费用 + \sum 其他项目费 + 规费 + 税金$$

1.3.4 施工预算编制方法

（1）实物法

实物法即施工预算工、料、机分析表方法，目前应用比较普遍。其编制方法是：计算工程量；套施工定额并用表格形式计算、汇总人工、材料及施工机械台班消耗量。

此法结果是分部分项工程人、材、机消耗量表，简称"三量表"。"三量表"用于向施工班组签发施工任务单和限额领料单。

（2）实物金额法

根据实物法计算出来的消耗量，分别乘以人工、材料、机械台班单价，汇总求得人工费、材料费、施工机械使用费及直接费。

此法结果是分部分项工程工、料、机费用汇总表，简称"三费表"。"三费表"用于与施工图预算相应费用比较，分析节超原因。

1.4 BIM 技术在建筑工程计量与计价中的应用

1.4.1 BIM 技术

（1）BIM 概念

建筑信息模型（Building Information Modeling）简称 BIM，是一种应用于工程设计、建造、管理的数据化工具，它通过收集建筑工程项目全过程的数据信息建立和完善模型，以数字化的方式表达工程项目实施实体与功能特性。借助包含建筑工程信息的三维模型，建筑工程的信息集成化程度大大提升，从而为建筑工程项目的相关利益方提供了一个工程信息交换和共享的平台。在项目建设的不同阶段，各参与方可以通过对 BIM 的建立、更新、修改获取所需要的信息和数据及其生成的参数，对项目进行决策与咨询、设计与优化、管理与施工、运营与维护，实现项目管理的协同作业。

（2）BIM、BIM4D 与 BIM5D

BIM 技术算量是在三维算量基础上的提升，也是通过构建三维模型来计算整个项目的工程量，但是 BIM 算量的三维模型包含的信息量更大，应用面更广，可以与其他项目管理软件衔接，实现资源的整合集成应用。传统的三维算量模型计算的是一个静态点的工程量，基于 BIM 技术的算量软件可以与施工进度、材料管理软件衔接，实时反馈动态工程量，即 BIM4D，在传统的三维模型的基础上增加了时间维度。BIM5D（即 3D 模型+进度+成本），以 BIM 平台为核心，集成土建、机电、钢构、幕墙等各专业模型，并以集成模型为载体，关联施工过程中的进度、合同、成本、质量、安全、图纸、物料等信息，利用 BIM 模型的形象直观、可计算分析的特性，为项目的进度、成本管控、物料管理等提供数据支撑。

（3）BIM 工程造价软件

目前土建专业的 BIM 建模软件主要是欧特曼公司的 Revit，主要用于设计人员进行三维绘图，Revit 构建的 BIM 模型可以直接利用数据接口导入算量软件，快速承接项目模型的几何和空间物理属性，建立构件之间的计算关系，并加载计算规则实现自动化算量，快速统计各种构件的工程量，并形成 BIM 算量模型。为了适应我国 BIM 技术应用的现状和发展趋势，广联达、斯维尔、晨曦、鲁班等企业开发了各类 BIM 工程造价软件,比如广联达可以在自建平台中完成算量作业,再通过第三方接口,通过 IFC 格式,实现 Revit 平台所建的 BIM 模型与广联达软件进行模型转换;基于 Revit 平台研发的晨曦 BIM 算量软件,可一站式进行 BIM 土建、钢筋、安装算量。通过 BIM 设计模型与图形技术相结合,实现快速算量,可以将工程造价专业人员从繁重的算量工作中解放出来。

（4）BIM 技术促进工程管理发展

除了算量,BIM 技术的应用还可以提高工程项目管理水平与生产效率,项目管理从沟通、协作、预控等方面都可以得到极大地加强,方便参建各方人员基于统一的 BIM 模型进行沟通协调与协同工作;利用 BIM 技术可以提升工程质量,保证执行过程中造价的快速确定、控制设计变更、减少返工、降低成本,并能大大降低招标与合同执行的风险;同时,BIM 技术应用可以为信息管理系统提供及时、有效、真实的数据支撑。BIM 模型提供了贯穿项目始终的数据库,实现了工程项目全生命周期数据的集成与整合,并有效支撑了管理信息系统的运行与分析,实现项目与企业管理信息化的有效结合。典型的 BIM 应用已经从 3D（几何信息）向 4D（时间/工期信息）、5D（成本信息）、6D（能耗信息）+……nD（多维）发展。

BIM 技术的成熟和普及使得项目管理有了质的突破,建筑工程管理信息化、流程化、精细化将成为可能。根据业内调查研究发现,使用 BIM 受益最大的是业主,BIM 贡献最大的是设计单位,BIM 动力最大的反而是施工单位。施工单位利用 BIM 技术实现数据支撑、技术支撑和协同管理支撑,加快项目进度,提升项目质量,降低项目成本。同时,BIM 技术是实现制造与建造进行信息交互和商业管理的有效途径,帮助企业实现精细化管理,加强管控能力,提升项目利润。

1.4.2　数字造价管理

数字造价管理是指利用 BIM 和云计算、大数据、物联网、移动互联网、人工智能等信息技术引领工程造价管理转型升级的行业战略。它结合全面造价管理的理论与方法,集成人员、流程、数据、技术和业务系统,实现工程造价管理的全过程、全要素、全参与方的结构化、在线化、智能化,构建项目、企业和行业的平台生态圈,从而推动以新计价、新管理、新服务为代表的工程造价专业转型升级,实现让每一个工程项目综合价值最优的目标。在数据时代,信息数据成为新的、独立的生产要素,将推动工程造价专业转型升级。工程造价数据是企业的宝贵财富,但由于企业的工程造价数据结构化程度低,采集分析难度大,复用和他用的程度低,数据无法发挥效益。而且单个企业的工程造价数据量不大,不足以支撑工程造价大数据分析。

《工程造价事业发展"十三五"规划》提出,要加强对市场价格信息、造价指标指数、工程案例信息等各类型、各专业造价信息的综合开发利用,丰富多元化信息服务种类。建立健全合作机制,促进多元化平台良性发展,大力推进 BIM 技术在工程造价事业中的应用,政策支持为数字化提供了应用基础。

随着 BIM 技术的应用价值不断被认可,各参与方将逐渐接受并应用 BIM 技术,以 BIM 模型为基础进行可视化沟通。同时,BIM 模型与工程造价数据集成,将使工程造价数据模块化,为数字化提供了技术基础。

施工企业的现场管理进入信息化普及阶段,现场管理系统及物联网等设备开始被应用。

物联网设备可采集施工过程中消耗的人工、机械台班用量,基于 BIM 的现场管理系统可以采集进度、质量、安全、成本等要素数据,施工组织设计系统可采集管理费、措施费等数据,材料设备交易平台可采集材料、设备的交易价格。这些来自施工现场的数据为数字化提供了真实可靠的数据源。

全新的工程造价管理模式是基于项目全寿命周期的 BIM 模型,一是形成全参与方在数字造价管理平台协同、交互的工作场景,使各参与方能够进行高效、实时的信息传递,交付数字化的成果;二是让项目的质量、工期、安全、环保等要素有效关联项目工程造价,实现要素间的信息实时传递与更新;三是全寿命周期 BIM 模型与工程造价要素进行有效集成,项目各个阶段的工程造价数据能前后连贯,相互作用,使项目数据互联互通。如图 1.5 所示。

可行性研究阶段＞设计阶段＞交易阶段＞施工阶段＞竣工阶段＞运维阶段							
全过程造价管理平台(模型+业务)							
价值分析		合约管理		过程控制		效益分析	
投资估算	设计概算	合约计划	合同价管理	索赔变更管理	结算管理	运维成本	效益评估
大数据库	标准构件库·材料信息库·造价指标库·案例工程库·企业定额库……						

图 1.5　全过程造价管理模式

数字造价管理是数字建筑理念的延续,也是数字建筑的重要组成。建筑产业期待着数字造价管理平台融入数字建筑体系,共建数字中国。行业将充分利用 BIM、云计算、大数据等数字化信息技术,结合以工程造价管理为核心的全面项目管理的理论与方法,搭建行业、项目和工程造价专业人员广泛应用的数字化的协同平台,建立共享的生态系统。通过数字化的协同平台,来实现工程造价数据结构化、实时在线化、应用智能化;通过共享的生态系统来驱动工程造价专业全过程、全要素、全参与方适应数字技术和数字经济的"云、网、端"转型、升级,形成行业内开放、共享、共建的新工作方式,来共同促进工程项目实现全寿命周期投资价值最优、全要素综合成本最低、全参与方综合效益最好。

第2章 建设工程定额

2.1 建设工程定额的概念、性质及作用

2.1.1 定额的概念

在社会生产中,每生产一种产品,都会消耗一定数量的人工、材料、机械台班等资源。所谓定额,是指社会物质生产部门在生产经营活动中,根据一定的技术组织条件,在一定的时间内,为完成一定数量的合格产品所规定的人力、物力和财力消耗的数量标准。

在不同的生产经营领域有不同的定额。建设工程定额是专门为建筑产品生产而制定的一种定额,指在正常的施工条件下,完成一定计量单位的合格产品所必须消耗的劳动力、材料、机械台班的数量标准。

例如,《全国统一建筑工程基础定额》(子目"4-1")规定:

每砌筑 10 m³ 砖基础需要消耗:人工 12.18 工日

标准砖 5.236 千块,砂浆 2.36 m³

灰浆搅拌机 0.39 台班。

其中,10 m³ 是建筑产品"砖基础"的计量单位;工日是人工消耗的计量单位,一个工人工作 8 小时为 1 个工日;台班是施工机械使用消耗的计量单位,每台机械运转 8 小时为一个台班。

在建设工程中实行定额管理的目的是在施工中力求用最少的人力、物力和资金消耗量,生产出更多、更好的建筑产品,取得最好的经济效益。

2.1.2 建设工程定额的性质

(1)定额的科学性

建设工程定额的科学性包括两重含义:一重含义是指定额水平与生产力发展水平相适应,反映出工程建设中生产消耗的客观规律;另一重含义是指定额的管理、方法和手段适应现代科学技术和信息社会发展的需要。

(2)定额的系统性

建设工程定额是相对独立的系统,它是由多种定额结合而成的有机整体。其结构复杂,有鲜明的层次,有明确的目标。

工程建设是一个庞大的实体系统,这个特点决定了工程建设定额必然具有系统性,必然是由多种类、多层次的定额组成的一个系统。

（3）定额的统一性

建设工程定额的统一性，主要是由国家对经济发展的有计划的宏观调控职能决定的。为了使国民经济按照既定的目标发展，就需要借助某些标准、定额、参数等对工程建设进行规划、组织、调节、控制。而这些标准、定额、参数必须在一定的范围内是一种统一的尺度，才能实现上述职能，才能利用它对项目的决策、设计方案、投标报价、成本控制进行比较、选择和评价。

建设工程定额的统一性按其影响力和执行范围来看，有全国统一定额、地区统一定额、行业统一定额；按照定额的制定、颁布和贯彻使用来看，有统一的程序、统一的原则、统一的要求和统一的用途。

定额的统一性，根源于我国以公有制为主的经济体制，这也是我国定额与西方国家存在的类似定额的最大区别之所在。

（4）定额的指导性

随着我国建设市场的不断成熟和规范，工程定额尤其是统一定额原先具备的指令性特点逐渐弱化，转变为对整个建设市场和具体建设产品交易的指导作用。

工程定额指导性的客观基础是定额的科学性，只有科学的定额才能正确地指导客观的交易行为。

工程定额的指导性主要体现在两个方面：一方面工程定额作为国家各地区和行业颁布的指导依据，可以规范建设市场的交易行为，在具体建设产品的定价过程中也可以起到相应的参考作用，同时统一定额还可以作为政府投资项目定价以及造价控制的重要依据；另一方面，在现行的工程量清单计价方式下，为了体现交易双方自主定价的特点，在理论上投标人投标报价的主要依据应该是企业定额，而企业定额的编制和不断完善始终离不开统一定额的指导。

（5）定额的稳定性与时效性

工程定额必须有一个相对稳定的时间。保持定额的稳定性是维护定额的科学性和指导性所必须的，更是有效贯彻定额所必要的。

但定额的稳定性又是相对的，当生产力发展了，定额就会与已经发展的生产力不相适应，这时定额就需要重新编制或修订。

建标［2013］44 号文规定，计价定额的使用周期原则上为 5 年。

2.1.3 建设工程定额的作用

（1）建设工程定额在工程建设中的作用

①定额是编制投资计划的基础，是编制可行性报告的依据；

②定额是确定工程投资，确定工程造价，选择优化设计方案的依据；

③定额是竣工结（决）算的依据；

④定额是提高企业科学管理水平，进行经济核算的依据；

⑤定额是提高劳动生产率的手段，是开展劳动竞赛的尺度。

（2）建设工程定额在工程计价中的作用

①定额是进行设计方案技术经济比较分析的依据；

②定额是编制工程概（预）算的依据；

③定额是确定招标控制价、投标报价的依据；

④定额是工程贷款、结算的依据；

⑤定额是施工企业降低成本、节约费用、提高效益、进行经济核算和经济活动分析的依据。

2.2 建设工程定额的分类

建设工程定额概述及预算定额

建设工程定额是一个总称，它包括许多种类的定额。为了对工程建设定额有一个全面的了解，可以按照不同的原则和方法对它们进行科学的分类，如图2.1所示。

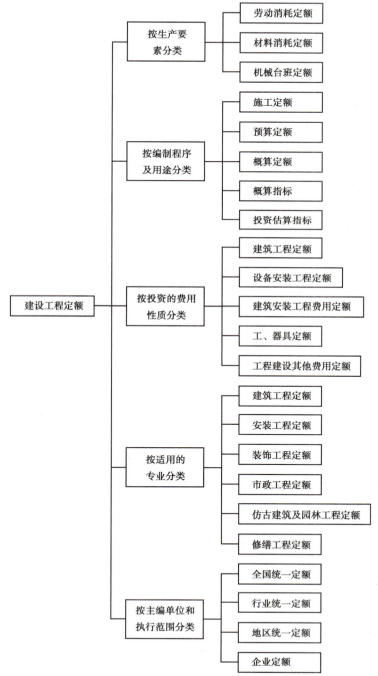

图2.1 建设工程定额的分类

（1）按生产要素分类

按生产要素可以将建设工程定额划分为：劳动消耗定额、材料消耗定额和机械台班消耗定额3种。

实际上，我们使用的任何一种概（预）算定额都包含这3种定额，也就是说，这3种定额是构成其他定额的基础，因此又统称这3种定额为基础定额。

（2）按定额的编制程序和用途分类

按定额的编制程序和用途可以把建设工程定额划分为：施工定额、预算定额、概算定额、概算指标、估算指标5种。

（3）按投资费用的性质分类

按照投资费用的性质可以把建设工程定额划分为：建筑工程定额、设备安装工程定额、建筑安装费用定额、工器具定额、工程建设其他费用定额等。

（4）按适用专业分类

按照定额适用的专业可以把建设工程定额划分为许多类别。例如，重庆市2018计价定额体系就按专业划分为10个类别：房屋建筑与装饰工程计价定额、仿古建筑工程计价定额、通用安装工程计价定额、市政工程计价定额、园林绿化工程计价定额、构筑物工程计价定额、城市轨道交通工程计价定额、爆破工程计价定额、房屋修缮工程计价定额、绿色建筑工程计价定额等。

此外，还有装配式建筑工程定额、铁路工程定额、公路工程定额、井巷工程定额、抗震加固工程定额等。

2.3　施工定额

2.3.1　施工定额概述

1）施工定额的概念

施工定额是以同一性质的施工过程为测定对象，规定建筑安装工人或班组，在正常施工条件下完成单位合格产品所需消耗的人工、材料和机械台班的数量标准。

施工定额是施工企业直接用于建筑工程施工管理的一种定额，是施工企业进行内部经济核算，控制工程成本与原材料消耗的依据。施工定额属于企业定额性质。

目前，全国尚无统一的施工定额，各地区（企业）编制的建筑安装工程施工定额，是以全国建筑安装工程统一劳动定额为基础，结合现行的建材消耗定额、工程质量标准、安全操作规程，及本企业的机械配备、施工条件、施工技术水平，并参考有关工程历史资料进行调整补充编制的。

施工定额由劳动定额、材料消耗定额和机械台班消耗定额组成。

2）施工定额的作用

①施工定额是编制施工组织设计，制订施工作业计划和人工、材料、机械台班需用量计划的依据。

②施工定额是编制施工预算,进行"两算"对比,加强企业成本管理的依据。

③施工定额是施工队向施工班组和工人签发施工任务书、限额领料单的依据。

④施工定额是实行计件、定额包工包料、考核工效、计算劳动报酬与奖励的依据。

⑤施工定额是班组开展劳动竞赛,进行班组核算的依据。

⑥施工定额是编制预算定额和单位估价表的基础。

3)施工定额的水平

定额的水平,是指规定消耗在单位产品上的人工、机械台班和材料数量的多少。消耗量越少,说明定额水平越高;消耗量越多,说明定额水平越低。所谓平均先进水平,就是在正常的施工条件下,大多数施工班组和大多数生产者经过努力可以达到和超过的水平。

施工定额应以平均先进水平为基准,以保证定额的先进性和可行性。

劳动定额

2.3.2　劳动消耗定额

劳动消耗定额,简称劳动定额或人工定额。

劳动定额是指在一定生产技术组织条件下,生产质量合格的单位产品所需要的劳动消耗量标准,或规定在一定劳动时间内,生产合格产品的数量标准。劳动定额应反映出大多数企业和职工经过努力能够达到的平均先进水平。

劳动定额有两种基本表现形式,即时间定额和产量定额。

1)时间定额

时间定额是指某种专业的工人班组或个人,在合理的劳动组织与合理使用材料的条件下,完成符合质量要求的单位产品所必须的工作时间(工日)。

时间定额一般以完成单位产品所需的工日数表示,计量单位为工日$/m^3$,工日$/t$,工日/块等。

时间定额计算公式如下:

$$时间定额 = \frac{1}{每工产量}$$

或

$$时间定额 = \frac{小组成员工日数总和}{台班产量(班组完成产品数量)}$$

2)产量定额

产量定额是指某种专业的工人班组或个人,在合理的劳动组织与合理使用材料的条件下,单位工日完成符合质量要求的产品数量。

产量定额的计量单位是多种多样的,通常是以一个工日完成合格产品数量来表示,即 m/工日、m^2/工日、m^3/工日、t/工日、块/工日等。

产量定额计算公式如下:

$$产量定额(每工产量) = \frac{1}{单位产品时间定额}$$

$$产量定额(台班产量) = \frac{小组成员工日数总和}{单位产品时间定额}$$

3)时间定额与产量定额的关系

在实际应用中,经常会碰到要由时间定额推算出产量定额,或由产量定额折算出时间定额的情况,这就需要了解两者的关系。

时间定额与产量定额在数值上互为倒数关系,即:

$$时间定额 = \frac{1}{产量定额} \quad 或 \quad 产量定额 = \frac{1}{时间定额}$$

$$时间定额 \times 产量定额 = 1$$

挖土方时间定额如表2.1(本表摘自2009年《建设工程劳动定额:建筑工程》)所示。

表2.1　挖土方时间定额

工作内容:地面以下挖土、装土、修整底边等全部操作过程。　　　　　　　　　　　单位:工日/m³

定额编号	AB0001	AB0002	AB0003	AB0004
项　目	挖土方深度≤(m)			
	1.5	3	4.5	6
一类土	0.126	0.282	0.343	0.410
二类土	0.197	0.353	0.414	0.481
三类土	0.328	0.484	0.545	0.612
四类土	0.504	0.660	0.721	0.788
淤泥　砂性	0.517	0.673	0.734	0.801
淤泥　粘性	0.734	0.890	0.951	1.018

时间定额和产量定额,虽然以不同的形式表示同一个定额,但却有不同的用途。时间定额是以工日/单位产品为计量单位,便于计算某分部分项工程所需要的总工日数,也易于核算工资和编制施工进度计划。产量定额是以产品数量/工日为计量单位,便于施工小组分配任务,考核劳动生产率。

【例2.1】　某工程有120 m³工程量的一砖基础,每天有22名工人投入施工,时间定额为0.89 工日/m³。试计算完成该项工程的定额施工天数。

【解】　完成砖基础所需要的总工日数=0.89×120=106.80(工日)

需要的施工天数=106.80÷22 ≈5(天)

即完成该项砖基础工程额定施工天数为5天。

【例2.2】　某抹灰班有13名工人,抹某住宅楼白灰砂浆墙面,施工25天完成抹灰任务。产量定额为10.20 m²/工日。试计算抹灰班应完成的抹灰面积。

【解】　抹灰班完成的工日数量=13×25=325(工日)

抹灰班应完成的抹灰面积=10.20×325=3 315(m²)

即该抹灰班25天应完成3 315 m²的抹灰面积。

【例2.3】　根据下列现场测定资料,计算每100 m²水泥砂浆抹地面的时间定额和产量定额。

基本工作时间：1 450 工分/50 m²；

辅助工作时间：占全部定额工作时间的 3%；

准备与结束工作时间：占全部定额工作时间的 2%；

休息时间：占全部定额工作时间的 10%；

不可避免的中断时间：占全部定额工作时间的 2.5%。

【解】　抹 100 m² 水泥砂浆地面的时间定额 $= \dfrac{1\ 450}{1 - (3\% + 2\% + 10\% + 2.5\%)} \div 50 \times 100$

$$= 3\ 515\ \text{工分} = 58.58\ \text{工时} = 7.32\ \text{工日}$$

抹水泥砂浆地面的时间定额 = 7.32 工日/100 m²

抹水泥砂浆地面的产量定额 $= \dfrac{1}{7.32} = 0.137(100\ \text{m}^2)/\text{工日} = 13.7\ \text{m}^2/\text{工日}$

2.3.3　材料消耗定额

材料消耗定额简称材料定额，是指在合理和节约使用材料的条件下，生产合格质量的单位产品所必须消耗的各种建筑材料的数量标准。建筑材料包括各种原材料、燃料、半成品、构件、周转性材料摊销和动力资源等。

1）材料消耗定额的分类

（1）主要材料消耗定额

材料消耗定额

材料消耗数量可分为材料净用量和材料损耗量两部分。

构成建筑产品实体（即建筑产品本身）的材料用量称为材料净用量。

材料损耗量指材料在生产过程中不可避免的合理损耗量。它包括材料从现场仓库领出到产品完成过程中的施工损耗量、场内运输损耗量、加工制作损耗量。材料损耗量一般用材料损耗率计算。

$$\text{材料损耗率} = \frac{\text{材料损耗量}}{\text{材料净用量}} \times 100\%$$

建筑材料、成品、半成品损耗率见表2.2。

材料损耗率确定以后，材料消耗量可用下式计算：

$$\text{材料消耗量} = \text{材料净用量} + \text{材料损耗量}$$

或　　　　　　　　　$$\text{材料消耗量} = \text{材料净用量} \times (1 + \text{材料损耗率})$$

（2）周转性材料消耗定额

周转性材料指在施工过程中多次使用、周转的工具性材料，如钢筋混凝土工程用的模板、脚手架，搭设脚手架用的杆子、跳板等。定额中，周转材料消耗量指标应当用一次使用量和摊销量两个指标表示。一次使用量是指周转材料在不重复使用时的一次使用量，供施工企业组织施工用；摊销量是指周转材料退出使用，应分摊到每一计量单位的结构构件的周转材料消耗量，供施工企业成本核算或预算用。

表 2.2　材料、成品、半成品损耗率参考表

材料名称	工程项目	损耗率（%）	材料名称	工程项目	损耗率（%）
标准砖	基础	0.4	石灰砂浆	抹墙及墙裙	1
标准砖	实砖墙	1	水泥砂浆	抹天棚	2.5
标准砖	方砖柱	3	水泥砂浆	抹墙及墙裙	2
白瓷砖		1.5	水泥砂浆	地面、墙面	1
陶瓷锦砖	（马赛克）	1	混凝土（现制）	地面	1
铺地砖	（缸砖）	0.8	混凝土（现制）	其余部分	1.5
沙	混凝土工程	1.5	混凝土（预制）	桩基础、梁、柱	1
砾石		2	混凝土（预制）	其余部分	1.5
生石灰		1	钢筋	现、预制部分	2
水泥		1	铁件	成品	1
砌筑砂浆	砌砖体	1	钢材		6
混合砂浆	抹墙及墙裙	2	木材	门窗	6
混合砂浆	抹天棚	3	玻璃	安装	3
石灰砂浆	抹天棚	1.5	沥青	操作	1

$$模板及支架摊销量 = 一次使用量的摊销 + 每次补损量的摊销 - 回收量的摊销$$

$$一次使用量的摊销 = \frac{一次使用量}{周转次数}$$

$$每次补损量的摊销 = \frac{一次使用量 \times （周转次数 - 1） \times 补损率}{周转次数}$$

$$回收量的摊销 = \frac{一次使用量 \times （1 - 补损率） \times 50\%}{周转次数}$$

2）材料消耗定额的编制方法与作用

（1）材料消耗定额的编制方法

材料消耗定额的编制通常采用现场观察法、试验室实验法、统计分析法和理论计算法。

①现场观察法：通常用于制定材料的损耗量。通过现场实际观察，获得必要的施工过程中可以避免和不可避免的损耗资料，同时测出合理的材料损耗量，制定出相应的材料消耗定额。

②试验室实验法：通过实验仪器设备确定材料消耗定额的一种方法，只适用于在试验室条件下测定混凝土、沥青、砂浆、油漆涂料等材料的消耗定额。用此方法制定材料消耗定额时，应考虑施工现场条件和各种附加损耗数量。

③统计分析法：指在施工现场，对分部分项工程领出的材料数量、完成的建筑产品的数量、竣工后剩余的材料数量等资料进行统计分析，确定材料消耗定额的一种方法。此方法不能将施工过程中材料的合理损耗和不合理损耗区别开来，制定出的材料消耗量准确性不高。

④理论计算法:根据设计图纸、施工规范及材料规格,运用一定的理论计算公式制定材料消耗定额的方法,主要适用于计算按件论块的现成制品材料。

(2)材料消耗定额的作用

现场施工中,各种建筑材料的消耗控制主要取决于材料消耗定额。材料消耗定额不仅是实行经济核算,保证材料合理使用的有效措施,而且是确定材料需用量,编制材料计划的基础,同时也是确定分包或组织限额领料、考核和分析材料利用情况的依据。

3)常用材料用量的计算方法

(1)砌体材料用量计算的一般公式

$$\begin{matrix}每1\ m^3\ 砌体砌块\\净用量(块)\end{matrix} = \frac{1\ m^3\ 砌体}{墙厚 \times (砌块长 + 灰缝) \times (砌块厚 + 灰缝)} \times \begin{matrix}分母体积中\\砌块的数量\end{matrix}$$

砂浆净用量 = 1 m³ 砌体 − 砌块净用量 × 砌块的单位体积

(2)砖砌体材料用量计算

灰砂砖的尺寸为240 mm×115 mm×53 mm,其材料用量计算公式为:

$$\begin{matrix}每1\ m^3\ 砌体灰砂砖\\净用量(块)\end{matrix} = \frac{1}{墙厚 \times (砖长 + 灰缝) \times (砖厚 + 灰缝)} \times 墙厚的砖数 \times 2$$

灰砂砖消耗量 = 净用量 × (1 + 损耗率)

砂浆净用量 = 1 m³ − 灰砂砖净用量 × 0.24 × 0.115 × 0.053

砂浆消耗量 = 净用量 × (1 + 损耗率)

【例2.4】　计算1 m³ 一砖厚灰砂砖墙的砖和砂浆的总消耗量,灰缝10 mm 厚,砖损耗率1.5%,砂浆损耗率1.2%。

【解】

$$每1\ m^3\ 砖墙灰砂砖净用量 = \frac{1}{0.24 \times (0.24 + 0.01) \times (0.053 + 0.01)} \times 1 \times 2 = 529.1$$

(块)

每1 m³ 砖墙灰砂砖总消耗量 = 529.1 × (1 + 1.5%) = 537.04(块)

每1 m³ 砖墙砂浆净用量 = 1 − 529.1 × 0.24 × 0.115 × 0.053 = 0.226(m³)

每1 m³ 砖墙砂浆总消耗量 = 0.226 × (1 + 1.2%) = 0.229(m³)

(3)块料面层材料用量计算

$$每100\ m^2\ 块料面层净用量(块) = \frac{100}{(块料长 + 灰缝) \times (块料宽 + 灰缝)}$$

每100 m² 块料面层消耗量(块) = 净用量 × (1 + 损耗率)

每100 m² 结合层砂浆净用量 = 100 × 结合层厚度

每100 m² 结合层砂浆消耗量 = 净用量 × (1 + 损耗率)

每100 m² 块料面层灰缝砂浆净用量 = (100 − 块料长 × 块料宽 × 块料净用量) × 灰缝深

每100 m² 块料面层灰缝砂浆消耗量 = 净用量 × (1 + 损耗率)

【例2.5】　用水泥砂浆贴500 mm×500 mm×15 mm 花岗石板地面,结合层5 mm 厚,灰缝

1 mm 宽, 花岗石损耗率 2%, 砂浆损耗率 1.5%, 试计算每 100 m² 地面的花岗石和砂浆的总消耗量。

【解】 (1) 计算花岗石总消耗量

$$每 100 \ m^2 \ 地面花岗石净用量 = \frac{100}{(0.5 + 0.001) \times (0.5 + 0.001)} = 398.4(块)$$

$$每 100 \ m^2 \ 地面花岗石总消耗量 = 398.4 \times (1 + 2\%) = 406.4(块)$$

(2) 计算砂浆总消耗量

$$每 100 \ m^2 \ 花岗石地面结合层砂浆净用量 = 100 \times 0.005 = 0.5(m^3)$$

$$每 100 \ m^2 \ 花岗石地面灰缝砂浆净用量 = (100 - 0.5 \times 0.5 \times 398.4) \times 0.015 = 0.006(m^3)$$

$$砂浆总消耗量 = (0.5 + 0.006) \times (1 + 1.5\%) = 0.514(m^3)$$

2.3.4 机械台班消耗定额

1) 机械台班消耗定额的概念

机械台班消耗定额简称机械台班定额, 按其形式, 可分为机械时间定额和机械产量定额。

机械时间定额是指在合理劳动组织和合理使用机械的正常施工条件下, 由熟练工人或工人小组操控施工机械, 完成单位合格产品所必须消耗的工作时间。计量单位以台班或工日表示。

机械产量定额是指在合理劳动组织和合理使用机械的正常施工条件下, 机械在单位时间内应完成的合格产品数量标准。计量单位以 m³/台班、根/台班、块/台班等表示。

机械时间定额与机械产量定额也互为倒数关系。

2) 机械台班定额编制

编制机械台班定额, 主要包括以下内容:

(1) 拟定正常施工条件

拟定机械正常的施工条件, 主要是拟定工作地点的合理组织和拟定合理的工人编制。

(2) 确定机械纯工作 1 小时的正常生产率

机械纯工作 1 小时的正常生产率, 就是在正常施工条件下, 由具备一定技能的技术工人操作施工机械净工作 1 小时的劳动生产率。

(3) 确定施工机械的正常利用系数

机械的正常利用系数, 是指机械在工作班内工作时间的利用率。

$$机械正常利用系数 = \frac{工作班内机械纯工作时间}{机械工作班延续时间}$$

(4) 计算机械台班定额

施工机械台班产量定额 = 机械纯工作 1 小时正常生产率 × 工作班延续时间 × 机械正常利用系数

【例 2.6】 某轮胎式起重机吊装大型屋面板, 每次吊装 1 块, 经过现场计时观察, 测得循环一次的各组成部分的平均延续时间如下,工作班 8 h 内实际工作时间为 7.2 h。求产量定额和时间定额。

挂钩时的停车:30.2 s

将屋面板吊至 15 m 高:95.6 s

将屋面板下落就位:54.3 s

解钩时的停车:38.7 s

回转悬臂、放下吊绳空回至构件堆放处:51.4 s

【解】　轮胎式起重机循环 1 次的正常延续时间 = 30.2 + 95.6 + 54.3 + 38.7 + 51.4

$$= 270.2(s)$$

轮胎式起重机纯工作 1 小时的循环次数 = 60 × 60/270.2 = 13.32(次)

轮胎式起重机纯工作 1 小时正常生产率 = 13.32(次) × 1(块/次) = 13.32(块)

机械正常利用系数 = 7.2/8 = 0.9

轮胎式起重机台班产量定额 = 13.32 × 8 × 0.9 = 96(块/台班)

轮胎式起重机台班时间定额 = 1/96 = 0.01(台班/块)

2.4　企业定额

2.4.1　企业定额的概念

企业定额在不同的历史时期有不同的概念。计划经济时期,企业定额也称"临时定额",是国家统一定额或地方定额有缺项时使用的补充定额,仅限于企业内部临时使用,不构成一级定额管理层次。

在市场经济下,企业定额则有着新内涵、新概念。

《建筑工程施工发包与承包计价管理办法》第七条第二款规定:"投标报价应当依据企业定额和市场价格信息,并按照国务院和省、自治区、直辖市人民政府建设行政主管部门发布的工程造价计价办法进行编制。"所谓企业定额,就是指建筑安装企业根据企业自身的技术水平和管理水平,所确定的完成单位合格产品所必需的人工、材料和施工机械台班的消耗量,以及其他生产经营要素消耗的数量标准。

企业定额反映了企业的施工生产与生产消耗之间的数量关系,不仅能够体现企业的劳动生产率和技术装备水平,同时也是衡量企业管理水平的尺度,是企业加强集约经营、精细管理的前提和主要手段。在工程量清单计价模式下,每个企业均应拥有反映自己企业能力的企业定额,企业定额的水平应与企业的技术和管理水平相适应,企业的技术和管理水平不同,企业定额的水平也就不同。从一定意义上讲,企业定额是企业的商业秘密,是企业参与市场竞争的核心竞争能力的具体表现。

企业定额主要用于施工企业的投标报价,力求在报价中反映出企业的优势与能力,在定额水平上应与施工定额保持一致,而在项目设置上应与目前使用的工程量清单计价规范附录的项目设置相一致。

与企业定额相比较,施工定额主要用于企业的施工生产管理的一种目标控制手段,因此施工定额项目划分往往应根据具体施工过程来确定。

2.4.2　企业定额的作用

①企业定额是施工企业进行建设工程投标报价的重要依据。

②企业定额的建立和运用可以提高企业的管理水平和生产力水平。

③企业定额是业内推广先进技术和鼓励创新的工具。

④企业定额的建立和使用可以规范建筑市场秩序,规范发包、承包行为。

2.4.3　企业定额的编制

(1)编制原则

①执行国家、行业的有关规定,适应《建设工程工程量清单计价规范》的原则。

②真实、平均先进性原则。

③简明适用原则。

④时效性和相对稳定性原则。

⑤独立自主编制原则。

⑥以专为主、专群结合的原则。

(2)编制内容

一般来说,企业定额的编制工作内容应包括编制方案、总说明、工程量计算规则、定额项目划分、定额水平的测定(人、材、机消耗水平和管理成本费的测算和制定)、定额水平的测算(类似工程的对比测算)、定额编制基础资料的整理归类和编写。

按《建设工程工程量清单计价规范》的要求,编制的内容包括:

①工程实体消耗定额,即构成工程实体的分部(项)工程的人、材、机的定额消耗量。

②措施性消耗定额,即有助于工程实体形成的临时设施、技术措施等定额消耗量。

③由计费规则、计价程序、有关规定等组成的编制说明。

企业定额的构成及表现形式应视编制的目的而定,可参照统一定额,也可以采用灵活多变的形式,以满足需要和便于使用为准。

(3)编制方法

编制企业定额的方法有很多,与其他定额的编制方法基本一致。概括起来,主要有定额修正法、经验统计法、现场观察测定法、理论计算法等。

2.5　费用定额

费用定额主要说明建设工程费用的组成、计算方式、计取标准及计算程序。

本节摘录《重庆市建设工程费用定额》(CQFYDE—2018)部分内容,目的有两个:一是示例费用定额的组成;二是介绍重庆市现行的建设工程费用组成及计算。本节叙述中"费用定额"即《重庆市建设工程费用定额》(CQFYDE—2018)。

费用定额是国有资金投资的建设工程编制和审核施工图预算、招标控制价、工程结算的依据,是编制投标报价的参考。编制投标报价时,除费用组成、费用内容、计价程序、有关说明及工程费用中的规费、安全文明施工费、税金标准应执行费用定额外,其他费用标准投标人可结合建设工程和施工企业实际情况自主确定。

非国有资金投资的建设工程可参照费用定额的规定执行。

2.5.1　建筑安装工程费用项目组成及内容

1)建筑安装工程费用项目组成

建筑安装工程费由分部分项工程费、措施项目费、其他项目费、规费、税金组成,见表2.3。

表2.3　建筑安装工程费用项目组成

	分部分项工程费		建筑安装工程的分部分项工程费	
建筑安装工程费	措施项目费	施工技术措施项目费	特、大型施工机械进出场及安拆费	
			脚手架费	
			混凝土模板及支架费	
			施工排水及降水费	
			其他技术措施费	
		施工组织措施项目费	组织措施费	夜间施工增加费
				二次搬运费
				冬雨季施工增加费
				已完工程及设备保护费
				工程定位复测费
			安全文明施工费	
			建设工程竣工档案编制费	
			住宅工程质量分户验收费	
	其他项目费	暂列金额		
		暂估价		
		计日工		
		总承包服务费		
	规费	社会保险费	养老保险费	
			工伤保险费	
			医疗保险费	
			生育保险费	
			失业保险费	
		住房公积金		
	税金	增值税		
		城市维护建设税		
		教育费附加		
		地方教育附加		
		环境保护税		

2）建筑安装工程费用项目内容

（1）分部分项工程费

分部分项工程费是指建筑安装工程的分部分项工程发生的人工费、材料费、施工机具使用费、企业管理费、利润和一般风险费。

①人工费

人工费是指按工资总额构成规定，支付给从事建筑安装施工的生产工人和附属生产单位个人的各项费用，内容包括：

a.计时工资或计件工资：是指按计时工资标准和工作时间或对已做工作按计件单位支付给个人的劳动报酬。

b.奖金：是指对超额劳动和增收节支支付给个人的劳动报酬。

c.津贴补贴：是指为了补偿职工特殊或额外的劳动消耗和因其他特殊原因支付给个人的津贴，以及为了保证职工工资水平不受物价影响支付给个人的物价补贴。

d.加班加点工资：是指按规定支付的在法定节假日工作的加班工资和在法定工作时间外延时工作的加点工资。

e.特殊情况下支付的工资：是指根据国家法律、法规和政策规定，因病、工伤、产假、计划生育假、婚丧假、事假、探亲假、定期休假、停工学习、执行国家或社会义务等原因，按计时工资标准或计件工资标准的一定比例支付的工资。

②材料费

材料费是指施工过程中耗费的构成工程实体的原材料、辅助材料、构配件、零件、半成品或成品、工程设备的费用。内容包括：

a.材料原价：是指材料、工程设备的出厂价格或商家供应价格。

b.运杂费：是指材料、工程设备自来源地运至工地仓库或指定堆放地点所发生的全部费用。

c.运输损耗费：是指材料在运输装卸过程中不可避免的损耗。

d.采购及保管费：是指组织采购、供应和保管材料、工程设备的过程中所需要的各项费用，包括采购费、仓贮费、工地保管费、仓贮损耗。

③施工机具使用费

施工机具使用费是指施工机械作业所发生的机械、仪器仪表使用费。

a.施工机械使用费：是指施工机械作业所发生的施工使用费以及机械安拆费和场外运输费。施工机械台班单价由下列七项费用组成：

折旧费：是指施工机械在规定的耐用总台班内，陆续收回其原值的费用。

检修费：是指施工机械在规定的耐用总台班内，按规定的检修间隔进行必要的检修，以恢复其正常功能所需的费用。

维护费：是指施工机械在规定的耐用总台班内，按规定的维护间隔进行各级维护和临时故障排除所需的费用。保障机械正常运转所需替换设备与随机配备工具附具的摊销费用、机械运转及日常维护所需润滑与擦拭的材料费用及机械停滞期间的维护费用。

安拆费及场外运费：安拆费是指中、小型施工机械在现场进行安装与拆卸所需的人工、材料、机械和试运转费用以及机械辅助设施的折旧、搭设、拆除等费用；场外运费是指中、小型施工机械整体或分体自停放地点运至施工现场或由一施工地点运至另一施工地点的运输、装卸、辅助材料、回程等费用。

人工费：是指机上司机（司炉）和其他操作人员的人工费。

燃料动力费：是指施工机械在运转作业中所耗用的燃料及水、电等费用。

其他费：是指施工机械按照国家规定应缴纳的车船税、保险费及检测费等。

b. 仪器仪表使用费：是指工程施工所需使用的仪器仪表的摊销及维修等费用。

④企业管理费

企业管理费是指建筑安装企业组织施工生产和经营管理所需的费用。内容包括：

a. 管理人员工资：是指按规定支付给管理人员的计时工资、奖金、津贴补贴、加班加点工资及特殊情况下支付的工资等。

b. 办公费：是指企业管理办公用的文具、纸张、账表、印刷、邮电、书报、办公软件、现场监控、会议、水电、烧水和集体取暖降温（包括现场临时宿舍取暖降温）等费用。

c. 差旅交通费：是指职工因公出差、调动工作的差旅费、住勤补助费，市内交通费和误餐补助费，职工探亲路费，劳动力招募费，职工退休、退职一次性路费，工伤人员就医路费，工地转移费以及管理部门使用的交通工具的油料、燃料等费用。

d. 固定资产使用费：是指管理和试验部门及附属生产单位使用的属于固定资产的房屋、设备、仪器等的折旧、大修、维修或租赁费。

e. 工具用具使用费：是指企业施工生产和管理使用的不属于固定资产的工具、器具、家具、交通工具和检验、试验、测绘、消防用具等的购置、维修和摊销费。

f. 劳动保险和职工福利费：是指由企业支付的职工退职金、按规定支付给离休干部的经费，集体福利费、夏季防暑降温、冬季取暖补贴、上下班交通补贴等。

g. 劳动保护费：是企业按规定发放的劳动保护用品的支出。如工作服、手套、防暑降温饮料以及在有碍身体健康的环境中施工的保健费用等。

h. 工会经费：是指企业按《工会法》规定的全部职工工资总额比例计提的工会经费。

i. 职工教育经费：是指按职工工资总额的规定比例计提，企业为职工进行专业技术和职业技能培训，专业技术人员继续教育、职工职业技能鉴定、职业资格认定以及根据需要对职工进行各类文化教育所发生的费用。

j. 财产保险费：是指施工管理用财产、车辆等的保险费用。

k. 财务费：是指企业为施工生产筹集资金或提供预付款担保、履约担保、职工工资支付担保等所发生的各种费用。

l. 税金：是指企业按规定缴纳的房产税、车船使用税、土地使用税、印花税等。

m. 其他：包括技术转让费、技术开发费、投标费、业务招待费、法律顾问费、审计费、咨询费、保险费、建设工程综合（交易）服务费及配合工程质量检测取样或为送检单位在施工现场开展有关工作所发生的费用等。

⑤利润

利润是指施工企业完成所承包工程获得的盈利。

⑥风险费

风险费是指一般风险费和其他风险费。

a. 一般风险费：是指工程施工期间因停水、停电，材料设备供应，材料代用等不可预见的一般风险因素影响正常施工而又不便计算的损失费。内容包括:一月内临时停水、停电在工作时间 16 小时以内的停工、窝工损失;建设单位供应材料设备不及时,造成的停工、窝工每月在 8 小时以内的损失;材料的理论重量与实际重量的差;材料代用,但不包括建筑材料中钢材的代用。

b. 其他风险费:是指一般风险外,招标人根据《建设工程工程量清单计价规范》(GB 50500—2013)、《重庆市建设工程工程量清单计价规则》(CQJJGZ—2013)的有关规定,在招标文件中要求投标人承担的人工、材料、机械价格及工程量变化导致的风险费用。

(2)措施项目费

措施项目费是指建筑安装工程施工前和施工过程中发生的技术、生活、安全、环境保护等费用,包括人工费、材料费、施工机具使用费、企业管理费、利润和一般风险费。措施项目费分为施工技术措施项目费与施工组织措施项目费。

①施工技术措施项目费包括:

a. 特、大型施工机械设备进出场及安拆费:进出场是指特、大型施工机械整体或分体自停放地点运至施工现场或由一施工地点运至另一施工地点的运输、装卸、辅助材料、回程等费用;安拆费是指特、大型施工机械在现场进行安装与拆卸所需的人工、材料、机械和试运转费用以及机械辅助设施的折旧、搭设、拆除等费用。

b. 脚手架费:是指施工需要的各种脚手架搭、拆、运输费用以及脚手架购置费的摊销或租赁费用。

c. 混凝土模板及支架费:是指混凝土施工过程中需要的各种模板和支架等的支、拆、运输费用以及模板、支架的摊销或租赁费用。

d. 施工排水及降水费:是指为确保工程在正常条件下施工,采取各种排水、降水措施所发生的各种费用。

e. 其他技术措施费:是指除上述措施项目外,各专业工程根据工程特征所采用的措施项目费用,具体项目见表2.4。

表 2.4　专业工程措施项目

专业工程	施工技术措施项目
房屋建筑与装饰工程	垂直运输、超高施工增加
仿古建筑工程	垂直运输
通用安装工程	垂直运输、超高施工增加、组装平台、抱(拔)杆、防护棚、胎(模)具、充气保护
市政工程	围堰、便道及便桥、洞内临时设施、构件运输
园林绿化工程	树木支撑架、草绳绕树干、搭设遮阴(防寒)、围堰
构筑物工程	垂直运输
城市轨道交通工程	围堰、便道及便桥、洞内临时设施、构件运输
爆破工程	爆破安全措施项目

注:上表内未列明的施工技术措施项目,可根据各专业工程实际情况增加。

②施工组织措施项目费包括：

a. 组织措施费：

夜间施工增加费：是指因夜间施工所发生的夜班补助费、夜间施工降效、夜间施工照明设备摊销及照明用电等费用。

二次搬运费：是指因施工场地条件限制而发生的材料、□□、半成品等一次运输不能达到堆放地点，必须进行二次或多次搬运所发生的费用□。

冬雨季施工增加费：是指在冬季或雨季施工需□□□□□、防滑、排除雨雪，人工及施工机械效率降低等费用。

已完工程及设备保护费：是指竣工验收前，对已□□□□□□取的必要保护措施所发生的费用。

工程定位复测费：是指工程施工过程中进行全部□□□□□测费用。

b. 安全文明施工费：

环境保护费：是指施工现场为达到环保部门要求所□□□□□□□。

文明施工费：是指施工现场文明施工所需要的各项□□□。

安全施工费：是指施工现场安全施工所需要的各项费用。

临时设施费：是指施工企业为进行建设工程施工所必须搭设的生活和生产用的临时建筑物、构筑物和其他临时设施所发生的费用。包括临时设施的搭设、维修、拆除、清理或摊销费等。

c. 建设工程竣工档案编制费：是指施工企业根据建设工程档案管理的有关规定，在建设工程施工过程中收集、整理、制作、装订、归档具有保存价值的文字、图纸、声像、电子文件等各种建设工程档案资料所发生的费用。

d. 住宅工程质量分户验收费：是指施工企业根据住宅工程质量分户验收规定，进行住宅工程分户验收工作发生的人工、材料、检测工具、档案资料等费用。

（3）其他项目费

其他项目费是指由暂列金额、暂估价、计日工和总承包服务费组成的其他项目费用。包括人工费、材料费、施工机具使用费、企业管理费、利润和一般风险费。

①暂列金额：是指招标人在工程量清单中暂定并包括在工程合同价款中的一笔款项。用于施工合同签订时尚未确定或者不可预见的所需材料、工程设备、服务的采购，施工过程中可能发生的工程变更、合同约定调整因素出现时的工程价款调整以及发生的索赔、现场签证确认等的费用。

②暂估价：是指招标人在工程量清单中提供的由于支付必然发生但暂时不能确定价格的材料、工程设备的单价以及专业工程的金额。

③计日工：是指在施工过程中，承包人完成发包人提出的施工图纸以外的零星项目或工作，按合同约定计算所需的费用。

④总承包服务费：是指总承包人为配合协调发包人进行专业工程分包、同期施工时提供必要的简易架料、垂直吊运和水电接驳，竣工资料汇总整理等服务所需的费用。

（4）规费

规费是指根据国家法律、法规规定，由省级政府和省级有关权力部门规定必须缴纳或计取的费用。包括：

①社会保险费：

a. 养老保险费：是指企业按照规定标准为职工缴纳的基本养老保险费。

b. 工伤保险费：是指企业按照规定标准为职工缴纳的工伤保险费。

c. 医疗保险费：是指企业按照规定标准为职工缴纳的基本医疗保险费。

d. 生育保险费：是指企业按照规定标准为职工缴纳的生育保险费。

e. 失业保险费：是指企业按照规定标准为职工缴纳的失业保险费。

②住房公积金：是指企业按照规定标准为职工缴纳的住房公积金。

（5）税金

税金是指国家税法规定的应计入建筑安装工程造价的增值税、城市维护建设税、教育费附加、地方教育附加以及环境保护税。

2.5.2 建筑安装工程费用标准

1）工程费用标准

（1）企业管理费、组织措施费、利润、规费和风险费

①房屋建筑工程、仿古建筑工程、构筑物工程、市政工程、城市轨道交通的盾构工程、高架桥工程、地下工程、轨道工程、机械（爆破）土石方工程、围墙工程、房屋建筑修缮工程以定额人工费与定额施工机具使用费之和为费用计算基础，费用标准（部分）见表2.5。

表2.5 以定额人工费+定额施工机具费为计算基础的费用标准（部分）

专业工程		一般计税法			简易计税法			利润（%）	规费（%）
		企业管理费（%）	组织措施费（%）	一般风险费（%）	企业管理费（%）	组织措施费（%）	一般风险费（%）		
房屋建筑工程	公共建筑工程	24.10	6.20	1.5	24.47	6.61	1.6	12.92	10.32
	住宅工程	25.60	6.88		25.99	7.33		12.92	10.32
	工业建筑工程	26.10	7.90		26.50	8.42		13.30	10.32
市政工程	道路工程	45.18	13.31	1.6	45.87	14.18	1.71	24.44	11.46
	桥梁工程	39.08	9.91	2.0	39.67	10.56	2.14	17.18	11.46
	隧道工程	31.86	8.72		32.34	9.29		12.71	11.46
	广（停车）场	20.60	5.53	1.5	20.91	5.89	1.6	10.83	11.46
	排水工程	44.85	11.20		45.53	11.93		19.93	11.46
	涵洞工程	33.72	8.54		34.23	9.10		20.20	11.46
	挡墙工程	18.46	5.39		18.74	5.74		7.70	11.46
机械（爆破）土石方工程		18.40	4.80	1.2	18.68	5.11	1.28	7.64	7.2
房屋建筑修缮工程		18.51	5.55	—	18.79	5.91	—	8.45	7.2

注：房屋建筑修缮工程不计算一般风险费。除一般风险费以外的其他风险费，按招标文件要求的风险内容及范围确定。

②装饰工程、幕墙工程、园林绿化工程、通用安装工程、市政安装工程、城市轨道交通安装工程、房屋安装修缮工程、房屋单拆除工程、人工土石方工程以定额人工费为费用计算基础，费用标准（部分）见表2.6。

表2.6　以定额人工费为计算基础的费用标准（部分）

专业工程		一般计税法			简易计税法			利润（%）	规费（%）
		企业管理费（%）	组织措施费（%）	一般风险费（%）	企业管理费（%）	组织措施费（%）	一般风险费（%）		
装饰工程		15.61	8.63	1.8	15.85	9.19	1.92	9.61	15.13
幕墙工程		17.54	9.79	2.0	17.81	10.43	2.14	10.85	15.13
通用安装工程	机械设备安装工程	24.65	10.08	2.8	25.02	10.74	2.99	20.12	18.00
	热力设备安装工程	26.89	10.15		27.30	10.81		20.07	18.00
	静置设备与工艺金属结构制作安装工程	29.81	10.71		30.26	11.41		22.35	18.00
	电气设备安装工程	38.17	16.39		38.75	17.46		27.43	18.00
	建筑智能化安装工程	32.53	12.93		33.03	13.77		26.36	18.00
	自动化控制仪表安装工程	32.38	13.53		32.87	14.42		26.65	18.00
	通风空调安装工程	27.18	10.73		27.59	11.44		21.23	18.00
	工业管道安装工程	24.65	10.25		25.03	10.92		22.13	18.00
	消防工程	26.13	11.04		26.53	11.76		22.69	18.00
	给排水、燃气工程	29.46	11.82		29.91	12.59		23.68	18.00
	刷油、防腐蚀、绝热工程	22.79	9.82		23.14	10.47		14.46	18.00
人工土石方工程		10.78	2.22	—	10.94	2.37	—	3.55	8.20

注：人工土石方工程不计算一般风险费。除一般风险费以外的其他风险费，按招标文件要求的风险内容及范围确定。

（2）安全文明施工费

安全文明施工费按现行建设工程安全文明施工费管理的有关规定执行，调整后的费用标准（部分）见表2.7。

表2.7　安全文明施工费标准（部分）

专业工程		计算基础	一般计税法	简易计税法
房屋建筑工程	公共建筑工程	工程造价	3.59%	3.74%
	住宅工程			
	工业建筑工程		3.41%	3.55%

续表

专业工程		计算基础	一般计税法	简易计税法
市政工程	道路工程	工程造价1亿以内	3.00%	3.12%
		工程造价1亿以上	2.70%	2.81%
	桥梁工程	工程造价2亿以内	3.02%	3.14%
		工程造价2亿以上	2.73%	2.84%
	隧道工程	工程造价1亿以内	2.79%	2.91%
		工程造价1亿以上	2.53%	2.64%
	广（停车）场	工程造价	2.43%	2.53%
	排水工程		2.67%	2.78%
	涵洞工程		2.45%	2.55%
	挡墙工程		2.70%	2.81%
人工、机械（爆破）土石方工程		（开挖工程量）	0.77元/m³	0.85元/m³
房屋建筑修缮工程		工程造价	3.23%	3.36%
通用安装工程	装饰工程	人工费	11.88%	12.37%
	幕墙工程			
	机械设备安装工程		17.42%	18.15%
	热力设备安装工程		17.42%	18.15%
	静置设备与工艺金属结构制作安装工程		21.10%	21.98%
	电气设备安装工程		25.10%	26.15%
	建筑智能化安装工程		19.45%	20.26%
	自动化控制仪表安装工程		20.55%	21.40%
	通风空调安装工程		19.45%	20.26%
	工业管道安装工程		17.42%	18.15%
	消防工程		17.42%	18.15%
	给排水、燃气工程		19.45%	20.26%
	刷油、防腐蚀、绝热工程		17.42%	18.15%

注:1. 本表计费标准为工地标准化评定等级为合格的标准。

2. 计费基础:房屋建筑、市政工程、爆破工程、房屋建筑修缮工程均以税前造价为基础计算;装饰工程、幕墙工程安装工程按人工费(含价差)为基础计算;人工、机械(爆破)土石方工程以开挖工程量为基础计算。

3. 人工、机械(爆破)土石方工程已包括开挖(爆破)及运输土石方发生的安全文明施工费。

4. 借土回填土石方工程,按借土回填量乘土石方标准的50%计算。

5. 城市轨道交通工程的建筑、装饰、仿古建筑、园林绿化、房屋修缮、土石方、其他市政等工程按相应建筑、装饰、仿古建筑、园林绿化、房屋修缮、土石方、其他市政工程标准计算。

6. 以上各项工程计费条件按单位工程划分。

7. 同一施工单位承建建筑、安装、单独装饰及土石方工程时,应分别计算安全文明施工费。同一施工单位同时承建建筑工程中的装饰项目时,安全文明施工费按建筑工程标准执行。

8. 同一施工单位承建道路、桥梁、隧道、城市轨道交通工程时,其附属工程的安全文明施工费按道路、桥梁、隧道、城市轨道交通工程的标准执行。

9. 道路、桥梁、隧道、城市轨道交通工程费用计算按照累进制计取。例如某道路工程造价为1.2亿元,安全文明施工费计算如下:10 000万元×3.0%＝300万元,(12 000-10 000)万元×2.70%＝54万元,合计＝300+54＝354万元。

（3）建设工程竣工档案编制费

建设工程竣工档案编制费按现行建设工程竣工档案编制费的有关规定执行。

①房屋建筑工程、仿古建筑工程、构筑物工程、市政工程、城市轨道交通的盾构工程、高架桥工程、地下工程、轨道工程、机械（爆破）土石方工程、围墙工程、房屋建筑修缮工程以定额人工费与定额施工机具使用费之和为费用计算基础，调整后的费用标准（部分）见表2.8。

表2.8　以定额人工费+定额施工机具费为基础的档案编制费标准（部分）

专业工程		一般计税法（%）	简易计税法（%）
房屋建筑工程	公共建筑工程	0.42	0.44
	住宅工程	0.56	0.58
	工业建筑工程	0.48	0.50
市政工程	道路工程	0.59	0.62
	桥梁工程	0.38	0.40
	隧道工程	0.31	0.32
	运动场、广场、停车场	0.27	0.28
	排水工程	0.48	0.50
	涵洞工程	0.43	0.45
	挡墙工程	0.31	0.32
机械（爆破）土石方工程		0.20	0.21
房屋建筑修缮工程		0.24	0.25

②装饰工程、幕墙工程、园林绿化工程、通用安装工程、市政安装工程、城市轨道交通安装工程、房屋安装修缮工程、房屋单拆除工程、人工土石方工程以定额人工费为费用计算基础，调整后的费用标准（部分）见表2.9。

表2.9　以定额人工费为基础的档案编制费标准（部分）

专业工程		一般计税法（%）	简易计税法（%）
装饰工程		1.23	1.28
幕墙工程		1.51	1.58
通用安装工程	机械设备安装工程	1.92	2.01
	热力设备安装工程	2.11	2.20
	静置设备与工艺金属结构制作安装工程	1.91	1.99
	电气设备安装工程	1.94	2.03
	建筑智能化安装工程	2.14	2.23
	自动化控制仪表安装工程	2.35	2.45
	通风空调安装工程	1.96	2.05
	工业管道安装工程	1.94	2.03
	消防工程	1.92	2.00
	给排水、燃气工程	2.02	2.11
	刷油、防腐蚀、绝热工程	1.92	2.01
人工土石方工程		0.19	0.20

（4）住宅工程质量分户验收费

住宅工程质量分户验收费按现行住宅工程质量分户验收费的有关规定执行，调整后的费用标准见表2.10。

表2.10　住宅工程质量分户验收费标准

费用名称	计算基础	一般计税法	简易计税法
住宅工程分户验收费	住宅单位工程建筑面积	1.32 元/m²	1.35 元/m²

（5）总承包服务费

总承包服务费以分包工程的造价或人工费为计算基础，费用标准见表2.11。

表2.11　总承包服务费标准

分包工程	计算基础	一般计税法	简易计税法
房屋建筑工程	分包工程造价	2.82%	3%
装饰、安装工程	分包工程人工费	11.32%	12%

（6）采购及保管费

采购及保管费＝（材料原价＋运杂费）×（1＋运输损耗率）×采购及保管费率

承包人采购材料、设备的采购及保管费率：材料2%，设备0.8%，预拌商品混凝土及商品湿拌砂浆、水稳层、沥青混凝土等半成品0.6%，苗木0.5%。

发包人提供的预拌商品混凝土及商品湿拌砂浆、水稳层、沥青混凝土等半成品不计取采购及保管费；发包人提供的其他材料到承包人指定地点，承包人计取采购及保管费的2/3。

（7）计日工

①计日工中的人工、材料、机械单价按建设项目实施阶段市场价格确定；计费基价人工单价执行表2.12标准，材料、机械执行各专业计价定额单价；市场价格与计费基价的价差单调。

表2.12　计日工计费基价人工单价表

序号	工　种	人工单价（元/工日）
1	土石方综合工	100
2	建筑综合工	115
3	装饰综合工	125
4	机械综合工	120
5	安装综合工	125
6	市政综合工	115
7	园林综合工	120
8	绿化综合工	120
9	仿古综合工	130
10	轨道综合工	120

②综合单价按相应专业工程费用标准及计算程序计算,但不再计取风险费。

(8)停窝工费

①承包人进入现场后,如因设计变更或由于发包人的责任造成的停工、窝工费用,由承包人提出资料,经发包人、监理方确认后由发包人承担。施工现场如有调剂工程,经发、承包人协商可以安排时,停、窝工费根据实际情况不收或少收。

②现场机械停置台班数量按停置日历天数计算,台班费及管理费按机械台班费的50%计算,不再计算其他费用,但应计算税金。

③生产工人停工、窝工按相应专业综合单价计算,综合费用按10%计算,除税金外不再计取其他费用;人工费按市场价差单调。

④周转材料停置费按实计算。

(9)现场生产和生活用水、电价差调整

①安装水、电表时,水、电用量按表计量。水、电费由发包人交款,承包人按合同约定水、电单价退还发包人;水、电费由承包人交款,承包人按合同约定水、电费调价方法和单价调整价差。

②未安装水、电表并由发包人交款时,水电费按表2.13计算并退还发包人。

表2.13　水电费退还计算表

专业工程	计算基础	一般计税法		简易计税法	
		水费(%)	电费(%)	水费(%)	电费(%)
房屋建筑、仿古建筑、构筑物、房屋建筑修缮、围墙工程	定额人工费+定额施工机具使用费	0.91	1.04	1.03	1.22
市政、城市轨道交通工程		1.11	1.27	1.25	1.49
机械(爆破)土石方工程		0.45	0.52	0.51	0.61
装饰、幕墙、通用安装、市政安装、城市轨道安装、房屋安装修缮工程	定额人工费	1.04	1.74	1.18	2.04
园林、绿化工程		1.01	1.68	1.14	1.97
人工土石方工程		0.52	0.87	0.59	1.02

(10)税金

增值税、城市维护建设税、教育费附加、地方教育附加以及环境保护税,按照国家和重庆市相关规定执行,税费标准见表2.14。

表 2.14　税费标准表

税　目		计算基础	工程在市区(%)	工程在县、城镇	不在市区及县、城镇(%)
增值税	一般计税方法	税前造价	9		
	简易计税方法		3		
附加税	城市维护建设税	增值税税额	7	5	1
	教育费附加		3	3	3
	地方教育附加		2	2	2
环境保护税		按实计算			

注:1. 当采用增值税一般计税方法时,税前造价不含增值税进项税额;

　　2. 当采用增值税简易计税方法时,税前造价应含增值税进项税额。

2)工程费用计算说明

①房屋建筑工程执行《重庆市房屋建筑与装饰工程计价定额(第一册 建筑工程)》与《重庆市绿色建筑工程计价定额》时,定额综合单价中的企业管理费、利润、一般风险费应根据本定额规定的不同专业工程费用标准进行调整。

a. 单栋或群体房屋建筑具有使用功能时,按照主要使用功能(建筑面积大者)确定工程费用标准。

b. 关于与建筑相连的附属生活间、办公室等,按该工业建筑确定费用标准。

②装饰、幕墙、仿古建筑、通用安装、市政、园林绿化、构筑物、城市轨道交通、爆破、房屋修缮工程、人工及机械土石方工程执行相应专业计价定额时,定额综合单价中的企业管理费、利润、一般风险费标准不作调整。

③建(构)筑物外的独立挡墙及护坡,非属于道路、桥梁、隧道、城市轨道交通的独立的挡墙及护坡或附属于道路、桥梁、隧道、城市轨道交通但非同一企业承包施工的挡墙及护坡工程,应按市政挡墙工程确定工程费用标准。

④围墙工程执行《重庆市房屋建筑与装饰工程计价定额》《重庆市仿古建筑工程计价定额》时,定额综合单价中的企业管理费、利润、一般风险费按围墙工程费用标准进行调整。

⑤执行本专业工程计价定额子目缺项需借用其他专业定额子目时,借用定额综合单价不作调整。

⑥组织措施费、安全文明施工费、建设工程竣工档案编制费、规费以单位工程为对象确定工程费用标准。

a. 本专业工程借用其他专业工程定额子目时,按以主代次的原则纳入本专业工程进行取费。

b. 市政工程的道路、桥梁、隧道应分别确定工程费用标准,但附属于道路、桥梁、隧道的其他市政工程,如由同一企业承包施工时,应并入主体单位工程确定工程费用标准。

⑦城市轨道交通地上车站、综合基地、主变电站等房屋建筑与装饰、仿古建筑、园林绿化、修缮工程按相应专业工程确定费用标准。

⑧厂区、小区的车行道路工程按市政道路工程确定费用标准。

⑨同一项目的机械土石方与爆破工程一并按照机械(爆破)土石方工程确定费用标准。

⑩厂区、小区的建(构)筑物散水(排水沟)外的(片)石挡墙、花台、人行步道等环境工程，根据工程采用的设计标准规范对应的专业工程确定费用标准。

⑪房屋建筑工程材料、成品、半成品的场内二次或多次搬运费已包含在组织措施费内，包干使用不作调整。除房屋建筑工程外的其他专业工程二次搬运费应根据工程实际情况按实计算。

3) 计价程序及表格

建设工程计价程序和计价表格详见本书第6章。

第 3 章　预算定额

3.1　预算定额的概念及作用

3.1.1　预算定额的概念

预算定额是指在正常施工条件下,完成一定计量单位的分项工程或结构构件所需消耗的人工、材料和机械台班的数量标准。

预算定额是工程建设中的一项重要的技术经济文件,是由国家主管部门或授权机关组织编制、审批并颁布实施的。在现阶段,现行工程造价制度还赋予了预算定额相应的权威性,是建设单位和施工企业建立经济关系的重要基础。

预算定额在建设工程定额中占有很重要的地位,是使用最为广泛的定额。作为一名施工管理人员,特别是工程概(预)算人员,必须理解其独特的重要性,十分熟悉预算定额并密切注意其内容的变化。

3.1.2　预算定额的水平

预算定额的水平是社会平均水平。

编制预算定额的目的在于确定建筑工程中分项工程的预算基价(即价格),而任何产品的价格都是按生产该产品的社会必要劳动量来确定的,因而预算定额中的各项消耗指标都体现了社会平均水平。

编制施工定额的目的在于提高施工企业的管理水平,所以其各项指标应是社会平均先进水平的指标。

预算定额和施工定额都是综合性的定额,但预算定额比施工定额综合的内容更多一些。它不仅包括施工定额中未包含的多种因素(现场材料的超运距、人工幅度差等),还包括了为完成该分项工程或结构构件的全部工序内容。

3.1.3　预算定额的作用

预算定额是确定分项工程或结构构件单价的基础,因此,它体现着国家、建设单位和施工企业之间的一种经济关系。建设单位按预算定额为拟建工程提供必要的资金或物质供应,施工企业则在预算定额的范围内,通过建筑施工活动,按质、按量、按期地完成工程施工,提交合格的建筑产品。

预算定额具有以下作用：

①预算定额是编制施工组织设计的依据。

②预算定额是编制施工图预算，确定工程造价的基础。

③预算定额是合理编制招标控制价，进行投标报价的基础。

④预算定额是工程结算的依据。

⑤预算定额是施工单位进行经济活动分析的依据。

⑥预算定额是编制概算定额概算指标的基础。

3.2　预算定额中各项消耗指标的确定

预算定额
人工、材料、
机械台班
消耗指标确定

3.2.1　预算定额中人工消耗量的确定

预算定额中人工消耗量是指完成某一计量单位的分项工程所需的各种用工数量（工日）的总和。定额人工工日不分工种、技术等级，一律用综合工日表示。定额人工消耗量指标由基本用工、其他用工两部分组成。

（1）基本用工

基本用工指完成单位合格产品所需要的主要用工。

$$基本用工工日数量 = \sum（工序工程量 \times 时间定额）$$

（2）其他用工

其他用工一般包括辅助用工、超运距用工、人工幅度差。

①辅助用工：指劳动定额中未包括而预算定额又必须考虑的辅助工序用工。例如，机械土石方工程配合用工、材料加工用工（筛砂、洗石、淋化石灰膏）、电焊点火用工等。辅助用工量的计算公式如下：

$$辅助用工工日数量 = \sum（材料加工数量 \times 时间定额）$$

②超运距用工：指预算定额取定的材料、成品、半成品等运距超过劳动定额规定的运距时应增加的用工量。超运距及超运距用工数量的计算公式如下：

$$超运距 = 预算定额取定的运距 - 劳动定额已包括的运距$$

$$超运距用工 = \sum（超运距材料数量 \times 时间定额）$$

③人工幅度差：即预算定额与劳动定额的差额，主要指在劳动定额中未包括，而在一般正常施工条件下不可避免，但又无法计算的用工。一般包括：a. 工序交叉、搭接停歇的时间损失；b. 机械临时维修、小修移动不可避免的时间损失；c. 工程检验影响的时间损失；d. 施工收尾及工作面小影响的时间损失；e. 施工用水、用电管线移动影响的时间损失；f. 工作面转移造成的时间损失。幅度差用工的计算方法是：

$$人工幅度差 = （基本用工 + 辅助用工 + 超运距用工）\times 人工幅度差系数$$

国家现行规定的人工幅度差系数为 $10\% \sim 15\%$。

定额人工综合工日数按下式计算：

$$综合工日 = \sum（基本用工 + 辅助用工 + 超运距用工）\times（1 + 人工幅度差系数）$$

3.2.2　预算定额中材料消耗量的确定

材料消耗量是指完成单位合格产品所必须消耗的各种材料数量。按其使用性质、用途和用量大小划分为以下4类：

①主要材料：指直接构成工程实体的材料。

②辅助材料：也是构成工程实体，但使用比重较小的材料，如垫木铁钉、铅丝等。

③周转性材料：又称工具性材料，指施工中多次周转使用但不构成工程实体的材料。如脚手架、模板等。

④次要材料：指用量很小，价值不大，不便计算的零星用料，如棉纱、现场标记所用的红油漆等。

材料用量应综合计算（测定）净用量、损耗量，按消耗量、净用量和损耗量之间的关系确定其用量。主材用量应结合分项工程的构造做法，按综合取定的工程量及有关资料进行计算确定；辅材用量的确定方法类似于主材；周转性材料是按多次使用、分次摊销的方式计入预算定额的；次要材料用估算的方法计算，以"其他材料费"列入定额，以"元"为单位表示。

3.2.3　预算定额中机械台班消耗量的确定

预算定额中的机械台班消耗量，是指在正常施工条件下，生产单位合格产品（分项工程或结构构件）必须消耗的某种型号施工机械的台班数量。一般可以用以下两种方法计算确定预算定额中的机械台班消耗量：

（1）根据施工定额确定机械台班消耗量

这种方法是指施工定额或劳动定额中机械台班产量加机械幅度差计算预算定额的机械台班消耗量。

机械台班幅度差一般包括：正常施工组织条件下不可避免的机械空转时间，施工技术原因的中断及合理停滞时间，因供电供水故障及水电线路移动检修而发生的运转中断时间，因气候变化或机械本身故障影响工时利用的时间，施工机械转移及配套机械相互影响损失的时间，配合机械施工的工人因其他工种交叉造成的间歇时间，因检查工程质量造成的机械停歇时间，工程收尾和工作量不饱满造成的机械停歇时间等。

大型机械幅度差系数为：土方机械25%，打桩机械33%，吊装机械30%；砂浆、混凝土搅拌机由于按小组配用，以小组产量计算机械台班产量，不另增加机械幅度差；其他分部工程中如钢筋加工、木材、水磨石等各项专用机械的幅度差为10%。

综上所述，预算定额的机械台班消耗量按下式计算：

预算定额机械耗用台班 = 施工定额机械耗用台班 × （1 + 机械幅度差系数）

（2）以现场测定资料为基础确定机械台班消耗量

如遇到施工定额（劳动定额）缺项者，则需要依据单位时间完成的产量测定机械台班消耗量。

3.3 预算定额中人、材、机单价的确定

3.3.1 人工日工资单价的组成和确定方法

人工日工资单价是指施工企业平均技术熟练程度的生产工人在每工作日(国家法定工作时间内)按规定从事施工作业应得的日工资总额。合理确定人工日工资单价是正确计算人工费和工程造价的前提和基础。

1)人工日工资单价组成内容

人工日工资单价由计时工资或计件工资、奖金、津贴补贴以及特殊情况下支付的工资组成。

(1)计时工资或计件工资

计时工资或计件工资是指按计时工资标准和工作时间或对已做工作按计件单价支付给个人的劳动报酬。

(2)奖金

奖金是指对超额劳动和增收节支支付给个人的劳动报酬,如节约奖、劳动竞赛奖等。

(3)津贴补贴

津贴补贴是指为了补偿职工特殊或额外的劳动消耗和因其他特殊原因支付给个人的津贴,以及为了保证职工工资水平不受物价影响支付给个人的物价补贴,如流动施工津贴、特殊地区施工津贴、高温(寒)作业临时津贴、高空津贴等。

(4)特殊情况下支付的工资

特殊情况下支付的工资是指根据国家法律、法规和政策规定,因病、工伤、产假、计划生育假、婚丧假、事假、探亲假、定期休假、停工学习、执行国家或社会义务等原因,按计时工资标准或计时工资标准的一定比例支付的工资。

2)人工日工资单价确定方法

(1)年平均每月法定工作日

人工日工资单价是每一个法定工作日的工资总额,需要计算年平均每月法定工作日。其计算公式为

$$年平均每月法定工作日 = \frac{全年日历日 - 法定假日}{12}$$

式中,法定假日是指双休日和法定假日。

(2)日工资单价的计算

确定了年平均每月法定工作日后,将上述工资总额进行分摊,即形成了人工日工资单价。其计算公式为

$$日工资单价 = \frac{生产工人平均月工资(计时、计件) + 平均月(奖金 + 津贴补贴 + 特殊情况下支付的工资)}{年平均每月法定工作日}$$

(3)日工资单价的管理

工程造价管理机构确定日工资单价应通过市场调查、根据工程项目的技术要求,参考实物工程量人工单价综合分析确定,最低日工资单价不得低于工程所在地人力资源和社会保障

部门所发布的最低工资标准:普工 1.3 倍、一般技工 2 倍、高级技工 3 倍。

《重庆市房屋建筑与装饰工程计价定额》(CQJZZSDE—2018)定额人工单价为:土石方综合工 100 元/工日,建筑、混凝土、砌筑、防水综合工 115 元/工日,钢筋、模板、架子、金属制安、机械综合工 120 元/工日,木工、抹灰综合工 125 元/工日,镶贴综合工 130 元/工日。

影响建筑工人工资单价的因素大致有以下 5 个方面:社会平均工资水平、生活消费指数、人工日工资单价的组成内容、劳动力市场供需发生变化、政府推行的社会保障和福利政策。

3.3.2　材料单价的组成和确定方法

1)材料单价的定义和组成

材料单价是指材料从其来源地到达施工工地仓库后出库的综合平均价格。"材料"包括原材料、成品、半成品、构配件、燃料等,"来源地"指供应者仓库或提货地点,"工地仓库"包括现场仓库或材料露天堆场。

材料单价一般由材料原价、材料运杂费、运输损耗费、采购及保管费 4 个部分组成。

2)材料单价确定方法

(1)材料原价(或供应价格)

材料原价一般是指材料、工程设备的出厂价格或商家的供应价格。在确定材料的原价时,同一种材料因产地或供应单位不同可能会有不同价格,此时应根据供应数量的比例采用加权平均法来计算其原价。

【例 3.1】　某工地某种材料有甲、乙两个来源地,甲地供应 60%,原价 1 400 元/t,乙地供应 40%,原价 1 500 元/t。试计算该种材料的原价。

【解】　该种材料的原价应为:

$$1\ 400\ 元/t \times 60\% + 1\ 500\ 元/t \times 40\% = 1\ 440\ 元/t$$

【例 3.2】　某工程需要水泥 1 000 t。甲厂供应 400 t,原价 260 元/t;乙厂供应 400 t,原价 280 元/t;丙厂供应 200 t,原价 290 元/t。试确定该工程所用水泥的原价。

【解】　该工程所用水泥的原价应为:

$$\frac{(400 \times 260 + 400 \times 280 + 200 \times 290)\ 元}{1\ 000\ t} = 274\ 元/t$$

(2)材料运杂费

材料运杂费是指材料、工程设备自来源地运至工地仓库或指定堆放地点所发生的全部费用。一般应包括调车和驳船费、装卸费、运输费和附加工作费等。

调车和驳船费是指机(汽)车、船只到专用线、非公用地点或指定地点时的车辆调度及驳船费用;装卸费是指给火车、轮船、汽车上下货物时所发生的费用;运输费是指火车、轮船、汽车的运费;附加工作费是指货物从货源地运至工地仓库所发生的材料搬运、分类堆放及整理等费用。

材料运杂费通常按外埠运费和市内运费两段计算。外埠运费是指由来源地(交货地)运至本市仓库的全部费用,市内运费是指由本市仓库运至工地仓库的运费。

运杂费可根据材料来源地、运输方式、运输里程,并根据国家或地方规定的运价标准,按加权平均法计算。

【例3.3】　经测算,某市中心仓库到甲、乙、丙3个小区的距离及各小区材料需要量比例分别为:甲区5 km,材料需要量为30%;乙区15 km,材料需要量为40%;丙区12 km,材料需要量为30%。求中心仓库到各工地仓库的平均市内运输距离。

【解】　市内加权平均运距为:

$$5 \text{ km} \times 30\% + 15 \text{ km} \times 40\% + 12 \text{ km} \times 30\% = 11.1 \text{ km}$$

【例3.4】　某地区近3年的资料,平均每年由生产厂直接供应钢材60 000 t,其中鞍钢供应20 000 t,武钢供应30 000 t,首钢供应10 000 t。经过计算,钢材外埠运费分别为:鞍钢39 元/t,武钢25 元/t,首钢27 元/t。计算其外埠运费。

【解】　该地区钢材外埠运费为:

$$(20\ 000 \times 39 + 30\ 000 \times 25 + 10\ 000 \times 27) \text{ 元} \div 60\ 000 \text{ t} = 30 \text{ 元/t}$$

(3)运输损耗费

运输损耗费是指材料在运输装卸过程中不可避免的损耗,也可称材料场外运输损耗费。此费以材料原价、运杂费之和为基数,乘以各地规定的运输损耗率计算。场外运输损耗率可参考表3.1计取。

材料运输损耗费 =(材料原价或供应价格 + 材料运杂费)× 材料运输损耗率

表3.1　材料场外运输损耗率参考表

序号	材料名称	损耗率(%)	序号	材料名称	损耗率(%)
1	标准砖、空心砖	2	16	人造石及天然石制品	0.5
2	黏土瓦、脊瓦	2.5	17	陶瓷器具	1.0
3	水泥瓦、脊瓦	2.5	18	白石子	1.0
4	水泥	散2.0 袋1.5	19	石棉瓦	1.0
5	粗(细)砂	2.0	20	灯具	0.5
6	碎石	1.0	21	煤	1.0
7	玻璃及制品	3.0	22	耐火石	1.5
8	沥青	0.5	23	石膏制品	2.0
9	轻质、加气混凝土块	2.0	24	炉(水)渣	1.0
10	陶土管	1.0	25	混凝土管	0.5
11	耐火砖	0.5	26	白灰	1.5
12	缸砖、水泥砖	0.5	27	石屑、石粉	20
13	瓷砖、小瓷砖	1.0	28	石棉粉	0.5
14	蛭石及制品	1.5	29	耐火碎砖末	2.0
15	珍珠岩及制品	1.5	30	石棉制品	0.5

(4)采购及保管费

采购及保管费是指组织采购、供应和保管材料、工程设备过程中所需要的各项费用。包括采购费、仓储费、工地保管费、仓储损耗。

材料采购及保管费一般按照材料到库价格乘以费率计算确定。

　　采购保管费 ＝（材料原价 ＋ 运杂费）×（1 ＋ 运输损耗费率）× 采购及保管费率

《重庆市建设工程费用定额》规定的采购及保管费率：由承包方采购材料时，"三材"（钢材、木材、水泥）为 2.5％，其他材料及半成品为 3％ 计算，设备为 1％。

3.3.3　施工机械台班单价的组成和确定方法

1）施工机械台班单价的定义和组成

施工机械台班单价是指某种施工机械在一个台班中，为了正常运转所必须支出和分摊的各项费用之和。台班单价应由折旧费、大修理费、经常修理费、安拆费及场外运输费、人工费、燃料动力费、养路费及车船使用税 7 个部分组成。

按台班费用的性质，又可将上述 7 个部分划分为第一类费用、第二类费用和其他费用。

第一类费用（又称不变费用）：是一种比较固定的经常性费用，其特点是不管机械开动的情况以及施工地点和条件的变化都需要开支，所以，应将全年所需费用分摊到每一台班中。第一类费用包括折旧费、大修理费、经常修理费、安装拆卸及场外运输费。

第二类费用（又称可变费用）：这类费用只有当机械运转时才发生，与施工机械的工作时间及施工地点和条件有关，应根据台班耗用的人工、动力燃料的数量和地区单价确定。第二类费用包括机上人员的工资、机械运转所需的燃料动力费等。

其他费用：指养路费及车船使用税等费用。这类费用带有政策规定的性质。

2）施工机械台班单价的确定方法

（1）折旧费

折旧费是指施工机械在规定耐用总台班内，陆续收回其原值的费用。计算公式如下：

$$台班折旧费 = \frac{机械预算价格 \times (1 - 残值率) \times 贷款利息系数}{耐用台班总数}$$

机械预算价格按机械出厂（或到岸完税）价格及全部运杂费计算确定。

残值率是指机械报废时回收的残值占机械原值（机械预算价格）的比率。现行有关规定为：运输机械 2％，特大型机械 3％，中小型机械 4％，掘进机械 5％。

贷款利息系数为补偿企业贷款购买机械所支付的利息，从而合理反映资金的时间价值，将贷款利息分摊到台班折旧费中。其公式如下：

$$贷款利息系数 = 1 + \frac{(n + 1)}{2}i$$

式中　n——国家有关文件规定的此类机械折旧年限；

　　　i——当年银行贷款利率。

耐用台班总数是指机械在正常施工条件下，从使用到报废，按规定应达到的使用台班总数。其计算公式如下：

$$耐用台班总数 = 折旧年限 \times 年工作台班$$
$$= 大修间隔台班数 \times 大修周期数$$

年工作台班是根据有关部门对各类主要机械最近3年的统计资料分析确定。

大修间隔台班数是指机械自投入使用起至第一次大修止或自上一次大修后投入使用起至下一次大修止，应达到的使用台班数。

大修周期数是指机械在正常的施工条件下，将其寿命期（即耐用总台班）按规定的大修次数划分为若干个周期。计算公式如下：

$$大修周期数 = 寿命期大修次数 + 1$$

（2）大修理费

大修理费也称为检修费，是指机械设备在规定的耐用总台班内，按规定的检修间隔进行必要的检修，以恢复机械正常功能所需的费用。其计算公式如下：

$$台班大修理费 = \frac{一次大修理费 \times 寿命期内大修理次数}{耐用总台班数}$$

一次大修理费是按机械设备规定的大修理范围和工作内容，进行一次全面修理所需消耗的工时、配件、辅助材料、油料以及送修运输等全部费用。

寿命期大修理次数是为恢复原机功能，按规定在寿命期内需要进行的大修理次数，它等于大修周期数减1。

（3）经常修理费

经常修理费是指机械在寿命期内除大修理以外的各级保养费用，以及临时故障排除和机械停滞期间的维护等所需费用；为保障机械正常运转所需替换设备、随机工具、器具的摊销费用以及机械日常保养所需要的润滑擦拭材料费用之和。分摊到台班费中，即为台班经常修理费。计算公式如下：

$$台班经常修理费 = \frac{\sum（各级保养一次费用 \times 寿命期各级保养总次数）+ 临时故障排除费}{耐用总台班} +$$

$$替换设备台班摊销费 + 工具附具台班摊销费 + 例保辅料费$$

为简化计算，也可采用下面的公式计算：

$$台班经常修理费 = 台班大修理费 \times K$$

式中的系数K含义如下：

$$K = \frac{机械台班经常修理费}{机械台班大修理费}$$

（4）安拆费及场外运输费

①安拆费：是指中、小型施工机械在现场进行安装与拆卸所需的人工、材料、机械和试运转费用以及机械辅助设施的折旧、搭设、拆除等费用。

安拆费应包括机械辅助设施（如：基础、底座、固定锚桩、行走轨道、枕木等）等的折旧、搭设、拆除等费用。

②场外运输费：是指中、小型施工机械整体或分体自停放地点运至施工现场或由一施工地点运至另一施工地点的运输、装卸、辅助材料、回程等费用。

安拆费及场外运输费计算公式如下：

$$安拆费及场外运输费 = \frac{机械一次安拆费 \times 年平均安拆次数}{年工作台班} + 台班辅助设施费$$

（5）燃料动力费

燃料动力费是指施工机械在运转作业中所耗用的燃料及水、电等费用。比如固体燃料（煤炭、木材）、液体燃料（汽油、柴油）、电力、风力和水力等费用。

燃料动力费计算公式如下：

$$台班燃料动力费 = 台班燃料动力消耗量 \times 相应单价$$

其中的台班燃料动力消耗量以实测的消耗量为主，以现行定额消耗量和调查的消耗量为辅的方法确定，计算公式如下：

$$台班燃料动力消耗量 = \frac{实测数 \times 4 + 定额平均值 + 调查平均值}{6}$$

（6）人工费

人工费是指机上司机（司炉）和其他操作人员的人工费。计算公式如下：

$$台班人工费 = 机上操作人员工日数 \times 人工工日工资标准$$

（7）其他费

其他费是指施工机械按照国家规定应缴纳的车船税、保险费及检测费等。

【例3.5】　某5 t载重汽车，出厂价为8万元/台，试计算其台班使用费。

【解】

①预算价格

$$预算价格 = 80\,000 元 / 台 \times (1 + 0.05) = 84\,000 元 / 台$$

式中：0.05为进货费率。

②台班折旧费

设汽车残值率为6%，大修理间隔台班750，使用周期数5，不计贷款利息。则：

$$台班折旧费 = \frac{84\,000 元 \times (1 - 0.06)}{750 台班 \times 5} = 21.06 元 / 台班$$

③台班大修理费

设一次大修理费为12 000元，大修理次数为5−1=4次，则：

$$台班大修理费 = \frac{12\,000 元 \times 4}{750 台班 \times 5} = 12.80 元 / 台班$$

④台班经常修理费

设5 t载重汽车K值取2.64，则：

$$台班经常修理费 = 12.80 元 / 台班 \times 2.64 = 33.78 元 / 台班$$

⑤台班燃料费

经测算台班油耗量为32.19 kg/台班，柴油预算价格为5.64 元/kg，则：

$$台班燃料动力费 = 32.19 kg/ 台班 \times 5.64 元 /kg = 181.55 元 / 台班$$

⑥机上人工费

设机上人工工日为1.04台班，日工资为120元，则：

机上人工费 = 1.04 × 120 元 / 台班 = 124.80 元 / 台班

⑦养路费及车船使用费

按当地标准核算为 16.46 元/台班

⑧5 t 载重汽车的台班单价

(21.06 + 12.8 + 33.78 + 181.55 + 124.80 + 16.46) 元 / 台班 = 390.45 元 / 台班

3.4　建设工程计价定额

"计价定额"是相对"计量定额"而言的。建设工程计量定额即"建设工程消耗量定额"，它规定了完成一定计量单位的分项工程或结构构件所需消耗的人工、材料和机械台班的数量，其特征是仅规定各项资源的"数量"而无价格。一般情况下，计价定额不仅规定了消耗数量，同时还规定了相应的价格。目前，计价定额是工程计价活动中使用最为普遍的工程定额。

长期以来计价定额的"价"通常包括"人、材、机"价格，一般称作"工料单价"，例如《重庆市建筑工程计价定额》（CQJZDE—2008）。近年来，建设工程采用工程量清单计价模式进行工程计价活动越来越普遍，政府主管部门在这方面的政策越来越深入和全面，在这样的大背景下计价定额的表现形式也随之发生了变化。《重庆市房屋建筑与装饰工程计价定额》（CQJZZSDE—2018）中的"价"采用的是"人、材、机、管、利、风"的"综合单价"。

3.4.1　建设工程计价定额的概念

1）计价定额的概念

建设工程计价定额是以货币形式表现概、预算定额中一定计量单位的分项工程或结构构件工程单价的计算表，又称工程单价表，简称单价表。它是根据预算定额所确定的人工、材料和机械台班消耗数量（三量）乘以人工日工资单价、材料单价和机械台班单价（三价），得出人工费、材料费和机械台班费（三费），然后汇总而成一定计量单位的工程单价。

应该注意，建设工程计价定额中的工程单价仅仅是指单位假定建筑产品的不完全价格。

工程单价与完整的建筑产品价值在概念上是完全不同的一种单价。完整的建筑产品价值，是建筑物或构筑物在真实意义上的全部价值，即完全成本加利税。单位假定建筑安装产品单价，不仅不能独立反映建筑物或构筑物价值的价格，甚至也不是单位假定建筑产品的完整价格，因为这种工程单价仅仅是由分部分项工程费或措施项目费中的人工费、材料费、施工机具使用费、企业管理费、利润及一般风险费构成。

2）建设工程计价定额的作用

①是编制和审查建筑工程概、预算，确定工程造价的依据。

②是拨付工程价款和进行工程结算的依据。

③是工程招投标中编制控制价和投标报价的依据。

④是对设计方案进行技术经济分析比较的依据。

⑤是施工企业进行经济核算，考核工程成本的依据。

⑥是制订概算指标的基础。

3.4.2 建设工程计价定额的形成

建设工程计价定额一般是根据《全国统一建筑工程基础定额》确定的人工、材料和机械台班的消耗数量，结合地区的人工工资单价、材料预算价格和机械台班单价编制而成的，因此从某种意义上说，单位估价表具有地区统一定额的性质。

1)定额基价

一定计量单位的分项工程基价是由人工费、材料费和机械费构成的，即：

$$基价 = 人工费 + 材料费 + 机械费$$

2)定额综合单价

表3.2摘自2018年《重庆市房屋建筑与装饰工程计价定额》，该定额综合单价是指完成一个规定计量单位的分部分项工程项目或措施项目所需的人工费、材料费、施工机具使用费、企业管理费、利润及一般风险费。从表3.2中可以看出：

定额综合单价 = 人工费 + 材料费 + 施工机具使用费 + 企业管理费 + 利润 + 一般风险费

式中 人工费 $= \sum$（人工工日用量 × 人工日工资单价）

材料费 $= \sum$（各种材料消耗用量 × 材料单价）

施工机具使用费 $= \sum$（施工机具台班耗用量 × 台班单价）

企业管理费 =（定额人工费 + 定额施工机具使用费）× 费率

利润 =（定额人工费 + 定额施工机具使用费）× 费率

一般风险费 =（定额人工费 + 定额施工机具使用费）× 费率

表3.2 现浇混凝土柱(编码:010502)

1.矩形柱(编码:010502001)

工作内容:1.自拌混凝土:搅拌混凝土、水平运输、浇捣、养护等。

2.商品混凝土:浇捣、养护等。

计量单位:10 m³

定额编号			AE0022	AE0023
项目名称			矩形柱	
			自拌混凝土	商品混凝土
费用	其中	综合单价(元)	4 188.99	3 345.75
		人工费(元)	923.45	422.05
		材料费(元)	2 740.23	2 761.13
		施工机具使用费(元)	122.43	—
		企业管理费(元)	252.06	101.71
		利润(元)	135.13	54.53
		一般风险费(元)	15.69	6.33

	编　号	名　称	单位	单价(元)	消耗量	
人工	000300080	混凝土综合工	工日	115.00	8.030	3.670
材料	800212040	混凝土 C30(塑、特、碎 5～31.5、坍 35～50)	m³	264.64	9.797	—
	840201140	商品混凝土	m³	266.99	—	9.847
	850201030	预拌水泥砂浆 1:2	m³	398.06	0.303	0.303
	341100100	水	m³	4.42	4.411	0.911
	341100400	电	kW·h	0.70	3.750	3.750
	002000010	其他材料费	元	—	4.82	4.82
机械	990602020	双锥反转出料混凝土搅拌机 350 L	台班	226.31	0.541	—

【例3.6】　商品混凝土现浇矩形柱的定额综合单价分解如下：

【解】　人工费 = 3.670 工日 × 115.00 元/工日 = 422.05 元

材料费 = (9.847 × 266.99 + 0.303 × 398.06 + 0.911 × 4.42 + 3.750 × 0.70 + 4.82)元

　　　　 = 2 761.13 元

施工机具使用费(无)

企业管理费 = 422.05 元 × 24.10% = 101.71 元

利润 = 422.05 元 × 12.92% = 54.52 元

一般风险费 = 422.05 元 × 1.5% = 6.33 元

定额综合单价 = (422.05 + 2761.13 + 101.71 + 54.53 + 6.33)元/10m³

　　　　　　　 = 3 345.75 元/10 m³

3.4.3　计价定额的使用

这部分内容主要结合 2018 年《重庆市房屋建筑与装饰工程计价定额》介绍。

计价定额的使用方法，一般可分为定额的直接套用、定额的换算和编制补充定额三种情况。

1)定额的直接套用

当施工图的设计要求与预算定额的项目内容一致时，可直接套用预算定额。

【例3.7】　某工程使用自拌混凝土 C30(塑、特、碎 5～31.5、坍 35～50)现浇矩形柱15.23 m³，试根据《重庆市房屋建筑与装饰工程计价定额》计算完成该分项工程的分部分项工程费及所需主要材料消耗量。

【解】　根据工程内容确定定额编号为 AE0022(见表 3.2)。

计算分部分项工程费：$4\ 188.99$ 元 $× \dfrac{15.23}{10} = 6\ 379.83$ 元，其中：

人工费 $= 923.45$ 元 $× \dfrac{15.23}{10} = 1\ 406.41$ 元

材料费 $= 2\,740.23\,元 \times \dfrac{15.23}{10} = 4\,173.37\,元$

施工机具使用费 $= 122.43\,元 \times \dfrac{15.23}{10} = 186.46\,元$

企业管理费 $= 252.06\,元 \times \dfrac{15.23}{10} = 383.89\,元$

利润 $= 135.13\,元 \times \dfrac{15.23}{10} = 205.80\,元$

一般风险费 $= 15.69\,元 \times \dfrac{15.23}{10} = 23.90\,元$

计算主要材料消耗量：

混凝土 C30：$9.797\ m^3 \times \dfrac{15.23}{10} = 14.921\ m^3$

预拌水泥砂浆 $1 : 2 : 0.303\ m^3 \times \dfrac{15.23}{10} = 0.461\ m^3$

水：$4.411\ m^3 \times \dfrac{15.23}{10} = 6.718\ m^3$

【例 3.8】 某建筑工地从预制场运进预应力空心板,工地距预制场 8 km,共需运规格 YKB3606-4 的预制板 120 m³。试根据《重庆市房屋建筑与装饰工程计价定额》计算运输分部 分项工程费。

【解】 YKB3606-4 的预制板按定额规定为 Ⅱ 类构件,用于计算 Ⅱ 类构件运输定额子目有 两条 IE0521、IE0522,现摘录于表 3.3。

表 3.3 混凝土构件运输

工作内容:(略)   计量单位:10 m³

定额编号	AE0319	AE0320
项目名称	Ⅱ 类构件汽车运输	
	1 km 以内	每增加 1 km
基价(元)	1 139.21	66.87

第一步,据 AE0319 计算 1 km 以内 120 m³ 的运输费用：

$$1\,139.21\,元 \times \dfrac{120}{10} = 13\,670.52\,元$$

第二步,据 AE0320 计算余下 7 km 的运输费用：

$$66.87\,元 \times \dfrac{120}{10} \times 7 = 5\,617.08\,元$$

第三步,计算运输总费用：

$$13\,670.52\,元 + 5\,617.08\,元 = 19\,287.6\,元$$

也可以这样计算：

$$AE0319 + 7 \times AE0320$$

$$(1\ 139.21 + 7 \times 66.87)\ 元 \times \frac{120}{10} = 1\ 607.3\ 元 \times 12 = 19\ 287.6\ 元$$

2)计价定额的换算

当施工图中的分项工程项目不能直接套用预算定额时,就产生了定额的换算。

(1)换算原则

为了保持定额的水平,在定额中规定了有关换算的原则,一般包括:

①如砂浆、混凝土强度等级与定额相对应项目不同时,允许按砂浆、混凝土配合比表进行换算,但配合比表中规定的各种材料用量不得调整。

②定额中的抹灰、楼地面等项目已考虑了常用厚度,厚度一般不作调整。如果设计有特殊要求时,定额工料消耗可按厚度比例换算。

③必须按计价定额中的各项规定换算定额。

(2)换算方法

①混凝土的换算

混凝土的换算分两种情况:一是构件混凝土的换算;二是楼地面混凝土的换算。

a.构件混凝土的换算。其特点是由于混凝土用量不变,所以人工费、施工机具使用费不变,只换算混凝土强度等级、品种和石子粒径。计算公式如下:

换算后定额综合单价 = 原定额综合单价 + (换入单价 - 换出单价) × 定额混凝土用量

【例3.9】　某工程现浇混凝土矩形柱,设计为混凝土C25(塑、特、碎5～31.5、坍35～50),而计价定额为混凝土C30。试确定矩形柱的定额综合单价及单位材料用量。

【解】　第一步,查计价定额,确定定额综合单价和定额用量。

本例应使用的定额编号是AE0022,定额综合单价为4 188.99 元/10m³,混凝土定额用量为9.797 m³/10 m³。

第二步,查混凝土及砂浆配合比表,确定换入、换出混凝土的单价:

本例为(塑、特、碎5～31.5、坍35～50)型混凝土,相应的混凝土单价是:C30 混凝土:264.64 元/m³;C25 混凝土:250.62 元/m³。

第三步,计算换算后单价。

$$4188.99 + (250.62 - 264.64) \times 9.797 = 4\ 051.64(元/10\ m^3)$$

第四步,计算换算后材料用量(每10 m³)。

水泥32.5R:410.00 × 9.797 = 4 016.77(kg)

特细砂:0.445 × 9.797 = 4.360(t)

碎石5～31.5 mm:1.391 × 9.797 = 13.628(t)

水:0.205 × 9.797 = 2.008(m³)

经过换算的定额,编制预算时,应在定额的前或后加上"(换)"字样,以表示本条定额系换算而来。从某种意义上讲,换算过的定额子目相当于一条新定额子目。如【例3.9】的换算结果是产生一条新的定额子目:(换)AE0022,其相应内容是:

定额编号　　　　　(换)AE0022

定额内容　　　　　现浇混凝土C25 矩形柱

定额综合单价　　　4 051.64 元/10 m³

材料用量　　　　　(略,详见例题)

b.楼地面混凝土的换算。当楼地面混凝土的厚度、强度设计要求与定额规定不同时,应进行混凝土面层厚度及强度的换算。有时还需考虑碎石粒径的规格变化。

【例 3.10】　求 C25(塑、特、碎 5 ~ 20、坍 35 ~ 50)自拌混凝土面层 80 mm 厚定额综合单价。

【解】　第一步,查定额,确定定额综合单价和混凝土用量:

本例使用 2018 年《重庆市房屋建筑与装饰工程计价定额》,适用的定额如表 3.4 所示。

表 3.4　混凝土整体面层

工作内容:(略) 　　　　　　　　　　　　　　　　　　　　　　　　　　计量单位:100 m²

定额编号					AL0022	AL0023
项目名称					自拌混凝土面层	
					厚度 80 mm	每增减 10 mm
费用	其中		综合单价(元)		4 366.36	481.83
			人工费(元)		1 355.62	152.49
			材料费(元)		2 194.62	235.48
			施工机具使用费(元)		212.20	25.35
			企业管理费(元)		377.84	42.86
			利润(元)		202.56	22.98
			一般风险费(元)		23.52	2.67
	编　号	名　称	单位	单价(元)	消耗量	
人工	000300080	混凝土综合工	工日	115.00	11.788	1.326
材料	800211020	混凝土 C20(塑、特、碎 5 ~ 20,坍 35 ~ 50)	m³	233.15	8.080	1.010
	810201010	水泥砂浆 1:1(特)	m³	334.13	0.510	—
	810425010	素水泥浆	m³	479.39	0.100	—
	341100100	水	m³	4.42	4.400	—
	840201140	商品混凝土	m³	266.99	—	—
	002000010	其他材料费	元	—	72.97	—
机械	990602020	双锥反转出料混凝土搅拌机 350 L	台班	226.31	0.873	0.112
	990610010	灰浆搅拌机 200 L	台班	187.56	0.078	—

定额综合单价 = 4 366.36 元/100 m²

混凝土用量 8.08 m³/100 m²

第二步,查混凝土及砂浆配合比表,确定混凝土(塑、特、碎 5 ~ 20、坍 35 ~ 50)单价:

C25 混凝土　252.23 元/m³

C20 混凝土　233.15 元/m³

第三步,计算换算后单价:

$$4366.36 + 8.08 \times (252.23 - 233.15) = 4\ 520.53(元/100\ m^2)$$

②砂浆的换算

砂浆的换算也分两种情况:一是砌筑砂浆的换算;二是抹灰砂浆的换算。

a.砌筑砂浆换算。砌筑砂浆的换算与构件混凝土换算相类似,其换算公式如下:

换算后定额综合单价 = 原定额综合单价 + (换入砂浆单价 - 换出砂浆单价) × 定额砂浆用量

b.抹灰砂浆的换算。抹灰砂浆的换算有两种情况:第一种情况,抹灰厚度不变只是砂浆配合比变化,此时只调整材料费、原料用量,人工费不做调整;第二种情况,抹灰厚度与定额规定不同时,人工费、材料费、机械费和材料用量都要进行换算。

③乘系数换算

乘系数换算是指在使用某些计价定额项目时,定额的一部分或全部乘以规定的系数,一般集中在计价定额各章节的说明部分。例如,某地区计价定额规定,人工土方项目是按干土编制的,如挖湿土时,人工乘以系数1.18;定额中的墙体砌筑均按直行砌筑编制,如为弧形时,则相应定额子目人工乘以系数1.2,材料乘以系数1.03。

④其他换算

其他换算是指前面几种换算类型未包括但又需进行的换算。这些换算较多、较杂,仅举一例说明其换算过程。

【例3.11】 某平面防潮层工程,设计采用抹一层防水砂浆的做法。要求用1:2水泥砂浆加8%的防水粉。试计算该分项工程的分部分项工程费。

【解】 第一步,查计价定额AJ0087:

定额综合单价2 046.79 元/100 m²

1:2水泥砂浆2.04 m³/100 m²(每1 m³1:2水泥砂浆消耗32.5R 水泥570 kg)

第二步,确定换算材料(防水粉)用量及单价:

定额用量55.00 kg(即换出量)

设计用量570 kg×2.04×0.08 = 93.024 kg(即换入量)

防水粉单价0.68 元/kg

第三步,计算换算后定额综合单价:

$$2\ 046.79 + (93.024 - 55.00) \times 0.68 = 2\ 072.65(元/100\ m^2)$$

换算种类很多,但基本思路是一致的,表述如下:

$$换算后定额综合单价 = 原定额综合单价 + 换入的费用 - 换出的费用$$

3)编制补充定额

当分项工程的设计要求与定额规定完全不相符,或者设计采用新结构、新材料、新工艺,在定额中没有这类项目,属于定额缺项时,应编制补充预算定额。

编制补充定额的方法大致有两种:一种是按预算定额通常的编制方法,先计算人工、材料和施工机具台班消耗量,再乘以人工工资单价、材料单价、台班单价,得出人工费、材料费、施工机具使用费、企业管理费、利润和一般风险费,最后汇总出定额综合单价;另一种是人工、施工机具台班消耗量套用相似的定额项目,而材料耗用量按施工图纸进行计算或实际测定。

补充定额的编号要注明"补",如:补1K0368。

补充定额常常是一次性的,即编制出来仅为特定的项目使用一次。如果补充预算定额是多次使用的,一般要报有关主管部门审批,或与建设单位进行协商,经同意后再列入工程预算表正式使用。

3.5 《重庆市房屋建筑与装饰工程计价定额》简介

《重庆市房屋建筑与装饰工程计价定额》（CQJZZSDE—2018）是根据《房屋建筑与装饰工程消耗量定额》（TY-31—2015）、《房屋建筑与装饰工程工程量计算规范》（GB 50854—2013）、《重庆市房屋建筑与装饰工程工程量计算规则》（CQGLGZ—2013）、《重庆市建筑工程计价定额》（CQJZDE—2008），以及现行有关设计规范、施工验收规范、质量评定标准、国家产品标准、安全操作规程等相关规定，并参考了行业、地方标准及代表性的设计、施工等资料，结合重庆市实际情况进行编制的。

以下简称的"本定额"即是指《重庆市房屋建筑与装饰工程计价定额》（CQJZZSDE—2018）。

3.5.1 《重庆市房屋建筑与装饰工程计价定额》（CQJZZSDE—2018）的组成内容

本定额划分为两册：第一册建筑工程，第二册装饰工程。

本定额与前述计价定额的组成一致，由一个主管部门的文件开头，其次是目录、总说明、建筑面积计算规则、各分章内容等组成。各分章内容又包括分章说明、分部工程量计算规则、分章定额项目表等。

3.5.2 红头文件

翻开本定额，首先便是重庆市城乡建设委员会渝建［2018］200 号文件。文件规定：本定额于 2018 年 8 月 1 日起，在新开工的建设工程中执行；本定额与费用定额、台班定额等相关文件配套执行；本定额由重庆市建设工程造价管理总站负责管理和解释。

3.5.3 目录

计价定额目录除了具备一般书籍目录的功用外，还是熟悉计价定额的一个通道。熟悉计价定额是熟练编制预（结）算的基本功之一，而通览目录则是整体了解和把握计价定额的良好方式。

第一册建筑工程包括：土石方工程；地基处理、边坡支护工程；桩基工程；砌筑工程；混凝土及钢筋混凝土工程；金属结构工程；木结构工程；门窗工程；屋面及防水工程；防腐工程；楼地面工程；墙、柱面一般抹灰工程；天棚面一般抹灰工程；措施项目等 14 章。

第二册装饰工程包括：楼地面装饰工程；装饰墙柱面工程；天棚工程；门窗工程；油漆、涂料、裱糊工程；其他装饰工程；垂直运输及超高降效等 7 章。

3.5.4 总说明

总说明主要阐述计价定额的用途、编制说明、适用范围、已考虑的因素和未考虑的因素、使用中应注意的事项和有关问题。下面摘录的是本定额总说明的几个条款。

1. 本定额综合单价是指完成一个规定计量单位的分部分项工程项目或措施项目所需的人工费、材料费、施工机具使用费、企业管理费、利润及一般风险费。综合单价计算程序见下表。

定额综合单价计算程序表

序号	费用名称	计费基础	
		定额人工费+定额机械费	定额人工费
	定额综合单价	1+2+3+4+5+6	1+2+3+4+5+6
1	定额人工费		
2	定额材料费		
3	定额机械费		
4	企业管理费	(1+3)×费率	1×费率
5	利润	(1+3)×费率	1×费率
6	一般风险费	(1+3)×费率	1×费率

2.定额人工单价为:土石方综合工 100 元/工日,建筑、混凝土、砌筑、防水综合工 115 元/工日,钢筋、模板、架子、金属制安、机械综合工 120 元/工日,木工、抹灰综合工 125 元/工日,镶贴综合工 130 元/工日。

3.本定额企业管理费、利润的费用标准是按公共建筑工程取定的,使用时应按实际工程和《重庆市建设工程费用定额》所对应的专业工程分类及费用标准进行调整。

4.本定额除人工土石方定额项目外,均包含了《重庆市建设工程费用定额》所指的一般风险费,使用时不作调整。

5.人工、材料、机械燃料动力价格调整:本定额人工、材料、成品、半成品和机械燃料动力价格,是以定额编制期市场价格确定的,建设项目实施阶段市场价格与定额价格不同时,可参照建设工程造价管理机构发布的工程所在地的信息价格或市场价格进行调整,价差不作为计取企业管理费、利润、一般风险费的计费基础。

6.本定额的缺项,按其他专业计价定额相关项目执行;再缺项时,由建设、施工、监理单位共同编制一次性补充定额。

7.本定额的工作内容已说明了主要的施工工序,次要工序虽未说明,但均已包括在内。

3.5.5　建筑面积计算规则

本定额中的建筑面积计算规则,执行国家标准《建筑工程建筑面积计算规范》(GB/T 50353—2013)。本书将单设一章进行介绍。

3.5.6　各分部(章)内容

每一章的内容由 3 部分组成,具体如下:

(1)分章说明

一般情况下,本章说明主要是说明本章计价定额应用的相关规定,如定额调整与换算来源于基础定额的规定。例如:第一章说明:"人工土石项目是按干土编制的,如挖湿土时,人工乘以系数 1.18";第五章说明:"现浇钢筋、箍筋、箍筋网片、钢筋笼子目适用于高强钢筋、成型钢筋以外的现浇钢筋。高强钢筋、成型钢筋按《重庆市绿色建筑工程计价定额》相应子目执行。"

说明是正确使用基价表的重要依据和原则,必须仔细阅读,不然就会造成错套、漏套或重套。

(2)工程量计算规则

工程量计算规则是计量甚至是计价活动的前提与基础,必须认真学习、细心体会、逐步掌握、熟练运用。

本书讲述的工程量计算规则即为本定额规定的计算规则,这套计算规则本质上是《房屋建筑与装饰工程工程量计算规范》(GB 50854—2013)的体现。

(3)分部分项工程综合单价表

这是计价定额的主体,也是篇幅最多的内容,它具体规定了完成一定计量单位的合格工程的人工费、材料费、施工机具使用费、企业管理费、利润、一般风险费并合计为综合单价,还列明了人工、材料、机械的消耗量。

3.5.7 相关定额及配套文件

本定额必须与相关定额及配套文件配合执行,如《混凝土及砂浆配合比表》《施工机械台班定额》《仪器仪表台班定额》《费用定额》以及《造价信息》。

使用计价定额还必须密切关注造价管理机构颁发的相关文件,随时准备更新、增删有关内容、系数、单价,与时俱进,准确计量计价。

第4章　建筑工程建筑面积计算

4.1　建筑面积概述

建筑面积的
计算规定（一）

4.1.1　建筑面积的概念

　　建筑面积是指建筑物(包括墙体)所形成的楼地面面积,包括附属于建筑物按计算规则计算的室外阳台、雨篷、檐廊、室外走廊、室外楼梯等的面积。简单地说,建筑面积是建筑物各层外墙结构外边线围成的水平面积之和,包括使用面积、辅助面积和结构面积三部分。

　　使用面积是指建筑物各层中直接为生产或生活所使用的面积之和,如住宅建筑中的居室、客厅的面积。

　　辅助面积是指建筑物各层中为辅助生产或生活所占净面积之和,如住宅建筑中的楼梯、走道、厕所、厨房等所占面积。使用面积与辅助面积的总和称为有效面积。

　　结构面积是指建筑物各层中的墙、柱等结构所占面积的总和。

4.1.2　建筑面积的作用

　　①建筑面积是基本建设投资、建设项目可行性研究、建设项目勘察设计、建设项目评估、建筑工程施工和竣工验收、建筑工程造价管理过程中一系列工作的重要指标。

　　②建筑面积是计算开工面积、竣工面积、优良工程率等重要统计数据及指标的依据。

　　③建筑面积是计算单位面积造价、人工单耗指标、主要材料单耗指标的依据。

$$工程单位面积造价 = \frac{工程造价}{建筑面积}$$

$$人工单耗指标 = \frac{工程人工工日消耗数量}{建筑面积}$$

$$主材单耗指标 = \frac{工程某主要材料耗用量}{建筑面积}$$

　　④建筑面积是计算有关分项工程费用的依据。例如,计算平整场地、综合脚手架、超高施工增加等费用时,直接使用建筑面积作为工程量。

　　⑤许多劳务工程发、承包时,直接使用建筑面积作为计算承包工程造价的依据。

　　综上所述,建筑面积是建设工程技术经济指标的计算基础,对全面控制建设工程造价具有重要意义,在整个基本建设工程中起着重要的、不可替代的作用。

4.1.3 我国建筑面积计算规则的历史沿革

（1）"70 规则"

我国的《建筑面积计算规则》正式出现于 20 世纪 70 年代，是依据苏联的做法，结合我国的实际情况制定的。

（2）"82 规则"

1982 年，国家经委基本建设办公室对 20 世纪 70 年代制定的计算规则作了修订，以（82）经基设字 58 号印发了《建筑面积计算规则》。

（3）"95 规则"

1995 年 12 月建设部发布了《全国统一建筑工程预算工程量计算规则》（土建工程 GJDGZ—101—95），其中第二章即为《建筑面积计算规则》。"95 规则"是时隔 13 年后对"82 规则"的修订。

（4）"05"规范

2005 年建设部为了满足工程计价工作的需要，同时与住宅设计规范、房产测量规范的有关内容相协调，对"95 规则"进行了系统的修订，并以国家标准的形式，于 2005 年 4 月发布了《建筑工程建筑面积计算规范》（GB/T 50353—2005）。

（5）"13 规范"

鉴于建筑发展中出现的新结构、新材料、新技术和新的施工方法，为了解决由于建筑技术的发展产生的面积计算问题，住房和城乡建设部在总结"05 规范"实施情况的基础上，本着不重算、不漏算的原则，对建筑面积的计算范围和计算方法进行了修改、统一和完善，于 2013 年 12 月发布了《建筑工程建筑面积计算规范》（GB/T 50353—2013）。

"13 规范"适用于新建、扩建、改建的工业与民用建筑工程建设全过程的建筑面积计算。但房屋产权面积计算不适用于"13 规范"。

"13 规范"自 2014 年 7 月 1 日起实施。本书按"13 规范"讲述建筑面积计算。

4.2 《建筑工程建筑面积计算规范》主要术语

（1）建筑面积

[术语]建筑物（包括墙体）所形成的楼地面面积。

面积是占平面图形的大小，建筑面积是墙体围合的楼地面面积（包括墙体的面积）。因此计算建筑面积时，首先以外墙外围水平面积计算。建筑面积还包括附属于建筑物的室外阳台、雨篷、檐廊、室外走廊、室外楼梯等建筑部件的面积。

（2）建筑空间

[术语]以建筑界面限定的、供人们生活和活动的场所。

凡是具备可出入、可利用条件（设计中可能标明了使用用途，也可能没有标明使用用途或使用用途不明确）的合围空间，均属于建筑空间，均应计算建筑面积。可出入是指人能够正常进出，即通过门、门洞或楼梯等进出；如果进出时必须通过窗、栏杆、检修孔，则不属于可出入。

（3）主体结构

[**术语**]接受、承担和传递建设工程所有上部荷载,维持上部结构整体性、稳定性和安全性的有机联系的构造。

主体结构即俗称的承重结构或受力体系,是承受"所有上部荷载"的体系。

（4）围护结构

[**术语**]合围建筑空间的墙体、门、窗。

明确了围护结构仅仅包括3种部件:墙体、门、窗。墙体不区分材料。

（5）围护设施

[**术语**]为保障安全而设置的栏杆、栏板等围挡。

明确了栏杆、栏板不属于围护结构。围护设施的设置应符合有关安全标准的规定。

（6）结构层

[**术语**]整体结构体系中承重的楼板层。

结构层特指整体结构体系中承重的楼层,包括板、梁等构件。结构层承受整个楼层的全部荷载,并对楼层的隔声、防火等起主要作用。

（7）阳台

[**术语**]附属于建筑物外墙,设有栏杆或栏板,可供人活动的室外空间。

阳台主要有3个属性:一是阳台是敷设于建筑物外墙的建筑部件;二是阳台应有栏杆、栏板等围护设施;三是阳台是室外空间。

阳台有两种情况:一种是在外墙和主体结构外,属于主体结构外的阳台;另一种是在外墙外、主体结构内,属于主体结构内的阳台。

有时候,设计将外墙内、主体结构内的部分也称为阳台,但根据定义,阳台是外墙外的附属设施,外墙内的阳台实际上不应称呼为阳台。为了能够表述清楚不同的情况,避免造成混乱,规范将这种情况归为主体结构内的阳台。

（8）露台

[**术语**]设置在屋面、首层地面或雨篷上的供人室外活动的有围护设施的平台。

露台应满足4个条件:一是位置,设置在屋面、地面或雨篷顶;二是可出入;三是有围护设施;四是无盖。这4个条件必须同时满足。如果是设置在首层并有围护设施的平台,且其上层为同体量阳台,则该平台应视为阳台,按阳台的规则计算建筑面积。

（9）雨篷

[**术语**]建筑出入口上方为遮挡雨水而设置的部件。

雨篷是指建筑物出入口上方、凸出墙面、为遮挡雨水而单独设立的建筑部件。雨篷划分为有柱雨篷(包括独立柱雨篷、多柱雨篷、柱墙混合支撑雨篷、墙支撑雨篷)和无柱雨篷(悬挑雨篷)。如凸出建筑物但不单独设立顶盖,而是利用上层结构板(如楼板、阳台底板)进行遮挡,则不视为雨篷,不计算建筑面积。对于无柱雨篷,如果顶盖高度达到或超过两个楼层时,也不视为雨篷,不计算建筑面积。

（10）台阶

[**术语**]联系室内外地坪或同楼层不同标高而设置的阶梯形踏步。

台阶是指建筑物出入口不同标高地面或同楼层不同标高处设置的供人行走的阶梯式构件。室外台阶还包括与建筑物出入口连接处的平台。

架空的阶梯形踏步,起吊至终点的高度达到该建筑物一个自然层及以上的称为楼梯,在一个自然层以内的称为台阶。

4.3　计算建筑面积的规定

①建筑物的建筑面积应按自然层外墙结构外围水平面积之和计算(图4.1)。结构层高在 2.20 m 及以上的,应计算全面积;结构层高在 2.20 m 以下的,应计算1/2 面积。

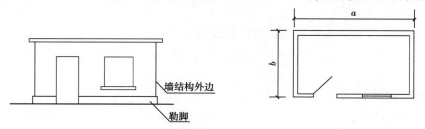

图 4.1　建筑面积按结构外围水平面积计算

(勒脚不计算建筑面积)

自然层是指按楼地面结构分层的楼层。

结构层是指整体结构体系中承重的楼板层。

结构层高是指楼面或地面结构层上表面至上部结构上表面之间的垂直距离(图4.2、图4.3)。

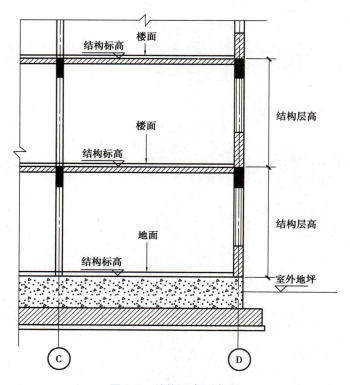

图4.2　结构层高示意图

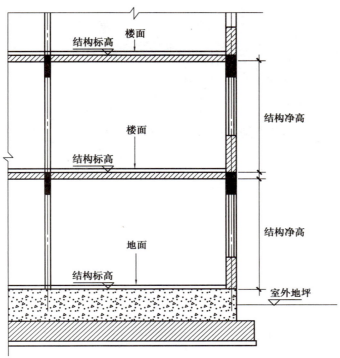

图4.3 结构净高示意图

②建筑物内设有局部楼层时(图4.4),对于局部楼层及二层以上楼层,有围护结构的应按其围护结构外围水平面积计算,无围护结构的应按其结构底板水平面积计算。结构层高在2.20 m及以上的,应计算全面积;结构层高在2.20 m以下的,应计算1/2面积。

③形成建筑空间的坡屋顶,结构净高在2.10 m及以上的部位应计算全面积;结构净高在1.20 m及以上至2.10 m以下的部位应计算1/2面积;结构净高在1.20 m以下的部位不应计算建筑面积。

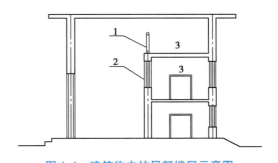

图4.4 建筑物内的局部楼层示意图
1—围护设施;2—围护结构;3—局部楼层

结构净高是指楼面或地面结构层上表面至上部结构下表面之间的垂直距离(图4.3)。

④场馆看台下的建筑空间,结构净高在2.10 m及以上的部位应计算全面积;结构净高在1.20 m及以上至2.10 m以下的部位应计算1/2面积;结构净高在1.20 m以下的部位不应计算建筑面积。

室内单独设置的有围护设施的悬挑看台,应按看台结构底板水平投影面积计算建筑面积。有顶盖无围护结构的场馆看台(图4.5),应按其顶盖水平投影面积的1/2计算面积。

⑤地下室、半地下室应按其结构外围水平面积计算(图4.6)。结构层高在2.20 m及以上的,应计算全面积;结构层高在2.20 m以下的,应计算1/2面积。

地下室是指室内地平面低于室外地平面的高度超过室内净高的1/2的房间;半地下室是

图4.5　有顶盖无围护结构的场馆看台

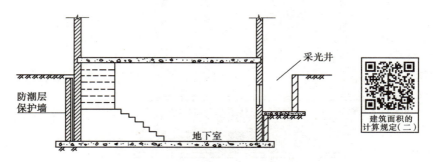

图4.6　地下室构造示意图

指室内地平面低于室外地平面的高度超过室内净高的1/3,且不超过1/2的房间。

⑥出入口外墙外侧坡道有顶盖的部位,应按其外墙结构外围水平面积的1/2计算面积。地下室出入口如图4.7所示。

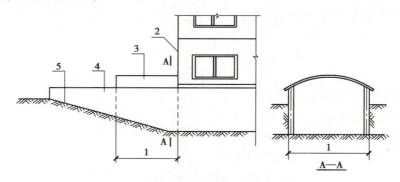

图4.7　地下室出入口示意图

1—计算1/2水平投影面积部位;2—主体建筑;3—出入口顶盖;
4—封闭出入口侧墙;5—出入口坡道

⑦建筑物架空层及坡地建筑物吊脚架空层(图4.8),应按其顶板水平投影计算建筑面积。结构层高在2.20 m及以上的,应计算全面积;结构层高在2.20 m以下的,应计算1/2面积。

⑧建筑物的门厅、大厅应按一层计算建筑面积,门厅、大厅内设置的走廊应按走廊结构底板水平投影面积计算建筑面积。结构层高在2.20 m及以上的,应计算全面积;结构层高在2.20 m以下的,应计算1/2面积。

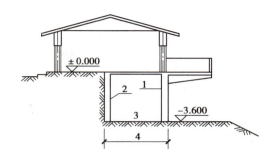

图4.8　建筑物吊脚架空层示意图

1—柱;2—墙;3—吊脚架空层;4—计算建筑面积部位

⑨建筑物的架空走廊,有顶盖和围护结构的,应按其围护结构外围水平面积计算全面积;无围护结构、有围护设施的,应按其结构底板水平投影面积计算 1/2 面积。

架空走廊是指专门设置在建筑物的两层或两层以上,作为不同建筑物之间水平交通的空间。无围护结构的架空走廊如图 4.9 所示,有围护结构的架空走廊如图 4.10 所示。

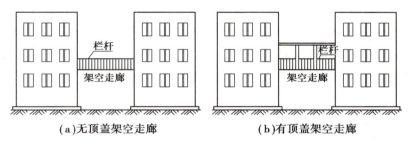

（a）无顶盖架空走廊　　　　　（b）有顶盖架空走廊

图4.9　无围护结构的架空走廊

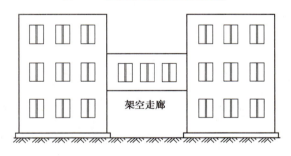

图4.10　有围护结构的架空走廊

⑩立体书库、立体车库、立体仓库,有围护结构的,应按其围护结构外围水平面积计算建筑面积;无围护结构、有围护设施的,应按其结构底板水平投影面积计算建筑面积;无结构层的应按一层计算,有结构层的应按其结构层面积分别计算。结构层高在 2.20 m 及以上的,应计算全面积;结构层高在 2.20 m 以下的,应计算 1/2 面积。

⑪有围护结构的舞台灯光控制室,应按其维护结构外围水平面积计算。结构层高在 2.20 m 及以上的,应计算全面积;结构层高在 2.20 m 以下的,应计算 1/2 面积。

⑫附属在建筑物外墙的落地橱窗,应按其围护结构外围水平面积计算。结构层高在 2.20 m 及以上的,应计算全面积;结构层高在 2.20 m 以下的,应计算 1/2 面积。

落地橱窗是指在商业建筑临街面设置的下槛落地、可落在室外地坪也可落在室内首层地板,用来展览各种样品的玻璃窗。

⑬窗台与室内楼地面高差在 0.45 m 以下且结构净高在 2.10 m 及以上的凸(飘)窗,应按其围护结构外围水平面积计算 1/2 面积。

⑭有围护设施的室外走廊(挑廊),应按其结构底板水平投影面积计算 1/2 面积;有围护设施(或柱)的檐廊,应按其围护设施(或柱)外围水平面积计算 1/2 面积。

挑廊是指挑出建筑物外墙的水平交通空间(图 4.11)。

檐廊是指建筑物挑檐下的水平交通空间,它附属于建筑物底层外墙,有屋檐作为顶盖,其下部一般有柱或栏杆、栏板(图 4.12)。

图 4.11　挑廊示意图

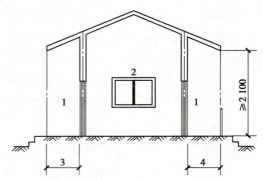

图 4.12　檐廊示意图

1—檐廊;2—室内;

3—不计算建筑面积部位;4—计算 1/2 面积部位

⑮门斗应按其围护结构外围水平面积计算建筑面积。结构层高在 2.20 m 及以上的,应计算全面积;结构层高在 2.20 m 以下的,应计算 1/2 面积。

门斗是指建筑物入口处两道门之间的空间,如图 4.13 和图 4.14 所示。

⑯门廊应按其顶板水平投影面积的 1/2 计算建筑面积;有柱雨篷应按其结构板水平投影面积的 1/2 计算建筑面积;无柱雨篷的结构外边线至外墙

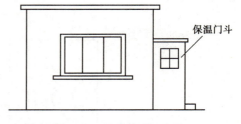

图 4.13　门斗外观示意图

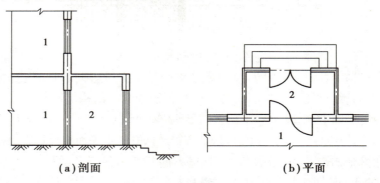

(a)剖面　　　　　(b)平面

图 4.14　门斗示意图

1—室内;2—室外

结构外边线的宽度在 2.10 m 及以上的,应按雨篷结构板的水平投影面积的 1/2 计算建筑面积。

门廊是指建筑物入口处有顶棚的半围合空间。它是在建筑物出入口、无门、三面或两面有墙、上部有板(或借用上部楼板)围护的部位。

⑰设在建筑物顶部的、有围护结构的楼梯间、水箱间、电梯机房等,结构层高在 2.20 m 及以上的,应计算全面积;结构层高在 2.20 m 以下的,应计算 1/2 面积。

⑱围护结构不垂直于水平面的楼层,应按其底板面的外墙外围水平面积计算。结构净高在 2.10 m 及以上的部位应计算全面积;结构净高在 1.20 m 及以上至 2.10 m 以下的部位应计算 1/2 面积;结构净高在 1.20 m 以下的部位不应计算建筑面积。

⑲建筑物的室内楼梯、电梯井、提物井、管道井、通风排气竖井、烟道,应并入建筑物的自然层计算建筑面积。有顶盖的采光井应按一层计算建筑面积,结构净高在 2.10 m 及以上的,应计算全面积;结构净高在 2.10 m 以下的,应计算 1/2 面积。

地下室采光井如图 4.15 所示。

⑳室外楼梯应并入所依附建筑物自然层,并应按其水平投影面积的 1/2 计算建筑面积。

㉑在主体结构内的阳台,应按其结构外围水平面积计算全面积;在主体结构外的阳台,应按其结构底板水平投影面积计算 1/2 面积。

㉒有顶盖无围护结构的车棚、货棚、站台、加油站、收费站等,应按其顶盖水平投影面积的 1/2 计算建筑面积。

㉓以幕墙作为围护结构的建筑物,应按幕墙外边线计算建筑面积。

㉔建筑物的外墙保温层,应按其保温材料的水平截面积计算,并入自然层建筑面积。

建筑物外侧设有保温隔热层的(图 4.16),保温隔热层以保温材料的净厚度乘以外墙结构外边线长度按建筑物的自然层计算建筑面积,外墙外边线长度不扣除门窗和建筑物外已计算建筑面积的构件所占长度。

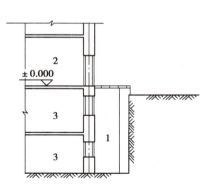

图 4.15　地下室采光井示意图
1—采光井;2—室内;3—地下室

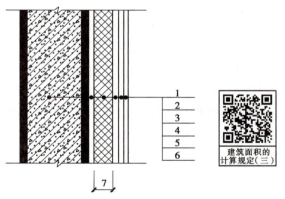

图 4.16　建筑外墙外保温示意图
1—墙体;2—粘结胶浆;3—保温材料;4—标准网;
5—加强网;6—抹面胶浆;7—计算建筑面积部位

外墙外保温以沿高度方向满铺为准,某层外墙外保温铺设高度未达到全部高度时(不包括阳台、室外走廊、门斗、落地橱窗、雨篷、飘窗等),不计算建筑面积。

保温隔热层的建筑面积是以保温材料的厚度计算的,不包含抹灰层、防潮层、保护层的厚度。

㉕与室内相通的变形缝,应按其自然层合并在建筑物建筑面积内计算。对于高低连跨的建筑物,当高低跨内部连通时,其变形缝应计算在低跨面积内。

"与室内相通的变形缝"是指暴露在建筑物内,在建筑物内可以看得见的变形缝。

㉖对于建筑物内部的设备层、管道层、避难层等有结构层的楼层,结构层高在2.20 m及以上的,应计算全面积;结构层高在2.20 m以下的,应计算1/2面积。

在吊顶空间内设置管道的,吊顶内空间部分不能被视为设备层、管道层。

㉗下列项目不应计算建筑面积。

a.与建筑物内不相连通的建筑部件。

b.骑楼、过街楼底层的开放公共空间和建筑物通道。骑楼是指建筑底层沿街面后退且留出公共人行空间的建筑物(图4.17);过街楼是指当有道路在建筑群穿过时,为保证建筑物之间的功能联系,设置跨越道路上空使两边建筑相连接的建筑物(图4.18);建筑物通道是指为穿过建筑物而设置的空间(图4.19)。

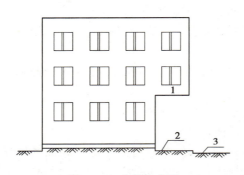

图4.17 骑楼示意图

1—骑楼;2—人行道;3—街道

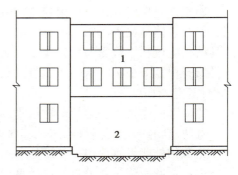

图4.18 过街楼示意图

1—过街楼;2—建筑物通道

c.舞台及后台悬挂幕布和布景的天桥、挑台等。

d.露台、露天游泳池、花架、屋顶的水箱及装饰性结构构件。露台是指设置在屋面、首层地面或雨篷上的供人室外活动的有围护设施的平台。露台须同时满足4个条件:一是位置,设置在屋面、地面或雨篷顶;二是可出入;三是有围护设施;四是无盖。

e.建筑物内的操作平台、上料平台、安装箱和罐体的平台(操作平台如图4.20所示)。

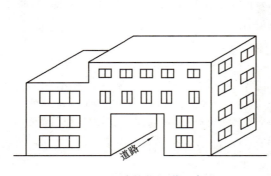

图4.19 建筑物通道示意图

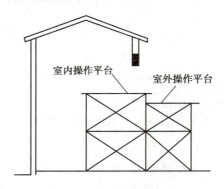

图4.20 操作平台示意图

f. 勒脚、附墙柱、垛、台阶、墙面抹灰、装饰面、镶贴块料面层、装饰性幕墙,主体结构外的空调室外机搁板(箱)、构件、配件,挑出墙外宽度在 2.10 m 以下的无柱雨篷和顶盖高度达到或超过两个楼层的无柱雨篷。

g. 窗台与室内地面高差在 0.45 m 以下且结构净高在 2.10 m 以下的凸(飘)窗,窗台与室内地面高差在 0.45 m 及以上的凸(飘)窗。

h. 室外爬梯、室外专用消防钢楼梯。

i. 无围护结构的观光电梯。

j. 建筑物以外的地下人防通道,独立的烟囱、烟道、地沟、油(水)罐、气柜、水塔、贮油(水)池、贮仓、栈桥等构筑物。

4.4　建筑面积计算算例

【例4.1】 图 4.21 为局部有楼层的单层建筑物示意图,试计算其建筑面积。

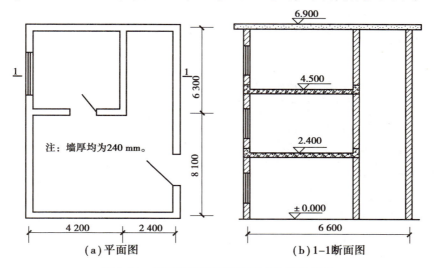

图 4.21　某局部有楼层的单层建筑物示意图

【解】 单层建筑物内设有部分楼层时,首层建筑面积已包括在单层建筑物内,二层及二层以上的应计算建筑面积;层高在 2.20 m 及以上的应计算全面积;层高不足 2.20 m 的应计算 1/2 面积。

底层建筑面积 $S_1 = (4.2+2.4+0.24) \times (8.1+6.3+0.24) = 100.14 (m^2)$

局部楼层的二层,因为层高为 4.5 m-2.4 m=2.1 m<2.20 m,所以只计算 1/2 面积:

$S_2 = (4.2+0.24) \times (6.3+0.24)/2 = 14.52 (m^2)$

局部楼层的三层,层高为 6.9 m-4.5 m=2.4 m,应计算全面积:

$S_3 = (4.2+0.24) \times (6.3+0.24) = 29.04 (m^2)$

该建筑物的建筑面积为:

$$S = S_1 + S_2 + S_3 = 100.14 + 14.52 + 29.04 = 143.70 (m^2)$$

【例4.2】 图 4.22 是一栋五层建筑物,各层层高 3.6 m,各层建筑面积一样,底层外墙尺寸如 4.2 图所示,仅首层设置有悬挑雨篷,图中墙厚均为 200 mm,轴线居中布置。试求该建筑的建筑面积。

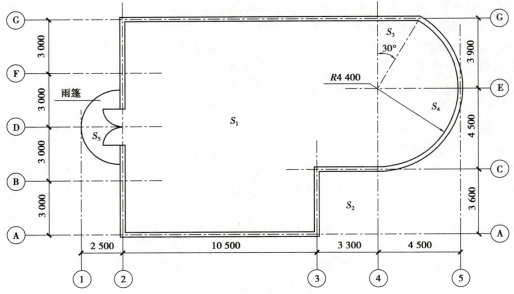

图 4.22　首层平面图

【解】　1. 图中②—④／Ⓐ—Ⓖ轴线间面积 $S_1 = (10.5+3.3+0.1)\times(3\times4+0.2) = 169.58(\text{m}^2)$

2. 图中③—④／Ⓐ—Ⓒ轴线间面积 $S_2 = (3.3-0.1)\times3.6 = 11.52(\text{m}^2)$

3. 图中④／Ⓔ—Ⓖ轴线间面积 $S_3 = 0.5\times(3.9+0.1)\times[0.5\times(4.5+0.1)] = 4.6(\text{m}^2)$

4. 图中④—⑤／Ⓒ—Ⓖ轴线间面积 $S_4 = 3.14\times(4.5+0.1)^2\times150°\div360° = 27.68(\text{m}^2)$

5. 计算图中雨篷建筑面积 $S_5 = 3.14\times(2.5-0.1)^2\times0.5\times0.5 = 4.52(\text{m}^2)$

6. 计算该建筑总建筑面积 $S = (169.58-11.52+4.6+27.68)\times5+4.52 = 956.22(\text{m}^2)$

【例 4.3】　图 4.23 是某体育场看台剖面示意,该看台总长 200 m,试计算看台下建筑空间的建筑面积。

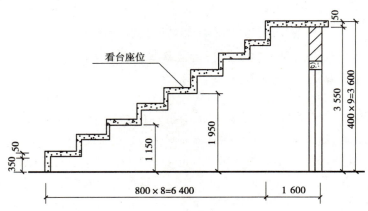

图 4.23　某体育场看台剖面示意图

【解】　计算规则:场馆看台下的建筑空间,结构净高在 2.10 m 及以上的部位应计算全面积;结构净高在 1.20 m 及以上至 2.10 m 以下的部位应计算 1/2 面积;结构净高在 1.20 m 以下的部位不应计算建筑面积。

解算如下：

$$S = 0.8 \times 2 \times 200/2 + 0.8 \times 3 \times 200 + 1.6 \times 200 = 960(\text{m}^2)$$

【例4.4】　图4.24是某单层坡屋顶房屋的示意图,试计算其建筑面积。

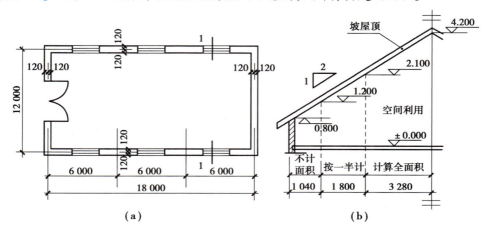

（a）　　　　　　　　　　（b）

图4.24　单层坡屋顶房屋示意图

【解】　计算规则:形成建筑空间的坡屋顶,结构净高在2.10 m及以上的部位应计算全面积;结构净高在1.20 m及以上至2.10 m以下的部位应计算1/2面积;结构净高在1.20 m以下的部位不应计算建筑面积。

根据屋面的坡度(1:2),计算出房屋净高1.20 m、2.10 m处与外墙外边线的距离分别为1.04 m、1.80 m,如图4.24(b)所示。该房屋建筑面积应为:

$$S = (1.8 \times 18.24/2 + 3.28 \times 18.24) \times 2 = 152.49(\text{m}^2)$$

【例4.5】　图4.25是某车站单排柱站台示意图,试计算其建筑面积。

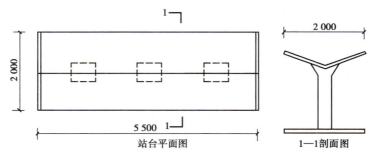

图4.25　单排柱站台示意图

【解】　图4.25所示单排柱站台属"有顶盖无围护结构"站台。

计算规则:有顶盖无围护结构的车棚、货棚、站台、加油站、收费站等,应按其顶盖水平投影面积的1/2计算建筑面积。

该站台的建筑面积应为:

$$S = 5.5 \times 2/2 = 5.50(\text{m}^2)$$

【例4.6】　某建筑物为一栋8层框架结构房屋,并利用深基础架空层作小车库,层高2.1 m,外围水平面积774.20 m²;第1层层高6.0 m,外墙墙厚均为240 mm,外墙轴线尺寸为15 m×50 m;第2层至第5层各层外围水平面积均为765.66 m²;第6层和第8层的轴线尺寸为 6 m×50 m;除第 1 层以外,其他各层层高均为 2.8 m。室外楼梯依附于建筑物的第 5 至第 8 层,每层水平投影面积为 15 m²。底层设有前后无柱雨篷,前雨篷挑出宽度 2.2 m,结构板水平投影面积为 40.00 m²,后雨篷挑出宽度 1.80 m,结构板水平投影面积为 25 m²。试计算该建筑物的建筑面积。

【解】 本题是一道计算建筑面积的综合性题目,为了方便和简明,用表格的方式进行计算如表 4.1 所示。

表 4.1 某 8 层框架房屋建筑面积计算表

项目名称	计算式	计算结果(m²)	备 注
深基础架空层	774.20/2	387.10	层高不足 2.20 m 的部位应计算 1/2 面积
第一层	15.24×50.24	765.66	层高在 2.20 m 及以上者应计算全面积;240 mm 墙定位轴线通过墙体中心线
2~5 层	765.66×4	3 062.64	各层建筑面积之和
6~8 层	50.24×6.24×3	940.49	各层建筑面积之和
室外楼梯	15×4/2	30.00	室外楼梯应并入所依附建筑物自然层,并应按其水平投影面积的 1/2 计算建筑面积
雨 篷	40/2	20.00	无柱雨篷结构的外边线至外墙结构外边线的宽度在 2.10 m 及以上的,应按雨篷结构板的水平投影面积的 1/2 计算建筑面积
合 计		5 205.89	

【例 4.7】 图 4.26 为某办公楼示意图,试计算其建筑面积。

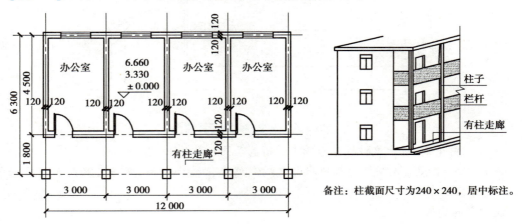

图 4.26 某办公楼示意图

【解】 该办公楼为 3 层建筑物,每层均有带栏杆的走廊。按照计算规则:有围护设施的室外走廊(挑廊),应按其结构底板水平投影面积计算 1/2 面积;有围护设施(或柱)的檐廊,应按其围护设施(或柱)外围水平面积计算1/2面积。该办公楼的建筑面积应为：

$$S = (12 + 0.24) \times (4.5 + 0.24) \times 3 + 1.8 \times (12 + 0.24)/2 \times 3 = 207.10(\text{m}^2)$$

【例4.8】　计算如图4.27所示的室外楼梯的建筑面积。

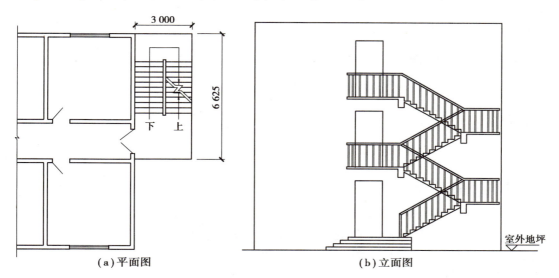

(a)平面图　　　　　　　　　　　(b)立面图

图4.27　某室外楼梯示意图

【解】　这个室外楼梯所依附的自然层为两层,每层按水平投影面积的1/2计算。

$$S = 3 \times 6.625 \times 0.5 \times 2 = 19.875(\text{m}^2)$$

【例4.9】　计算如图4.28所示雨篷的建筑面积。

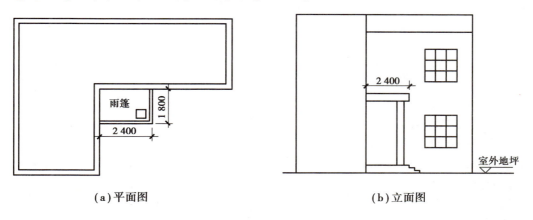

(a)平面图　　　　　　　　　　　(b)立面图

图4.28　某雨篷示意图

【解】　这是一个带柱的雨篷,应按雨篷板水平投影面积的一半计算建筑面积。

$$S = 2.4 \times 1.8 \times 0.5 = 2.16(\text{m}^2)$$

第 5 章　建筑工程工程量计算

5.1　工程量计算概述

5.1.1　工程量的概念

工程量是以物理计量单位或自然计量单位表示的各分项工程或结构构件的实物数量。计算建筑工程工程量,工作量最大的是进行物理计量单位的工程量计算,即长度、面积和体积的计算。因此,在学习工程量计算前,应将常用的面积计算公式和体积计算公式系统地复习一下,有条件时要准备好相应的工具书。

物理计量单位是指需经量度的具有一定物理意义的计量单位,如 m、m^2、m^3、kg、t 等计量单位。10 m^3 混凝土就是以物理计量单位表示的混凝土工程量。

自然计量单位是指不需要量度的具有某种自然属性的计量单位,如套、个、台、座、组等计量单位。1 座水塔就是以自然计量单位表示的构筑物水塔工程量。

5.1.2　工程量计算的意义

工程量计算就是根据施工图、预算定额划分的项目、定额规定的工程量计算规则以及施工组织设计或施工方案等的依据,按施工图列出分项工程名称,再写出计算式,并计算出最后结果的过程。

工程量计算工作,是整个预算编制过程中最繁重的一道工序,是编制施工图预算非常重要的环节。一方面,工程量计算工作在整个预算编制构成中所花的时间最长,它直接影响预算的及时性;另一方面,工程量准确与否直接影响各分项工程计算结果的正确性,从而影响预算造价的准确性。

每一个预算人员,必须以高度的责任感,严肃认真、耐心细致地进行工程量计算。

5.1.3　工程量计算的一般规则

1) 工程量计算的一般要求

无论什么工程,必须在看懂图纸、熟悉图纸内容的前提下进行工程量计算,并且绝不能人为地加大或缩小数据,只能按图纸尺寸计算,这是一个最基本的要求。

每一个预算工作人员都应当花大力气掌握建筑识图、房屋构造等基础知识,应当熟悉建筑材料、施工工艺、施工组织设计等专业技术知识。

在计算工程量过程中,还应遵循下列基本要求:

（1）工作内容、范围必须与定额中相应的规定一致

计算工程量时，要熟悉定额中各分项工程所包括的工作内容和范围，以避免重复列项和漏项。如卷材防潮层定额项目中，已包括刷冷底子油一遍和贴附加层的工料消耗，所以在计算该分项的工程量时，不能再列冷底子油项目。

（2）工程量计量单位必须与定额规定计量单位一致

在计算工程量时，要先弄清楚定额的计量单位。如墙面抹灰、楼地面层均以 m^2 计量，而踢脚板工程量以 m 为计量单位，不能因为都是抹砂浆而笼统地以 m^2 计量。再如现浇混凝土楼梯工程量以 m^2 为计量单位，而预制混凝土楼梯则以 m^3 为计量单位，不能因为都是楼梯而均以面积（m^2）或均以体积（m^3）计算。

（3）工程量计算规则要与现行工程量计算规则一致

在按施工图纸计算工程量时，所采用的计算规则必须与国家或地方现行的工程量计算规则一致，这样才能有统一的计算标准，防止错算。

建筑工程量计算规则曾经有定额规则和清单规则两类。例如，《重庆市建筑工程计价定额》（CQJZDE—2008）就是以《全国统一建筑工程预算工程量计算规则（土建工程）》（GJDGZ—101—95）为主的定额计算规则；而《重庆市房屋建筑与装饰工程计价定额》（CQJZSD—2018）是以《房屋建筑与装饰工程工程量计算规范》（GB 50854—2013）为主的计算规则，这个规则以前被习惯性地称为清单规则。

一般而论，定额计算规则是考虑了不同施工方法和加工余量的施工过程的实际数量，而清单工程量计算规则更多是按工程实体尺寸的净量计算。

无论是重庆 08 定额还是重庆 18 定额，都是以国家计量规范为基准，结合重庆地区具体情况确定的。它既不完全等同于清单计算规则，又与其他各省市计算规则不完全一致，学习时一定要注意这一点。

（4）工程量计算式要力求简单明了，按一定次序排列

为了便于工程量的核对，在计算工程量时有必要注明下列信息：楼层、部位、断面、图号、构件部件编号等。计算式一般宜按长、宽、厚次序排列，如计算面积时按"长×高"排列，计算体积时按"长×高（宽）×厚"或"厚×宽×高"排列。

使用专门的工程量计算表格既利于计算，又便于核对，应尽量采用。表 5.1 所示就是一种计算表格样式。

表 5.1　工程量计算表

工程名称＿＿＿＿＿＿＿＿＿＿＿＿＿　　　　　　　　　　　　　　共　页 第　页

项目名称	单位	计算式	工程量

（5）计算的精确程度应符合规定的要求

工程量计算时每一项目汇总的有效位数应遵守下列规定：

①以"t"为单位，应保留小数点后3位数字，第4位小数四舍五入。

②以"m""m²""m³""kg"为单位，应保留小数点后2位数字，第3位小数四舍五入。

③以"台""套""件""个""根""组""系统"等为单位，应取整数。

工程量在计算的过程中，一般宜比汇总时的小数多保留一位。

2）工程量计算的顺序

工程量计算是一项繁杂的工作，稍有疏忽，就会出现漏项少算或重复多算。为了使工程量计算既快又准确，合理安排计算顺序是非常重要的。工程量计算顺序一般有以下几种：

（1）按施工顺序计算

这种方法是按施工的先后顺序安排工程量的计算顺序。例如基础工程量按：场地平整→挖地槽（坑）→基础垫层→砌砖石基础（现浇混凝土基础）→基础防潮层→基础回填土→余土外运等顺序列项计算。这种方法打破了预算定额项目划分的顺序，使用时要求计算者对施工过程比较熟悉，否则容易出现漏项情况。

（2）按定额顺序计算

这种方法是按计价定额的章节顺序依次计算 。例如：土石方工程→地基处理、边坡支护工程→桩基工程→砌筑工程→混凝土及钢筋混凝土工程→金属结构工程→木结构工程→门窗工程→屋面及防水工程→防腐工程→楼地面工程→……采用这种顺序计算，要求计算者充分熟悉图纸，有一定的设计基础知识。

（3）按顺时针顺序计算

按顺时针顺序即先从平面图的左上角开始，按顺时针方向环绕一周以后回到左上角止。这种方法适合于外墙及与外墙有关的工程量的计算，例如：外墙基础、外墙墙体、外墙抹灰……也可以用于计算楼地面、天棚等工程量，如图5.1所示。

（4）按先横后竖、先上后下、先左后右顺序计算

这种方法是指在同一平面图上有纵横交错的墙体时，可按先横后竖的顺序进行计算，计算横墙时先上后下，横墙间断时先左后右，计算竖墙时先左后右，竖墙间断时先上后下。如图5.2所示。这种计算顺序适合于计算内墙及与内墙有关的工程量，例如：内墙基础、内墙墙体、内墙墙身防潮层、内墙抹灰……

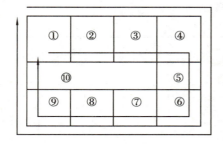

图5.1 顺时针方向示意图

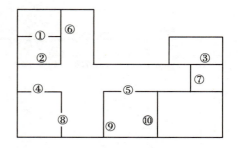

图5.2 先横后竖示意图

（5）按轴线编号顺序计算

这种方法是按图纸上所标注的轴线编号顺序进行计算，适合于墙体（轴线）排列有序的图纸，如图5.3所示。

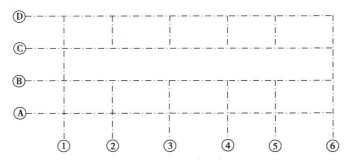

图 5.3　按轴线编号顺序示意图

（6）按构件的编号顺序计算

施工图上往往给各类构件依序编了号,计算时可按同类构件的编号顺序计算。例如:梁（L1,L2,L3,…）,板（B1,B2,B3,…）,等等。

表 5.2 是常用构件代号表,正确识别各种构件代号是预算人员的基本功之一,熟悉常用构件的代号对工程量计算是很有好处的。

表 5.2　常用构件代号表

序号	名　称	代号	序号	名　称	代号	序号	名　称	代号
1	板	B	19	圈梁	QL	37	承台	CT
2	屋面板	WB	20	过梁	GL	38	设备基础	SJ
3	空心板	KB	21	连系梁	LL	39	桩	ZH
4	槽形板	CB	22	基础梁	JL	40	挡土墙	DQ
5	折板	ZB	23	楼梯梁	TL	41	地沟	DG
6	密肋板	MB	24	框架梁	KL	42	柱间支撑	ZC
7	楼梯板	TB	25	框支梁	KZL	43	垂直支撑	CC
8	盖板或沟盖板	GB	26	屋面框架梁	WKL	44	水平支撑	SC
9	挡雨板或檐口板	YB	27	檩条	LT	45	梯	T
10	吊车安全走道板	DB	28	屋架	WJ	46	雨篷	YP
11	墙板	QB	29	托架	TJ	47	阳台	YT
12	天沟板	TGB	30	天窗架	CJ	48	梁垫	LD
13	梁	L	31	框架	KJ	49	预埋件	M
14	屋面梁	WL	32	刚架	GJ	50	天窗端壁	TD
15	吊车梁	DL	33	支架	ZJ	51	钢筋网	W
16	单轨吊车梁	DDL	34	柱	Z	52	钢筋骨架	G
17	轨道连接	DGL	35	框架柱	KZ	53	基础	J
18	车挡	CD	36	构造柱	GZ	54	暗柱	AZ

注:1.预制钢筋混凝土构件、现浇钢筋混凝土构件、钢构件和木构件,一般可直接采用本表中的构件代号。在绘图中,当需要区别上述构件的材料种类时,可在构件代号前加注材料代号,并在图纸中加以说明。

　　2.预应力钢筋混凝土构件的代号,应在构件代号前加注"Y—",如 Y—DL 表示预应力钢筋混凝土吊车梁。

三维激光扫描技术在土石方工程量计算中的应用

5.2　土石方工程量计算

　　土石方工程主要包括平整场地、挖土、人工凿石、人工挖孔桩土石方、石方爆破、回填土、土石方运输等项目,按施工方法和使用机具的不同可分为人工土石方和机械土石方。

　　在计算土石方工程量以前,应确定:土壤类别与地下水位的标高;挖、填、运土和排水的施工方法;坑(槽)是直壁、放坡还是支挡土板。

　　本节主要讲述土石方工程的工程量计算和定额套用。套用定额时要熟悉定额说明,按定额规定正确进行单价计算及工、料、机分析。

5.2.1　土石方工程量计算规则

土方工程项目的计价内容

平整场地

　　(1)土石方工程

　　①平整场地工程量按设计图示尺寸以建筑物首层建筑面积计算。建筑物地下室结构外边线突出首层结构外边线时,其突出部分的建筑面积合并计算。

　　②土石方的开挖、运输均按开挖前的天然密实体积以"m³"计算。

　　③挖土石方:

　　a.挖一般土石方工程量按设计图示尺寸体积加放坡工程量计算。

　　b.挖沟槽、基坑土石方工程量,按设计图示尺寸以基础或垫层底面积乘以挖土深度加工作面及放坡工程量以"m³"计算。

　　c.开挖深度按图示槽、坑底面至自然地面(场地平整的按平整后的地坪)高度计算。

　　d.如果挖沟槽、基坑,如在同一沟槽、基坑内有土有石时,按其土层与岩石的不同深度分别计算工程量,按土层与岩石对应深度执行相应定额子目。

　　④挖淤泥、流砂工程量按设计图示位置、界限以"m³"计算。

　　⑤挖一般土方、沟槽、基坑的放坡应根据设计或批准的施工组织设计要求的放坡系数计算。如设计或批准的施工组织设计无规定时,放坡系数按表5.3计算;石方放坡应根据设计或批准的施工组织设计要求的放坡系数计算。

表5.3　沟槽、基坑放坡系数表

人工开挖	机械挖土方		放坡起点深度(m)
	在沟槽、坑底	在沟槽、坑边	土方
1∶0.3	1∶0.25	1∶0.67	1.5

　　a.计算土方放坡时,在交接处所产生的重复工程量不予扣除。

　　b.挖沟槽、基坑土方垫层为原槽浇筑时,加宽工作面从基础外边缘算起;垫层浇筑需支模时,加宽工作面从垫层外边缘算起。

　　c.如放坡处重复过大,其计算总量等于或大于开挖方量时,应按大开挖规定计算土方工程量。

　　d.槽、坑土方开挖支挡土板时,土方放坡不另计算。

⑥沟槽、基坑工作面宽度按设计规定计算,如无设计规定时,按表5.4计算。

表5.4　工作面增加宽度表

建筑工程		构筑物	
基础材料	每侧工作面宽(mm)	无防潮层(mm)	有防潮层(mm)
砖基础	200	400	600
浆砌条石、块(片)石	250		
混凝土基础支模板者	400		
混凝土垫层支模板者	150		
基础垂面做砂浆防潮层	400(自防潮层面)		
基础垂面做防水防腐层	1 000(自防水防腐面)		
支挡土板100(另加)			

⑦外墙基槽长度按图示中心线长度计算,内墙基槽长度按槽底净长计算,其突出部分体积并入基槽工程量计算。

（2）回填

a. 场地(含地下室顶板以上)回填:回填面积乘以平均回填厚度以"m³"计算。

b. 室内地坪回填:主墙间面积(不扣除间壁墙,扣除连续底部面积2 m²以上的设备基础等面积)乘以回填厚度以"m³"计算。

c. 沟槽、基坑回填:挖方体积减自然地坪以下埋设的基础体积(包括基础、垫层及其他构筑物)。

d. 场地原土碾压:按图示尺寸以"m²"计算。

（3）余土工程量按下式计算

余土运输体积=挖方体积-回填方体积(折合天然密实体积),总体积为正,则为余土外运;总体积为负,则为取土内运。

土方体积,均以挖掘前的天然密实体积为准计算。如遇有必须以天然密实体积折算时,可按表5.5所列数值换算。

大开挖
基础回填

房心回填

基础回填

表5.5　土方体积折算表

虚方体积	天然密实体积	夯实后体积	松填体积
1.00	0.77	0.67	0.83
1.3	1.00	0.87	1.08
1.49	1.15	1.00	1.24
1.20	0.93	0.81	1.00

5.2.2 说明与算例

1)平整场地工程量计算

平整场地是指平整至设计标高后,在±300 mm 以内的局部就地挖、填找平。

(1)"首层建面规则"

按设计图示尺寸以建筑物首层建筑面积计算平整场地工程量,这种方法无论规则还是计算方法均简易、明了。这个计算规则是当下主流计算规则,能够计算建筑面积,就基本上能按这个规则计算平整场地工程量。

平整场地清单
编制与计价

(2)"加 2 米规则"

还有一种曾经长期广泛使用的平整场地计算方法,目前还在一些工程的招投标里使用,习惯上称之为"加 2 米规则"。其文字叙述为:按建筑物外墙外边线每边各加 2 m,以 m² 计算。

①当场地底面为规则的四边形时:

$$S_场 = (建筑物外墙外边线长 + 4) \times (建筑物外墙外边线宽 + 4)$$

②当建筑物底面为不规则的图形时:

$$S_场 = 底层建筑面积 + 建筑物外墙外边线长 \times 2 + 16$$

或

$$S_场 = S_底 + L_外 \times 2 + 16$$

注:上述平整场地工程量计算公式只适合于矩形组成的建筑物平面布置的场地平整工程量计算,如果遇其他形状,还需按有关方法计算。

2)基槽工程量计算

凡设计图示槽底宽(不含加宽工作面)在 7 m 以内,且槽底长大于底宽 3 倍以上者,执行沟槽项目。

基槽土方工程量按下式计算:

$$基槽体积 V_槽 = 基槽长度 L \times 基槽横断面面积 S_槽$$

基槽长度(L):外墙基槽长度按外墙图示中心线长度计算($L_中$),内墙基槽长度按内墙基槽槽底净长计算($L_槽$)。

基槽横断面如图 5.4 所示,基槽横断面面积计算公式如下:

$$S_槽 = (a + 2c + kH)H$$

式中　　a——设计垫层宽度;

　　　　c——增加工作面宽度;

　　　　k——边坡系数;

　　　　H——地槽深度。

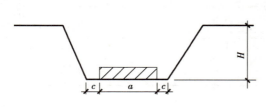

图 5.4　基槽断面示意图

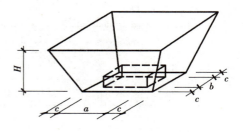

图 5.5　矩形基坑示意图

挖沟槽土方
清单编制与计价

3)基坑工程量计算

凡设计图示长边小于短边3倍者,且坑底面积(不含加宽工作面)在150 m²以内,执行基坑定额子目。如图5.5所示,矩形基坑体积可按如下公式计算:

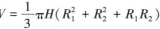

$$V = (a + 2c + kH)(b + 2c + kH)H + \frac{1}{3}k^2H^3$$

式中 a——垫层长度;

b——垫层宽度;

c——增加工作面宽度;

k——放坡系数;

H——基坑深度。

圆形基坑如图5.6所示,其体积可按下式计算:

$$V = \frac{1}{3}\pi H(R_1^2 + R_2^2 + R_1R_2)$$

式中 R_1——下口半径;

R_2——上口半径;

H——基坑深度。

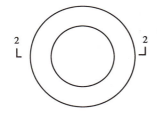
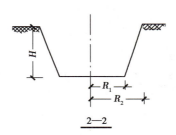

图 5.6 圆形基坑示意图

【例5.1】 某独立柱基础垫层设计为 4 000 mm×3 600 mm×200 mm,按施工组织设计,机械挖基坑土方,四边放坡,放坡系数为1:0.67,每边增加工作面宽度为300 mm,基坑深度2.5 m。试计算该基坑开挖分部分项工程费。

【解】 1.工程量计算

该基坑开挖工程量,即基坑体积为:

$V = (4 + 2 \times 0.3 + 0.67 \times 2.5) \times (3.6 + 2 \times 0.3 + 0.67 \times 2.5) \times 2.5 + 0.67^2 \times 2.5^3/3$
$= 6.275 \times 5.875 \times 2.5 + 2.338 = 94.50(m^3)$

2.套定额计取分部分项工程费

套用计价定额相应子目,进行基坑开挖分部分项工程费的计算,详见表5.6。

表 5.6 案例定额套用及分部分项工程费

序号	定额编号	项目名称	单位	工程量	综合单价(元)	合价(元)
1	AA0028	机械挖基坑土方 深度 4 m 以内	1 000 m³	0.094 5	5 882.87	555.93
合计						555.93

【例5.2】 如图5.7和图5.8所示为房屋基础图。已知：工作面增加宽度为150 mm，放坡系数为1:0.3，等高式砖基础大放脚，素混凝土垫层100 mm厚。试计算土石方分部分项工程费。

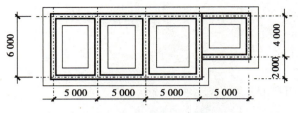

图5.7 某房屋基础平面图

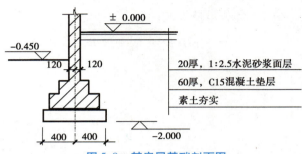

图5.8 某房屋基础剖面图

【解】 1.工程量计算

（1）"三线一面"基数计算

外墙中线长 $L_{中} = (5 \times 4 + 6) \times 2 = 52(m)$

内墙净长 $L_{内} = (6 - 0.12 \times 2) \times 2 + (4 - 0.12 \times 2) = 15.28(m)$

外墙外边长 $L_{外} = (5 \times 4 + 0.12 \times 2 + 6 + 0.12 \times 2) \times 2 = 52.96(m)$

建筑底层面积 $S_{底} = (5 \times 4 + 0.12 \times 2) \times (6 + 0.12 \times 2) - 5 \times 2 = 116.30(m)$

（2）平整场地工程量

①按建筑物首层建筑面积计算

$$S_{平} = (20 + 0.12 \times 2) \times (6 + 0.12 \times 2) - 5 \times 2 = 116.30(m^2)$$

②按加2 m规则计算

$$S_{平} = (15.24 + 4) \times (6.24 + 4) + 5 \times (4.24 + 4) = 238.22(m^2)$$

或

$$S_{平} = (20.24 + 4) \times (6.24 + 4) - 5 \times 2 = 238.22(m^2)$$

或

$$S_{平} = S_{底} + L_{外} \times 2 + 16 = 116.30 + 52.96 \times 2 + 16 = 238.22(m^2)$$

（3）基槽工程量

槽底宽为0.8 m，其3倍数值小于底长度，根据规则定性为"基槽"。

外墙基槽中心线长度 $= L_{中} = (20 + 6) \times 2 = 52(m)$

内墙基槽净长度 $= [6 - (0.15 + 0.4) \times 2] \times 2 + [4 - (0.4 + 0.15) \times 2] = 12.70(m)$

基槽横断面面积 $S_{槽} = [0.8 + 2 \times 0.15 + 0.3 \times (2 - 0.45)] \times (2 - 0.45) = 2.43(m^2)$

所以，基槽开挖工程量，即基槽体积为：

$$V_{槽} = (52 + 12.70) \times 2.43 = 157.22(\text{m}^3)$$

（4）自然地坪以下埋设的基础体积

垫层体积 $V_{垫} = 0.8 \times 0.1 \times [52 + (6 - 0.4 \times 2) \times 2 + (4 - 0.4 \times 2)] = 5.25(\text{m}^3)$

砖基础大放脚体积 $V_{基} = [0.24 \times (2 - 0.1) + 0.047\,25] \times (52 + 15.28) = 33.86(\text{m}^3)$

自然地坪以下埋设的砖基础大放脚体积 $V'_{基} = [0.24 \times (2 - 0.45 - 0.1) + 0.047\,25] \times (52 + 15.28) = 26.59(\text{m}^3)$

（5）回填土工程量

基础回填工程量 = 157.22−5.25−26.59 = 125.38(m³)

室内净面积 = (6−0.24)×(5−0.24)×3+(5−0.24)×(4−0.24) = 100.15(m²)

室内回填工程量 = 100.15×[0.45−(0.02+0.06)] = 37.06(m³)

回填土总工程量为：

$$V_{填} = 125.38 + 37.06 = 162.44(\text{m}^3)$$

（6）余土运输工程量

$V_{运} = 157.22 - 162.44 \div 0.87 = -29.49(\text{m}^3)$，总体积为负，为取土内运。

2.套定额计取分部分项工程费

暂定平整场地为人工平整场地，基槽为人工挖沟槽，回填土回填方式为人工，回填状态为夯填，取土内运暂不考虑，套用计价定额相应子目，进行土石方分部分项工程费的计算，详见表5.7。

表 5.7　案例定额套用及分部分项工程费

序号	定额编号	项目名称	单位	工程量	综合单价（元）	合价（元）
1	AA0001	人工平整场地	100 m²	1.163	409.19	475.89
2	AA0004	人工挖沟槽土方，槽深 2 m 以内	100 m³	1.572 2	5 753.09	9 045.01
3	AA0114	人工槽、坑回填，夯填土方	100 m³	1.253 8	3 660.30	4 589.28
4	AA0116	人工室内地坪回填	100 m³	0.370 6	2 044.79	757.80
合　计						14 867.08

5.3　地基处理、边坡支护工程量计算

地基处理比较常见的是强夯，边坡支护的方法主要有土钉、锚杆（索）、喷射混凝土及支设挡土板。本节主要讲述相应的工程量计算规则，套用定额前要熟悉定额说明，按定额规定正确进行单价计算及工、料、机分析。

5.3.1　地基处理、边坡支护工程量计算规则

1）地基处理

强夯地基：按设计图示处理范围以"m²"计算。

2）基坑与边坡支护

①土钉、砂浆锚钉：按照设计图示钻孔深度以"m"计算。

②锚杆（索）工程：

a. 锚杆（索）钻孔根据设计要求，按实际钻孔土层和岩层深度以"延长米"计算。

b. 当设计图示中已明确锚固长度时，锚索按设计图示长度以"t"计算；若设计图示中未明确锚固长度时，锚索按设计图示长度另加 1 000 mm 以"t"计算。

c. 非预应力锚杆根据设计要求，按实际锚固长度（包括至护坡内的长度）以"t"计算。当设计图示中已明确预应力锚杆的锚固长度时，预应力锚杆按设计图示长度以"t"计算；若设计图示中未明确预应力锚杆的锚固长度时，预应力锚杆按设计图示长度另加 600 mm 以"t"计算。

d. 锚具安装按设计图示数量以"套"计算。

e. 锚孔注浆土层按设计图示孔径加 20 mm 充盈量，岩层按设计图示孔径以"m^3"计算。

f. 修整边坡按经批准的施工组织设计中明确的垂直投影面积以"m^2"计算。

g. 土钉按设计图示钻孔深度以"m"计算。

③喷射混凝土按设计图示面积以"m^3"计算。

④挡土板按槽、坑垂直的支撑面积以"m^2"计算。如一侧支挡土板时，按一侧的支撑面积计算工程量，支挡土板工程量和放坡工程量不得重复计算。

5.3.2 说明

强夯地基、喷射、挡土板基本是平面上进行的工作，其工作成果以平方米计算。

锚杆（索）支护工程主要工艺过程是钻孔（土层、岩层）、安放锚杆（索）、上锚具。钻孔按钻土层、岩层深度分别以长度"m"计算；锚杆和锚索计算类似于钢筋工程量，先计算长度（m），再根据相应规格的理论质量（kg/m）计算出工程量（t）。

5.4 桩基工程量计算

桩基已经大面积使用在各种建筑工程中，成为主要基础形式之一。根据施工方式的不同，桩基可分为预制桩和灌注桩，重庆市区内主要施工灌注桩。常见灌注桩有机械钻孔桩和人工挖孔桩。

本节主要讲述桩基工程的工程量计算和定额套用。套用定额时要熟悉定额说明，按定额规定正确进行单价计算及工、料、机分析。

5.4.1 桩基计算规则

1）机械钻孔桩

①旋挖机械钻孔灌注桩土（石）方工程量，按设计图示桩的截面积乘以钻孔中心线深度以"m^3"计算；成孔深度为自然地面至桩底的深度；机械钻孔灌注桩土（石）方工程量按设计桩长以"m"计算。

②机械钻孔灌注混凝土桩(含旋挖桩)工程量,按设计截面面积乘以桩长(桩长加600 mm)以"m³"计算。

③钢护筒工程量,按长度以"m"计算;可拔出时,其混凝土工程量按钢护筒外径计算,成孔无法拔出时,其钻孔孔径按照钢护筒外直径计算,混凝土工程量按设计桩径计算。

2)人工挖孔桩

①截(凿)桩头,按设计桩的截面积(含护壁)乘以桩头长度以"m³"计算,截(凿)桩头的弃渣费另行计算。

②人工挖孔桩土石方工程量,按设计桩的截面积(含护壁)乘以桩孔中心线长度以"m³"计算。

③人工挖孔桩,如在同一桩孔内,有土有石时,按其土层与岩石不同深度分别计算工程量,执行相应定额子目。挖孔桩深度如图5.9所示。

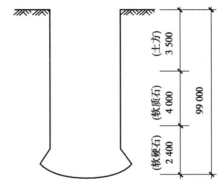

图5.9 挖孔桩深度示意图

注:①土方按6 m内挖孔桩定额执行;
②软质岩、较硬岩分别执行10 m内人工凿软质岩、较硬岩挖孔桩相应子目。

④人工挖孔灌注桩桩芯混凝土:工程量按单根设计桩长乘以设计断面以"m³"计算。

⑤护壁模板按照模板接触面以"m²"计算。

5.4.2 说明

①灌注桩主要工序均含成孔、下放钢筋笼、浇筑混凝土。本章计算规则规定了成孔、浇筑混凝土等相关工程量计算规则,钢筋笼、铁件制作安装工程量按混凝土及钢筋混凝土工程章节中的规定执行。

②机械钻孔时,如出现垮塌、流砂、二次成孔、排水、钢筋混凝土无法成孔等情况而采取的各项措施所发生的费用,按实计算。

③桩基础成孔定额中未包括泥浆池的工、料,废泥浆处理及外运费用,发生时按实计算。

④灌注混凝土桩的混凝土充盈量已包括在定额子目内,若出现垮塌、漏浆等另行计算。

⑤钻机进出场费用未包括在定额子目中,另行计算。

5.4.3　桩基工程算例

【例5.3】　如图5.10所示,某桩基工程为机械钻孔灌注桩,300根,成孔方法为干作业旋挖成孔,桩径ϕ1 000 mm,设计桩长29 m,入岩2.0 m。自然地面标高-0.600 m,桩顶标高-3.900 m。桩身采用C20商品混凝土。试计算该桩基工程的分部分项工程费。

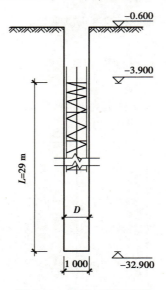

干作业成孔
灌注桩清单
编制与计价

图5.10　桩基工程示意图

【解】　1.工程量计算

(1)土层钻孔工程量

$V=3.14×0.5^2×(32.9-0.6-2)×300 =7 135.65(\text{m}^3)$

(2)岩层钻孔工程量

$V=3.14×0.5^2×(2×300 =471.00(\text{m}^3)$

(3)桩芯混凝土工程量

$V=3.14×0.5^2×(29+0.6)×300 =6 970.80(\text{m}^3)$

2.套定额计取分部分项工程费

套用计价定额相应子目,进行桩基工程分部分项工程费的计算,详见表5.8。

表5.8　案例定额套用及分部分项工程费

序号	定额编号	项目名称	单位	工程量	综合单价(元)	合价(元)
1	AC0010	旋挖钻机钻孔ϕ≤1000 mm H≤40 m 土、砂砾石	10 m³	713.565	4 231.02	3 019 107.79
2	AC0011	旋挖钻机钻孔ϕ≤1 000 mm H≤40 m 岩层	10 m³	47.100	8 756.17	412 415.61
3	AC0070	钻孔灌注桩混凝土 桩芯混凝土 土层、岩层 商品混凝土	10 m³	697.080	4 246.05	2 959 836.53
合计						6 391 359.93

5.5　砌筑工程量计算

　　砌筑工程除了砖砌体、砌块砌体、石砌体、预制块砌体等主要砌筑工程量外,还包括垫层部分。其中,砖砌体部分包括砖基础、砖护壁及砖井圈、砖检查井、砖地沟、烟(风)道、砖柱和各类型墙体及零星砌体;砌块砌体部分包括砌块墙、零星砌块、砌体加筋、墙面勾缝;石砌体部分包括石基础、勒脚、石墙、石挡土墙、石柱、石栏杆、石护坡、石台阶和其他石砌体及附属。

　　本节主要讲述砌筑工程的工程量计算和定额套用。套用定额时应熟悉定额说明,按定额规定正确进行单价计算和工、料、机分析。

5.5.1　砌筑工程量计算规则

砌体墙

1)一般计算规则

标准砖砌体厚度,按表5.9规定计算。

表5.9　标准砖砌体厚度表

设计厚度(mm)	60	100	120	180	200	240	370
计算厚度(mm)	53	95	115	180	200	240	365

2)砖砌体、砌块砌体

砖基础清单
编制与计价

　　(1)砖基础工程量按设计图示体积以"m^3"计算。

　　①包括附墙垛基础宽出部分体积,扣除地梁(圈梁)、构造柱所占体积,不扣除基础放大脚T形接头处的重叠部分及嵌入基础内的钢筋、铁件、管道、基础砂浆防潮层和单个面积≤0.3 m^2的孔洞所占体积,靠墙暖气沟的挑檐不增加。

　　②基础长度:外墙按外墙中心线,内墙按内墙净长线计算。

　　(2)实心砖墙、多孔砖墙、空心砖墙、砌块墙按设计图示体积以"m^3"计算。扣除门窗、洞口、嵌入墙内的钢筋混凝土柱、梁、板、圈梁、过梁及凹进墙内的壁龛、管槽、暖气槽、消火栓箱所占体积,不扣除梁头、板头、檩头、垫木、木楞头、沿椽木、木砖、门窗走头、砖墙内加固钢筋、木筋、铁件、钢管及单个面积≤0.3 m^2的孔洞所占的体积。凸出墙面的腰线、挑檐、压顶、窗台线、虎头砖、门窗套的体积亦不增加。凸出墙面的砖垛并入墙体体积内计算。

　　①墙长度:外墙按外墙中心线,内墙按内墙净长线计算。

　　②墙高度:

砖墙清单
编制与计价

　　a.外墙:按设计图示尺寸计算,斜(坡)屋面无檐口天棚者算至屋面板底;有屋架且室内外均有天棚者算至屋架下弦底另加200 mm;无天棚者,算至屋架下弦底另加300 mm,出檐宽度超过600 mm时按实砌高度计算;有钢筋混凝土楼板隔层者算至板顶。平屋顶算至钢筋混凝土板底。有框架梁时算至梁底。

　　b.内墙:位于屋架下弦者,其高度算至屋架下弦底;无屋架者算至天棚底另加100 mm;有钢筋混凝土楼板隔层者算至楼板顶;有框架梁时算至梁底。

c.女儿墙:从屋面板上表面算至女儿墙顶(如有混凝土压顶时,算至压顶下表面)。

d.内、外山墙:按其平均高度计算。

墙体示意图见图5.11。

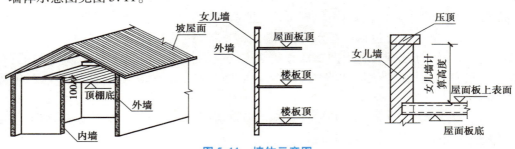

图 5.11　墙体示意图

③框架间墙:不分内外墙,按墙体净体积以"m³"计算。

④围墙:高度算至压顶上表面(如有混凝土压顶时算至压顶下表面),围墙柱并入围墙体积内。

(3)砖砌挖孔桩护壁及砖砌井圈,按图示体积以"m³"计算。

(4)空花墙,按设计图示尺寸以空花部分外形体积以"m³"计算,不扣除空花部分体积。

空花墙、空斗墙如图5.12、图5.13所示。

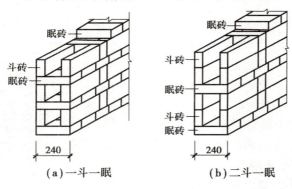
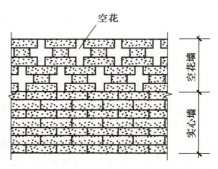

图 5.12　空斗墙示意图　　　　　图 5.13　空花墙示意图

(5)砖柱按设计图示体积以"m³"计算,扣除混凝土及钢筋混凝土梁垫,扣除伸入柱内的梁头、板头所占体积,如图5.14所示。

(6)砖砌检查井、化粪池、零星砌体、砖地沟、砖烟(风)道按设计图示体积以"m³"计算。不扣除单个面积≤0.3 m² 的孔洞所占体积。

(7)砖砌台阶(不包含梯带)按设计图示尺寸水平投影面积以"m²"计算。台阶如图5.15所示。

(8)成品烟(气)道,按设计图示尺寸以"延长米"计算,风口、风帽、止回阀按"个"计算。

(9)砌体加筋,按设计图示钢筋长度乘以单位理论质量以"t"计算。

(10)墙面勾缝,按墙面垂直投影面积以"m²"计算,应扣除墙裙的抹灰面积,不扣除门窗洞口面积、抹灰腰线、门窗套所占面积,但附墙垛和门窗洞口侧壁的勾缝面积亦不增加。

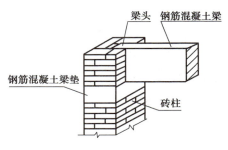

图 5.14　砖柱中梁垫、梁头示意图

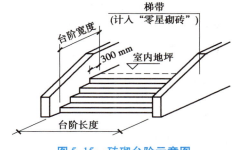

图 5.15　砖砌台阶示意图

3）石砌体、预制块砌体

（1）石基础、石墙的工程量计算规则参照砖砌体、砌块砌体相应规定执行。

（2）预制块砌体，按设计图示体积以"m^3"计算。

4）垫层

垫层，按设计图示体积以"m^3"计算，其中原土夯入碎石按设计图示面积以"m^2"计算。

5.5.2　定额主要说明

砌筑工程广泛应用在各类建设工程中。对初学者来说，许多有关砌筑工程的概念、术语是陌生的，为了对学习者有所帮助，这里将与砌筑工程常见的相关概念及术语集中展现在图 5.16 中。

1）砖砌体、砌块砌体

（1）各种砌筑墙体，不分内外墙、框架墙，均按不同墙体厚度执行相应定额子目。

（2）基础与墙（柱）身的划分：

①基础与墙（柱）身使用同一种材料时，以设计室内地面为界（有地下室者，以地下室室内设计地面为界），以下为基础，以上为墙（柱）身。

②基础与墙（柱）身使用不同材料时，位于设计室内地面高度≤300 mm 时，以不同材料为分界线；高度>300 mm 时，以设计室内地面为界线。

③砖砌地沟不分墙基和墙身，按不同材质合并工程量套用相应定额。

④砖围墙以设计室外地坪为界，以下为基础，以上为墙身；当室内外地坪标高不同时，以其较低标高为界，以下为基础，以上为墙身。

（3）零星砌体适用于：砖砌小便池槽、厕所蹲台、水槽腿、垃圾箱、梯带、阳台栏杆（栏板）、花台、花池、屋顶烟囱、污水斗、锅台、架空隔热板砖墩，以及石墙的门窗立边、钢筋砖过梁、砖平碹、砖胎模、宽度<300 mm 的门垛、阳光窗或空调板上砌体或单个体积在 0.3 m^3 以内的砌体。

（4）砖砌台阶子目内不包括基础、垫层和填充部分的工料，需要时应分别计算工程量执行相应子目。

2）砌体加固钢筋

（1）砌体加固钢筋执行"砌体加筋"子目。钢筋制作、安装用工以及钢筋损耗已包括在子目内，不另计算。

（2）砌体加筋采用植筋方法的钢筋并入"砌体加筋"工程量。

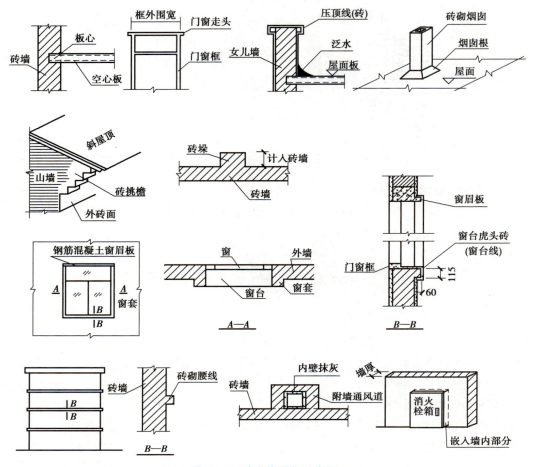

图 5.16　砖砌体局部示意图

5.5.3　砌筑工程量算例

【例5.4】　图 5.17 是例 5.2 中房屋剖面图。室内地坪标高±0.000,屋面板面标高3.900 m,女儿墙顶标高4.800 m,屋面板厚度120 mm,内墙、外墙设计厚度为240 mm,女儿墙设计厚度为120 mm。在房屋的正面墙上有4樘 M0920 进户门,背面墙上有4樘 C1515 平开窗,门洞上的钢筋混凝土过梁设计尺寸为1 400 mm×240 mm×180 mm,窗上过梁尺寸为2 000 mm×240 mm×180 mm。试计算该房屋砖墙分部分项工程费(不考虑圈梁和构造柱)。

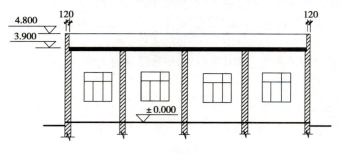

图 5.17　某房屋剖面图

【解】　1.工程量计算

（1）外墙工程量

中心线长度＝（20+6）×2＝52（m）

外墙高度＝3.9-0.12＝3.78（m）（外墙高度,平屋顶算至钢筋混凝土板底）

外墙厚度＝240 mm＝0.24 m

门洞口面积＝0.9×2.0×4＝7.2（m²）

窗洞口面积＝1.5×1.5×4＝9（m²）

门过梁体积＝1.4×0.24×0.18×4＝0.24（m³）

窗过梁体积＝2.0×0.24×0.18×4＝0.35（m³）

外墙墙体工程量＝（52×3.78-7.2-9）×0.24-（0.24+0.35）＝42.70（m³）

（2）内墙工程量

内墙净长度＝（6-0.24）×2+（4-0.24）＝15.28（m）

内墙高度＝3.90m（内墙高度,有钢筋混凝土楼板隔层者算至楼板顶）

内墙厚度＝0.24 m

内墙墙体工程量＝15.28×3.90×0.24＝14.30（m³）

240砖墙合计:42.70+14.30＝57.00（m³）

（3）女儿墙工程量

女儿墙是沿外墙敷设的,应按中心线长度计算墙体长度。由于女儿墙的厚度为120 mm,所以它的中心线长度与厚度为240 mm的外墙中心线不相等,不能直接使用外墙中心线长度。

女儿墙长度＝[（20+0.06×2）+（6+0.06×2）]×2＝52.48（m）

女儿墙高度＝4.8-3.9＝0.9（m）

女儿墙厚度＝0.115 m（120 mm厚度的砖墙,计算厚度应取115 mm）

女儿墙墙体工程量＝52.48×0.9×0.115＝5.43（m³）

120砖墙合计:5.43（m³）

2.套定额计取分部分项工程费

暂定砖墙为标准砖240 mm×115 mm×53 mm,砂浆采用现拌水泥砂浆,强度为M5,套用计价定额相应子目,进行砖墙分部分项工程费的计算,详见表5.10。

表5.10　案例定额套用及分部分项工程费

序号	定额编号	项目名称	单位	工程量	综合单价(元)	合价(元)
1	AA0020	240砖墙,水泥砂浆,现拌砂浆 M5	10 m³	5.700	4 618.89	26 327.67
2	AA0024	120砖墙,水泥砂浆,现拌砂浆 M5	10 m³	0.543	5 262.47	2 857.52
合计						29 185.19

【例 5.5】 图 5.18 是某块石砌筑挡墙的断面,挡墙全长 70 m,试计算挡墙的工程量。

【解】 1.工程量计算

挡墙分为基础与墙,分别计算工程量。

基础工程量 $V_1 = (0.6 \times 0.5 + 1.2 \times 1.1) \times 70 = 113.40 (\text{m}^3)$

挡墙工程量 $V_2 = (0.6 + 1.2) \times \dfrac{3.3}{2} \times 70 = 207.90 (\text{m}^3)$

2.套定额计取分部分项工程费

暂定块石采用 M5 现拌水泥砂浆砌筑,套用计价定额相应子目,进行挡墙分部分项工程费的计算,详见表 5.11。

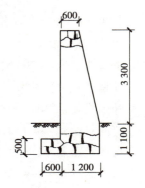

图 5.18 块石挡墙

表 5.11 案例定额套用及分部分项工程费

序号	定额编号	项目名称	单位	工程量	综合单价(元)	合价(元)
1	AD0134	石基础,块石,现拌水泥砂浆 M5	10 m³	11.34	3 326.02	37 717.07
2	AD0142	墙身,块石,现拌水泥砂浆 M5	10 m³	20.79	3 842.15	79 878.30
合计						117 595.37

【例 5.6】 图 5.19 是一个锥形块石护坡的示意图,试根据所示尺寸计算护坡工程量。

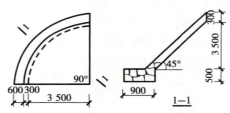

图 5.19 锥形块石护坡示意图

【解】 1.工程量计算

锥形护坡体积 V = 外锥体积 V_1 - 内锥体积 V_2

其中,外锥体积 $V_1 = \dfrac{1}{3} \pi r^2 h \times \dfrac{1}{4} = 3.14 \times 3.8^2 \times \dfrac{3.8}{12} = 14.36 (\text{m}^3)$

内锥体积 $V_2 = 3.14 \times 3.5^2 \times \dfrac{3.5}{12} = 11.22 (\text{m}^3)$

所以,锥形护坡体积 $V = 14.36 - 11.22 = 3.14 (\text{m}^3)$

护坡基础体积 $= 0.9 \times 0.5 \times 3.14 \times \dfrac{3.5 + \dfrac{0.9}{2}}{2} = 2.79 (\text{m}^3)$

2.套定额计取分部分项工程费

暂定采用 M5 现拌水泥砂浆砌筑块石护坡,套用计价定额相应子目,进行护坡分部分项工程费的计算,详见表 5.12。

表 5.12　案例定额套用及分部分项工程费

序号	定额编号	项目名称	单位	工程量	综合单价(元)	合价(元)
1	AD0134	石基础,块石,现拌水泥砂浆 M5	$10\ m^3$	0.279	3 326.02	927.96
2	AD0159	护坡,块石,现拌水泥砂浆 M5	$10\ m^3$	0.314	3 466.36	1 088.44
合计						2 016.40

5.6　混凝土及钢筋混凝土工程量计算

混凝土和钢筋混凝土结构是现代建筑工程使用最多的结构形式,混凝土和钢筋混凝土工程量计算是建筑工程计量中最重要的部分,相对于其他类工程的工程量计算来说,混凝土和钢筋混凝土工程的计算是比较复杂的,学习时应要重点掌握。

钢筋混凝土工程从工艺上可以分模板、钢筋、混凝土 3 个部分。各种混凝土及钢筋混凝土构件的混凝土及模板工程量按规则规定的类型分别计算;钢筋不分构件类型,根据施工方法的不同划分为现浇钢筋、预制钢筋和预应力钢筋等类别。

如今工地上使用的现浇结构施工图,基本采用"平法"表示。学习建筑工程预算的学员、从事建筑工程计量和计价的人员,都应该花一定时间和精力,努力学习并掌握"建筑结构施工图平面整体设计方法"(22 G101)的表达方式及构造规定。

本节主要讲述混凝土和钢筋混凝土工程的工程量计算和定额套用。套用定额时应熟悉定额说明,按定额规定正确进行单价计算和工、料、机分析。

5.6.1　混凝土及钢筋混凝土工程量计算规则

1)钢筋

①钢筋、铁件工程量,按设计图示钢筋长度乘以理论质量以"t"计算。

a.长度:按设计图示长度(钢筋中轴线长度)计算。钢筋搭接长度按设计图示及规范进行计算。

b.接头:钢筋的搭接(接头)数量按设计图示及规范计算,设计图示及规范未标明的,以构件的单根钢筋确定。水平钢筋 ϕ 10 以内按每 12 m 长计算一个搭接(接头);ϕ 10 以上按每 9 m 计算一个搭接(接头)。竖向钢筋搭接(接头)按自然层计算,当自然层层高大于 9 m 时,除按自然层计算外,应增加每 9 m 或 12 m 长计算的接头量。

c.箍筋:箍筋长度(含平直段 10d)按箍筋中轴线周长加 23.8d 计算,设计平直段长度不同时允许调整。

d. 设计图未明确钢筋根数、以间距布置的钢筋根数时,按以向上取整加 1 的原则计算。

②机械连接(含直螺纹和锥螺纹)、电渣压力焊按接头数量以"个"计算,该部分钢筋不再计算其搭接用量。

③植筋连接,按数量以"个"计算。

④预制构件的吊钩并入相应钢筋工程量。

⑤现浇构件中固定钢筋位置的支撑钢筋、双(多)层钢筋用的铁马(垫铁),设计或规范规定的,按设计或规范计算;设计或规范无规定的,按批准的施工组织设计(方案)计算。

⑥先张法预应力钢筋按构件外形尺寸长度计算。后张法预应力钢筋按设计图规定的预应力钢筋预留孔道长度,并区别不同的锚具类型分别按下列规定计算。

a. 低合金钢筋两端采用螺杆锚具时,预应力钢筋长度按预留孔道长度减 350 mm,螺杆另行计算。

b. 低合金钢筋一端采用墩头插片,另一端采用螺杆锚具时,预应力钢筋长度按预留孔道长度计算,螺杆另行计算。

c. 低合金钢筋一端采用墩头插片,另一端采用帮条锚具时,预应力钢筋增加 150 mm。两端均采用帮条锚具时,预应力钢筋共增加 300 mm 计算。

d. 低合金钢筋采用后张混凝土自锚时,预应力钢筋长度增加 350 mm 计算。

e. 低合金钢筋或钢绞线采用 JM,XM,QM 型锚具和碳素钢丝采用锥形锚具时,孔道长度在 20 m 以内时,预应力钢筋增加 1 000 mm 计算;孔道长度在 20 m 以上时,预应力钢筋长度增加 1 800 mm 计算。

f. 碳素钢丝采用墩粗头时,预应力钢丝长度增加 350 mm 计算。

⑦声测管长度按设计桩长另加 900 mm 计算。

2)现浇构件混凝土

混凝土的工程量按设计图示体积以"m³"计算(楼梯、雨篷、悬挑板、散水、防滑坡道除外)。不扣除构件内钢筋、螺栓、预埋铁件及单个面积 0.3 m² 以内的孔洞所占体积。

(1)基础

①无梁式满堂基础,其倒转的柱头(帽)并入基础计算,肋形满堂基础的梁、板合并计算。

②有肋带形基础,肋高与肋宽之比在 5∶1 以上时,肋与带形基础应分别计算。

③箱式基础应按满堂基础(底板)、柱、墙、梁、板(顶板)分别计算。

④框架式设备基础应按基础、柱、梁、板分别计算。

⑤计算混凝土承台工程量时,不扣除伸入承台基础的桩头所占体积。

其他构件

满堂基础

现浇混凝土基础

带形基础

（2）柱

①柱高见图5.20。

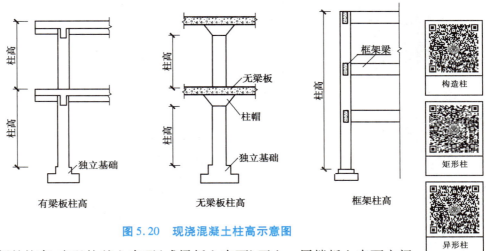

图5.20　现浇混凝土柱高示意图

a.有梁板的柱高,应以柱基上表面(或梁板上表面)至上一层楼板上表面之间的高度计算。

b.无梁板的柱高,应以柱基上表面(或梁板上表面)至柱帽下表面之间的高度计算。

c.有楼隔层的柱高,应以柱基上表面至梁上表面高度计算。

d.无楼隔层的柱高,应以柱基上表面至柱顶高度计算。

②附属于柱的牛腿,并入柱身体积内计算。牛腿柱如图5.21所示。

③构造柱(抗震柱)应包括马牙槎的体积在内,以"m^3"计算。构造柱及马牙槎示意如图5.22所示。

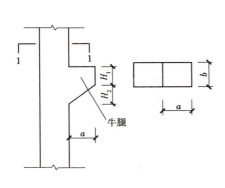

图5.21　牛腿柱示意图

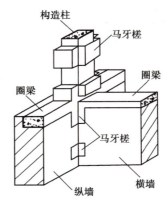

图5.22　构造柱及马牙槎示意图

（3）梁

①梁与柱(墙)连接时,梁长算至柱(墙)侧面。

②次梁与主梁连接时,次梁长算至主梁侧面。

主梁、次梁及其计算长度如图5.23、图5.24所示。

矩形梁

圈梁

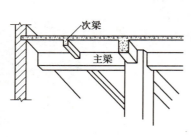

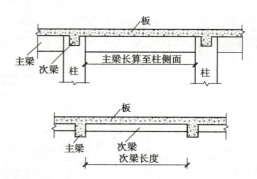

图 5.23　主、次梁示意图　　　　　图 5.24　主、次梁计算长度示意图

③伸入砌体墙内的梁头、梁垫体积,并入梁体积内计算。

④梁的高度算至梁顶,不扣除板的厚度。

⑤预应力梁按设计图示体积(扣除空心部分)以"m^3"计算。

(4)板

①有梁板（包括主梁、次梁与板）按梁、板体积合并计算。

②无梁板按板和柱头(帽)的体积之和计算。

③各类板伸入砌体墙内的板头并入板体积内计算。

④复合空心板应扣除空心楼板筒芯、箱体等所占体积。

⑤薄壳板的肋、基梁并入薄壳体积内计算。

(5)墙

①与混凝土墙同厚的暗柱(梁)并入混凝土墙体积计算。

②墙垛与突出部分<墙厚的 1.5 倍(不含 1.5 倍)者,并入墙体工程量内计算。

(6)其他

①整体楼梯(包括休息平台、平台梁、斜梁及楼梯的连接梁)按水平投影面积以"m^2"计算,不扣除宽度小于 500 mm 的楼梯井,伸入墙内部分亦不增加。当整体楼梯与现浇楼层板无梯梁连接且无楼梯间时,以楼梯的最后一个踏步边缘加 300 mm 为界。

②弧形及螺旋形楼梯(包括休息平台、平台梁、斜梁及楼梯的连接梁)按水平投影面积以"m^2"计算。

③台阶混凝土按实体体积以"m^3"计算,台阶与平台连接时,应算至最上层踏步外沿加 300 mm。

④栏杆、栏板工程量以"m^3"计算,伸入砌体墙内部分合并计算。

⑤雨篷(悬挑板)按水平投影面积以"m^2"计算。挑梁、边梁的工程量并入折算体积内。

⑥钢骨混凝土构件应按实扣除型钢骨架所占体积计算。

⑦原槽(坑)浇筑混凝土垫层、满堂(筏板)基础、桩承台基础、基础梁时,混凝土工程量按设计周边(长、宽)尺寸每边增加 20 mm 计算;原槽(坑)浇筑混凝土带形、独立、杯形、高杯(长颈)基础时,混凝土工程量按设计周边(长、宽)尺寸每边增加 50 mm 计算。

⑧楼地面垫层按设计图示体积以"m³"计算,应扣除凸出地面的构筑物、设备基础、室外铁道、地沟等所占的体积,但不扣除柱、垛、间壁墙、附墙烟囱及面积≤0.3 m²的孔洞所占的面积,但门洞、空圈、暖气包槽、壁龛的开口部分面积亦不增加。

散水坡道

⑨散水、防滑坡道按设计图示水平投影面积以"m²"计算。

3) 现浇混凝土构件模板

现浇混凝土构件模板工程量的分界规则与现浇混凝土构件工程量的分界规则一致,其工程量的计算除另有规定者外,均按模板与混凝土的接触面积以"m²"计算。

基础模板

①独立基础高度从垫层上表面计算至柱基上表面。

②地下室底板按无梁式满堂基础模板计算。

③设备基础地脚螺栓套孔模板分不同长度按数量以"个"计算。

柱模板

④构造柱均应按图示外露部分计算模板面积,构造柱与墙接触面不计算模板面积。带马牙槎构造柱的宽度按设计宽度每边另加150 mm计算。

⑤现浇钢筋混凝土墙、板上单孔面积≤0.3 m²的孔洞不予扣除,洞侧壁模板亦不增加,单孔面积>0.3 m²时,应予扣除,洞侧壁模板面积并入墙、板模板工程量内计算。

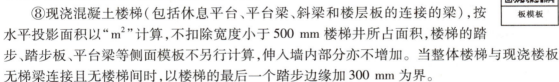
梁模板

⑥柱与梁、柱与墙、梁与梁等连接重叠部分,以及伸入墙内的梁头、板头与砖接触部分,均不计算模板面积。

⑦现浇混凝土悬挑板、雨篷、阳台,按图示外挑部分的水平投影面积以"m²"计算。挑出墙外的悬臂梁及板边不另计算。

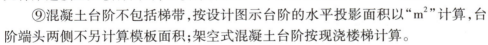

板模板

⑧现浇混凝土楼梯(包括休息平台、平台梁、斜梁和楼层板的连接的梁),按水平投影面积以"m²"计算,不扣除宽度小于500 mm楼梯井所占面积,楼梯的踏步、踏步板、平台梁等侧面模板不另行计算,伸入墙内部分亦不增加。当整体楼梯与现浇楼板无梯梁连接且无楼梯间时,以楼梯的最后一个踏步边缘加300 mm为界。

楼梯模板

⑨混凝土台阶不包括梯带,按设计图示台阶的水平投影面积以"m²"计算,台阶端头两侧不另计算模板面积;架空式混凝土台阶按现浇楼梯计算。

⑩空心楼板筒芯安装和箱体安装按设计图示体积以"m³"计算。

⑪后浇带的宽度按设计或经批准的施工组织设计(方案)规定宽度每边另加150 mm计算。

⑫零星构件按设计图示体积以"m³"计算。

4) 预制构件混凝土

混凝土的工程量按设计图示体积以"m³"计算。不扣除构件内钢筋、螺栓、预埋铁件及单个面积小于0.3 m²的孔洞所占体积。

①空心板、空心楼梯段应扣除空洞体积以"m³"计算。

②混凝土和钢杆件组合的构件,混凝土按实体体积以"m³"计算,钢构件按金属工程章节中相应子目计算。

③预制漏空花格以折算体积以"m³"计算,每10 m²漏空花格折算为0.5 m³混凝土。

④通风道、烟道按设计图示体积以"m³"计算,不扣除构件内钢筋、螺栓、预埋铁件及单个面积小于等于 300 mm×300 mm 的孔洞所占体积,扣除通风道、烟道的孔洞所占体积。

5)预制混凝土构件模板

①预制混凝土模板,除地模按模板与混凝土的接触面积计算外,其余构件均按图示混凝土构件体积以"m³"计算。

②空心构件工程量按实体体积计算,后张预应力构件不扣除灌浆孔道所占体积。

6)预制构件运输和安装

①预制混凝土构件制作、运输及安装损耗率,按下列规定计算后并入构件工程量内:制作废品率 0.2%;运输堆放损耗 0.8%;安装损耗 0.5%。其中,预制混凝土屋架、桁架、托架及长度在 9 m 以上的梁、板、柱不计算损耗率。

②预制混凝土工字形柱、矩形柱、空腹柱、双肢柱、空心柱、管道支架,均按柱安装计算。

③组合屋架安装以混凝土部分实体体积分别计算安装工程量。

④定额中就位预制构件起吊运输距离,按机械起吊中心回转半径 15 m 以内考虑,超出 15 m 时,按实计算。

⑤构件采用特种机械吊装时,增加费按以下规定计算:本定额中预制构件安装机械是按现有的施工机械进行综合考虑的,除定额允许调整者外不得变动。经批准的施工组织设计必须采用特种机械吊装构件时,除按规定编制预算外,采用特种机械吊装的混凝土构件综合按 10 m³ 另增加特种机械使用费 0.34 台班,列入定额基价。凡因施工平衡使用特种机械和已计算超高人工、机械降效费的工程,不再计算特种机械使用费。

5.6.2 定额主要说明

计价定额中本分部的说明内容比较多,实际工作中应加强学习、掌握。本书选择应用中比较常见的部分给予简要说明。

(1)混凝土

①混凝土分为自拌混凝土和商品混凝土。自拌混凝土子目包括:筛沙子、冲洗石子、后台运输、搅拌、前台运输、清理、湿润模板、浇筑、捣固、养护。商品混凝土子目只包含:清理、湿润模板、浇筑、捣固、养护。

②预制混凝土子目包括预制厂(场)内构件转运、堆码等工作内容。

③预制混凝土构件适用于加工厂预制和施工现场预制,预制混凝土按自拌混凝土编制,采用商品混凝土时,按相应定额执行并作以下调整:

a. 人工按相应子目乘以 0.44,并扣除子目中的机械费。

b. 取消子目中自拌混凝土及消耗量,增加商品混凝土消耗量 10.15 m³。

(2)模板

长期以来,混凝土构件的模板工程量大部分是按混凝土体积计算的,而新计算规则变化很大,除了少量特别规定外均为"与混凝土的接触面积计算"。要把握新规则需要两方面的努力:一是多看、多练、多观摩;二是结合施工现场,增强混凝土施工工艺尤其是模板工艺方面的知识。

（3）钢筋

①钢筋子目是按绑扎、电焊（除电渣压力焊和机械连接）综合编制的，实际施工不同时，不做调整。

②钢筋的施工损耗和钢筋除锈用工，已包括在定额项目中，不另计算。

③预应力预制构件中的非预应力钢筋，执行预制构件钢筋相应子目。

④现浇钢筋、箍筋、钢筋网片、钢筋笼子目适用于高强钢筋、成型钢筋以外的现浇钢筋。高强钢筋、成型钢筋按《重庆市绿色建筑工程计价定额》相应子目执行。

高强钢筋是指屈服强度≥400 MPa 的钢筋。

⑤植筋定额子目不含植筋用钢筋，其钢筋按现浇钢筋子目执行。

⑥钢筋接头因设计规定采用电渣压力焊、机械连接时，接头按相应定额子目执行；采用了电渣压力焊、机械连接接头的现浇钢筋，在执行现浇钢筋制安定额子目时，同时应扣除人工 2.82 工日、钢筋 0.02 t、电焊条 3 kg、其他材料费 3.00 元进行调整，电渣压力焊、机械连接的损耗已考虑在定额子目内，不得另计。

⑦预埋铁件运输执行金属构件章节中的零星构件运输定额子目。

（4）现浇构件

①基础混凝土厚度在 300 mm 以内的，执行基础垫层定额子目；厚度在 300 mm 以上的，按相应的基础定额子目执行。

②现浇弧形基础梁适用于无底模的基础梁，有底模时执行现浇（弧形）梁相应定额子目。

③混凝土基础与墙或柱的划分，均按基础扩大顶面为界。

④有肋带形基础，肋高与肋宽之比在 5∶1 以内时，肋和带形基础合并执行带形基础定额子目；在 5∶1 以上时，其肋部分按混凝土墙相应定额子目执行。

⑤现浇混凝土薄壁柱适用于框架结构体系中的薄壁结构柱。单肢：肢长≤肢宽4 倍的按薄壁柱执行，肢长＞肢宽 4 倍的按墙执行；多肢：肢总长≤2.5 m 的按薄壁柱执行，肢总长＞2.5 m 的按墙执行。肢长按柱和墙配筋的混凝土总长确定。

⑥有梁板指梁（包括主梁、次梁，但圈梁除外）、板构成整体的板；无梁板指不带梁（圈梁除外）直接用柱支撑的板；平板指无梁（圈梁除外）直接由墙支撑的板。

⑦异形梁子目适用于梁横断面为 T 形、L 形、十字形的梁。

⑧现浇零星定额子目适用于小型池槽、压顶、垫块、扶手、门框、阳台立柱、栏杆、栏板、挡水线、挑出（梁、柱）墙外宽度小于 500 mm 的线（角）、板（包含空调板、阳光窗、雨篷），以及单个体积不超过 0.02 m³ 的现浇构件等。

压顶

⑨挑出（梁、柱）墙外宽度大于 500 mm 的线（角）、板（包含空调板、阳光窗、雨篷）执行悬挑板子目。

⑩混凝土结构施工中，三面挑出墙（柱）外的阳台板（含边梁、挑梁），执行悬挑板子目。

⑪悬挑板的厚度是按 100 mm 编制的，厚度不同时，按折算厚度同比例进行调整。

⑫弧形及螺旋形楼梯定额子目按折算厚度 160 mm 编制，直形楼梯定额子目按折算厚度 200 mm 编制。设计折算厚度不同时，执行相应增减定额子目。

⑬现浇挑檐、天沟与板（包括屋面板、楼板）连接时，以外墙外边线为分界线；与梁（包括圈梁）连接时，以梁外边线为分界线。分界线以外为挑檐、天沟。

⑭如图 5.25 所示，现浇有梁板中梁的混凝土强度与现浇板不一致，应分别计算梁、板工

程量。现浇梁工程量乘以系数 1.06,现浇板工程量应扣除现浇梁所增加的工程量,执行相应有梁板定额子目。

⑮凸出混凝土墙的中间柱,凸出部分如大于或等于墙厚的 1.5 倍者,其凸出部分执行现浇柱定额子目。如图 5.26 所示。

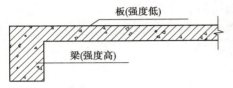

图 5.25　梁、板混凝土强度不一致

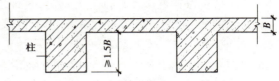

图 5.26　混凝土墙凸出的柱

⑯如图 5.27 所示,柱(墙)与梁(板)的强度等级不一致时,有设计的按设计计算,无设计的按柱(墙)边 300 mm 距离加 45°角计算。用于分隔两种强度混凝土的钢丝网另行计算。

(5)预制构件

①预制零星构件定额子目适用于:小型池槽、扶手、压顶、漏空花格、垫块和单件体积在 0.05 m³ 以内未列出子目的构件。

②预制板的现浇板带执行现浇零星构件定额子目。

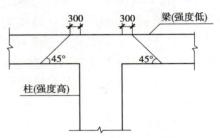

图 5.27　柱(墙)与梁(板)混凝土强度
等级不一致

(6)预制构件运输和安装

①构件按形式和外形尺寸划分为三类,分别计算相应运输费用,如表 5.13 所示。

②零星构件安装子目适用于单体小于 0.1 m³ 的构件安装。

表 5.13　预制混凝土构件分类表

构件分类	构件名称
Ⅰ类	天窗架、挡风架、侧板、端壁板、天窗上下挡及单体积在 0.1 m³ 以内小构件;隔断板、池槽、楼梯踏步、通风道、烟道、花格等
Ⅱ类	空心板、实心板、屋面板、梁(含过梁)、吊车梁、楼梯段、薄腹梁等
Ⅲ类	6 m 以上至 14 m 梁、板、柱、各类屋架、桁架、托架等

5.6.3　混凝土工程量算例

计算混凝土工程量时应将现浇、预制、预应力混凝土分开计算,并各自按不同强度等级分别汇总。

计算现浇构件时,应严格按计算规则确定的分界线计量。

计算预制构件时,应注意制作、运输和安装损耗的计算。设预制构件的图示体积为 V,则制作、运输、安装及接头灌浆工程量分别为:

$$制作工程量 = V \times (1 + 1.5\%)$$

$$运输工程量 = V \times (1 + 1.3\%)$$
$$安装及接头灌浆工程量 = V \times (1 + 0.5\%)$$

还要注意,混凝土一般是按图示尺寸以体积计算,而某些构件是以水平投影面积或构件外围面积计算的。例如:阳台、雨篷(悬挑板)、弧形楼梯、预制花格窗等。

施工方式不同的混凝土构件应该分别计算,分别汇总。例如:整体现浇楼梯按水平投影面积计算;而预制装配式楼梯应分别计算各个构件(梯段、斜梁、踏步等)的体积,分别套用不同定额子目。

【例5.7】 在例5.2中,如设计沿所有墙体敷设了断面尺寸为240 mm×180 mm的C20钢筋混凝土圈梁(自拌混凝土),试计算圈梁混凝土分部分项工程费。

1. 工程量计算

【解】 圈梁体积应按下式计算:

$$圈梁体积 = 圈梁长度 \times 圈梁横断面面积$$

圈梁长度:外墙圈梁长度按外墙中心线长度计算,内墙圈梁按内墙净长线计算(注:如果圈梁的设计宽度与墙体厚度不一致,圈梁长度则需视具体情况确定)。

圈梁长度 = 52+15.28 = 67.28(m)

圈梁横断面面积 = 0.24×0.18 = 0.043 2(m²)

圈梁工程量 = 67.28×0.043 2 = 2.91(m³)

2. 套定额计取分部分项工程费

套用计价定额相应子目,进行圈梁混凝土分部分项工程费的计算,详见表5.14。

表5.14 案例定额套用及分部分项工程费

序号	定额编号	项目名称	单位	工程量	综合单价(元)	合价(元)
1	AE0041 换	圈梁,自拌C30混凝土	10 m³	0.291	4 553.70	1 325.13
合计						1 325.13

构造柱是砖混结构中重要的混凝土构件。为了加强混凝土与砖墙的连接,构造柱需留设马牙槎,这样一来,构造柱断面与设计断面相比将发生变化(图5.28)。马牙槎的计算是构造柱计算的难点。

常见构造柱的断面形式一般有4种:"L形"拐角、"T形"接头、"十字形"交叉、长墙中的"一字形"。4种断面形式如图5.29所示,4种断面的计算面积如表5.15所示。

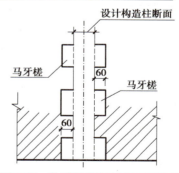

图5.28 构造柱马牙槎立面示意图

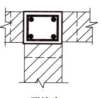

| 一字形 | 转角L形 | T形接头 | 十字形接头 |

图5.29 构造柱的4种断面示意图

表 5.15　构造柱计算断面面积表

构造柱形式	设计柱断面形式	计算断面面积(m²)
一字形		0.072
L 形	240 mm×240 mm	0.072
T 形		0.079 2
十字形		0.086 4

【例5.8】　例 5.2 中,如果在所有墙体交接处设计了断面为 240 mm×240 mm 的钢筋混凝土构造柱(商品混凝土),如图 5.30 所示,柱体通高 3.9 m。试计算构造柱混凝土分部分项工程费。

【解】　1. 工程量计算

根据图 5.30,本例共有 L 形断面 5 个,T 形断面 6 个。

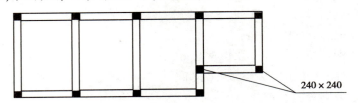

现浇混凝土构件工程量计算:构造柱、挑檐

图 5.30　某房屋构造柱平面布置示意图

L 形断面构造柱体积=3.9×0.072×5 =1.404(m³)

T 形断面构造柱体积=3.9×0.079 2×6 =1.853(m³)

构造柱工程量合计:1.404 +1.853 =3.26(m³)

2. 套定额计取分部分项工程费

套用计价定额相应子目,进行构造柱混凝土分部分项工程费的计算,详见表 5.16。

表 5.16　案例定额套用及分部分项工程费

序号	定额编号	项目名称	单位	工程量	综合单价(元)	合价(元)
1	AE0031	构造柱,商品混凝土	10 m³	0.326	4 227.02	1 378.01
		合计				1 378.01

【例5.9】　某砖混结构住宅楼,使用预应力空心板为楼(屋)面板,其中:①YKB3306-4,675 块,0.139 m³/块;②YKB3006,500 块,0.126 m³/块;③YKB3005-4,420 块,0.104 m³/块。试计算该工程预应力空心板的各分部分项工程费。

【解】　1. 工程量计算

三种板的总体积:

$$V = 675 \times 0.139 + 500 \times 0.126 + 420 \times 0.104$$
$$= 200.505(m³)$$

各项工程量为:

制作工程量 $= 200.505 \times (1 + 0.015) = 203.513(m³)$

预应力空心板清单编制与计价

$$运输工程量 = 200.505 \times (1 + 0.013) = 203.112(\mathrm{m}^3)$$
$$安装及接头灌浆工程量 = 200.505 \times (1 + 0.005) = 201.508(\mathrm{m}^3)$$

2.套定额计取分部分项工程费

套用计价定额相应子目,进行预应力空心板制作、运输、安装各分部分项工程费的计算,详见表5.17。

表5.17 案例定额套用及分部分项工程费

序号	定额编号	项目名称	单位	工程量	综合单价(元)	合价(元)
1	AE0225	预制空心板混凝土	10 m³	20.351 3	5 121.80	104 235.29
2	AE0267	预制空心板模板	10 m³	20.351 3	2 503.07	50 940.73
3	AE0319	Ⅱ类构件汽车运输	10 m³	20.311 2	1 139.21	23 138.72
4	AE0313	预应力空心板安装	10 m³	20.150 8	2 005.60	40 414.44
合计						218 729.18

【例5.10】 计算120块如图5.31所示预制花格窗的混凝土分部分项工程费。

【解】 1.工程量计算

按计算规则规定:预制漏空花格以折算体积计算,每 $10\ \mathrm{m}^2$ 漏空花格折算为 $0.5\ \mathrm{m}^3$ 混凝土。

花格窗的外围面积=0.5×0.5×120 =30(m²)

折算体积=30/10×0.5 =1.5(m³)

制作工程量=1.5×(1+0.015)=1.52(m³)

2.套定额计取分部分项工程费

套用计价定额相应子目,进行预制漏空花格混凝土分部分项工程费的计算,详见表5.18。

表5.18 案例定额套用及分部分项工程费

序号	定额编号	项目名称	单位	工程量	综合单价(元)	合价(元)
1	AE0247	预制漏空花格混凝土	10 m³	0.152	6 570.31	998.69
合计						998.69

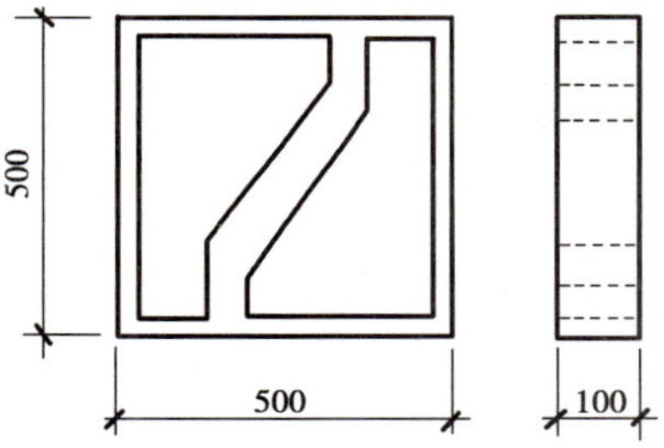

图5.31 花格窗示意图

【例5.11】 图5.32为现浇钢筋混凝土房屋三层结构平面图,采用商品混凝土,房屋层高3.3 m共三层,板厚100 mm,试计算第三层柱和有梁板的混凝土分部分项工程费。

【解】 1.工程量计算

(1)矩形柱混凝土工程量

$$V=柱断面面积×柱高度×柱根数=0.4×0.4×3.3×4=2.11(\mathrm{m}^3)$$

现浇混凝土构件工程量计算:矩形柱、有梁板

(2)有梁板混凝土工程量

$$现浇有梁板混凝土工程量=主梁体积+次梁体积+板体积$$

主梁体积 $V_{主}=0.25×0.55×(6.6-0.4)×2+0.25×0.55×(7.2-0.4)×2=3.58(m^3)$

次梁体积 $V_{次}=0.25×0.55×(6.6+0.4-0.25×2)×2=1.79(m^3)$

板的体积 $S_{板}=[(6.6+0.4-0.25×2)×(2.4-0.05-0.125)-0.15×0.15×2]×2+(6.6+0.4-0.25×2)×(2.4-0.125×2)=42.81(m^3)$

$V_{板}=42.81×0.1=4.28(m^2)$

有梁板工程量 $V=3.58+1.79+4.28=9.65(m^3)$

2.套定额计取分部分项工程费

套用计价定额相应子目,进行柱和有梁板混凝土分部分项工程费的计算,详见表5.19。

表5.19　案例定额套用及分部分项工程量费

序号	定额编号	项目名称	单位	工程量	综合单价(元)	合价(元)
1	AE0023	矩形柱,商品混凝土	10 m^3	0.211	3 345.75	705.95
2	AE0073	有梁板,商品混凝土	10 m^3	0.965	3 259.00	3 144.94
合计						3 850.89

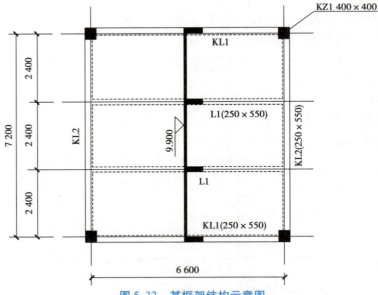

图5.32　某框架结构示意图

【例5.12】　计算图5.33所示现浇整体楼梯的混凝土分部分项工程费(商品混凝土)。

【解】　1.工程量计算

现浇楼梯按其明露部分水平投影面积计算,不扣除宽度在500 mm以内的楼梯井面积。

$$S=(6.24-1.2-0.12)×(5.6-0.24)=26.37(m^3)$$

2.套定额计取分部分项工程费

套用计价定额相应子目,进行现浇直形楼梯混凝土分部分项工程费的计算,详见表5.20。

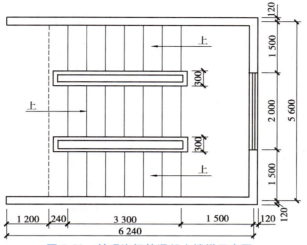

图5.33　某现浇钢筋混凝土楼梯示意图

表5.20　案例定额套用及分部分项工程费

序号	定额编号	项目名称	单位	工程量	综合单价(元)	合价(元)
1	AE0093	直形楼梯,商品混凝土	10 m²	2.637	1 078.67	2 844.45
合计						2 844.45

【例5.13】　计算图5.34所示现浇雨篷的混凝土分部分项工程费(商品混凝土)。

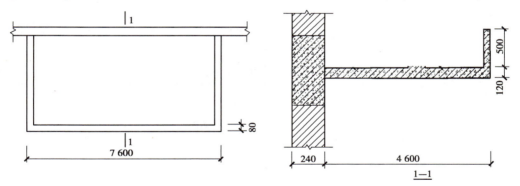

图5.34　现浇钢筋混凝土雨篷示意图

【解】　1.工程量计算

雨篷(悬挑板)按水平投影面积以"m²"计算。挑梁、边梁的工程量并入折算体积内。定额中悬挑板的厚度是按100 mm编制的,厚度不同时,按折算厚度同比例进行调整。

雨篷混凝土工程量 $S = 4.6 \times 7.6 = 34.96 (m^2)$

雨篷和反边的体积 $V = 34.96 \times 0.12 + 0.5 \times 0.08 \times (4.6 \times 2 + 7.6 - 0.08 \times 2) = 4.86 (m^3)$

折算厚度 $d = 4.86\ m^3 \div 34.96\ m^2 = 139 (mm)$

2.套定额计取分部分项工程费

套用计价定额相应子目,进行现浇直形楼梯混凝土分部分项工程费的计算,详见表5.21。

表 5.21　案例定额套用及分部分项工程费

序号	定额编号	项目名称	单位	工程量	综合单价(元)	合价(元)
1	AE0089 换	悬挑板,商品混凝土	10 m²	3.496	402.40×139/100	1 955.44
		合计				1 955.44

【例 5.14】　计算图 5.35 所示现浇屋面板、挑檐的混凝土分部分项工程费(商品混凝土)。

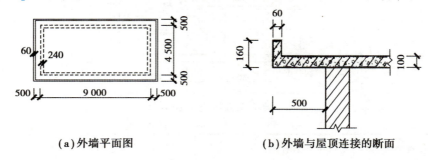

(a)外墙平面图　　　　　　　**(b)外墙与屋顶连接的断面**

图 5.35　屋面板与挑檐

【解】　1.工程量计算

现浇挑檐、天沟、与板(包括屋面板、楼板)连接时,以外墙外边线为分界线,按体积计。

屋面板混凝土工程量 $V = 9 \times 4.5 \times 0.1 = 4.05 (\text{m}^3)$

挑檐板混凝土工程量 $V = 0.5 \times 0.1 \times (27 + 8 \times 0.25) + 0.06 \times 0.06 \times (27 + 8 \times 0.47) = 1.56 (\text{m}^3)$

2.套定额计取分部分项工程费

套用计价定额相应子目,进行现浇屋面板、挑檐混凝土分部分项工程费的计算,详见表 5.22。

表 5.22　案例定额套用及分部分项工程费

序号	定额编号	项目名称	单位	工程量	综合单价(元)	合价(元)
1	AE0077	平板,商品砼	10 m³	0.405	3 322.58	1 345.64
2	AE0091	挑檐,商品砼	10 m³	0.156	3 626.65	565.76
		合计				1 911.40

【例 5.15】　计算图 5.36 所示现浇女儿墙压顶的混凝土分部分项工程费(商品混凝土)。

【解】　1.工程量计算

压顶属现浇零星项目,以"m³"计算。

压顶中心线长度 $= (30 - 0.12 \times 2 + 15 - 0.12 \times 2) \times 2 = 89.04 (\text{m})$

压顶断面面积 $= (0.08 + 0.06) \times 0.36 \div 2 = 0.025\ 2 (\text{m}^2)$

压顶工程量 $= 89.04 \times 0.025\ 2 = 2.24 (\text{m}^3)$

2.套定额计取分部分项工程费

套用计价定额相应子目,进行现浇压顶混凝土分部分项工程费的计算,详见表 5.23。

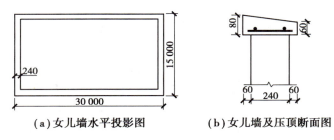

（a）女儿墙水平投影图　　　　（b）女儿墙及压顶断面图

图 5.36　女儿墙压顶

表 5.23　案例定额套用及分部分项工程费

序号	定额编号	定额名称	单位	工程量	综合单价（元）	合价（元）
1	AE0110	零星构件,商品混凝土	10 m³	0.224	4 555.64	1 020.46
		合计				1 020.46

【例 5.16】　计算图 5.37 所示带形基础的混凝土分部分项工程费（商品混凝土）。

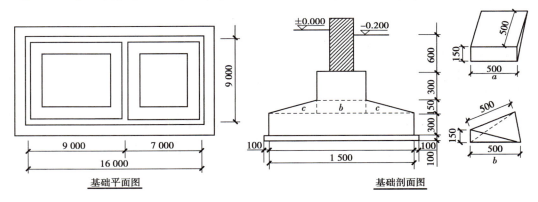

基础平面图　　　　　　　　　　　　基础剖面图

图 5.37　带形基础示意图

【解】　1.工程量计算

解算本题前,先简要介绍带形基础及其体积计算。

带形基础分为有梁式和无梁式,本例为有梁式带形基础,如图 5.38 所示。

带形基础体积的计算方法:

外墙基础体积＝外墙基础中心线长度×基础断面面积

内墙基础体积＝内墙基础净长线×基础断面面积

无梁式基础断面面积＝$Bh_1+\dfrac{1}{2}(b+B)h_2$

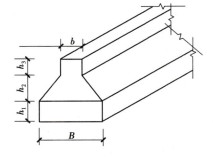

图 5.38　有梁式带形基础示意图

有梁式基础断面面积＝$Bh_1+\dfrac{1}{2}(b+B)+bh_3$

带形基础的 T 形接头搭接如图 5.39 所示,搭接部分体积计算如图 5.40 所示。从图中可以看出,T 形接头搭接部分体积 V 为:

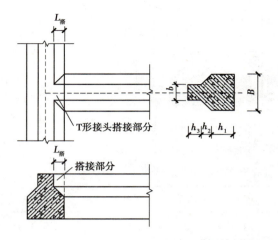

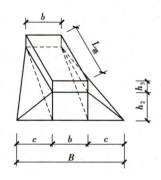

图 5.39　带形基础 T 形接头示意图　　　　图 5.40　搭接部分体积计算示意图

$$V = V_1 + V_2 = L_{搭}\left[bh_3 + h_2\left(\frac{2b + B}{6}\right)\right]$$

式中　V_1——长方形体积,如为无梁式时,$V_1 = 0$;

　　　　V_2——两个三棱锥体积加一个三棱柱体积,如为无梁式时,$V = V_2$。

根据本题数据,解算如下:

外墙基础长度 = (16+9)×2 = 50(m)

内墙基础长度 = 9−0.75×2 = 7.50(m)

基础断面面积 = 1.5×0.3+(0.5+1.5)×$\dfrac{0.15}{2}$+0.5×0.3 = 0.75(m^2)

基础体积 = (50+7.5)×0.75+0.50×[0.5×0.3+0.15×(2×0.5+1.5)/6]×2 = 43.34(m^3)

现浇混凝土构件工程量计算:杯形基础、带形基础

2.套定额计取分部分项工程费

套用计价定额相应子目,进行现浇带形基础混凝土分部分项工程费的计算,详见表5.24。

表 5.24　案例定额套用及分部分项工程费

序号	定额编号	项目名称	单位	工程量	综合单价(元)	合价(元)
1	AE0008	带形基础,商品混凝土	10 m^3	4.334	3 255.35	14 108.69
合计						14 108.69

【例 5.17】　计算图 5.41 所示杯形基础的混凝土分部分项工程费(商品混凝土)。

【解】　1.工程量计算

现浇钢筋混凝土杯形基础的体积分为 4 部分:底部棱柱体;中部棱台体;上部棱柱体;(扣除)杯内空心棱台体积。

其中,中部棱台和杯内空心棱台体积在工程上被称为"截头锥体"(图 5.42),是工程计量过程中很常见的几何体,其体积计算公式示意如下:

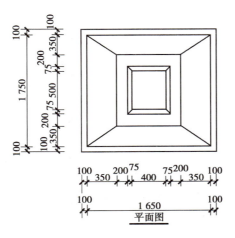
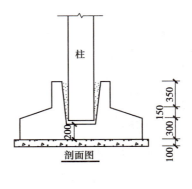

图 5.41　杯形基础示意图

$$V=\frac{H}{6}[AB+(A+a)(B+b)+ab]$$

$V_{底}=1.65×1.75×0.3=0.866(\mathrm{m}^3)$

$V_{中}=0.15/6×[1.75×1.65+(1.75+1.05)×(1.65$
$+0.95)+1.05×0.95]=0.279(\mathrm{m}^3)$

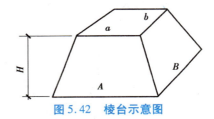

图 5.42　棱台示意图

$V_{上}=0.95×1.05×0.35=0.349(\mathrm{m}^3)$

$V_{空}=\dfrac{0.8-0.2}{6}×[0.5×0.4+(0.5+0.65)×(0.4+0.55)+0.65×0.55]=0.165(\mathrm{m}^3)$

杯形基础体积 $V_{总}=0.866+0.279+0.349-0.165=1.33(\mathrm{m}^3)$

2.套定额计取分部分项工程费

套用计价定额相应子目,进行现浇杯形基础混凝土分部分项工程费的计算,详见表5.25。

表 5.25　案例定额套用及分部分项工程费

序号	定额编号	项目名称	单位	工程量	综合单价(元)	合价(元)
1	AE0014	杯形基础,商品混凝土	10 m³	0.133	3 271.69	435.13
合计						435.13

【例5.18】　计算图5.43—图5.45所示满堂基础混凝土分部分项工程费(商品混凝土)。

【解】　1.工程量计算

满堂基础按结构形式分为箱式满堂基础、有梁式满堂基础和无梁式满堂基础。

箱式满堂基础是指上有顶盖、下有底板、中间有纵横墙或柱连接成整体的基础形式(图5.43)。按计价定额规定,其工程量应按无梁式满堂基础(底板)、柱、墙、梁、板(顶板)分别计算。

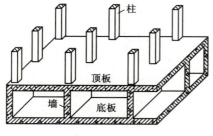

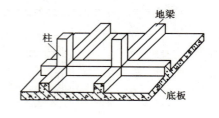

图5.43　箱式满堂基础　　　　　　　　图5.44　有梁式满堂基础

有梁式满堂基础也称肋形满堂基础(图5.44),其工程量为底板体积与梁体积之和。

需说明的是:图5.45 中的立体图是为了直观地解释有梁式满堂基础,并不是本例的实际情况,计算时以两个剖面图及其数据为准。

满堂基础工程量V=底板体积+纵横梁体积,即:

$$V = 0.4×30×20+0.3×0.5×[(30-0.3×6)×4+(20×6)]$$
$$=240+0.15×(112.8+120)=274.92(\text{m}^3)$$

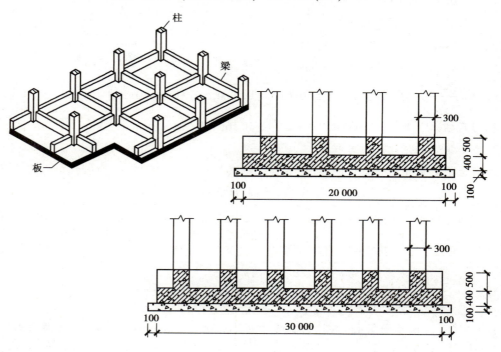

图5.45　某工程有梁式满堂基础示意图

2. 套定额计取分部分项工程费

套用计价定额相应子目,进行现浇满堂基础混凝土分部分项工程费的计算,详见表5.26。

表 5.26　案例定额套用及分部分项工程费

序号	定额编号	项目名称	单位	工程量	综合单价(元)	合价(元)
1	AE0018	满堂基础,商品混凝土	10 m³	27.384	3 244.68	88 852.32
		合计				88 852.32

5.6.4　模板工程量算例

表 5.27 汇集了计算混凝土模板工程量的相关规则。计算规则不仅要牢固记忆,更需要灵活运用;学习时不仅要多读多看多背,更需要多练习、多观摩。

【例 5.19】　计算例 5.7 中混凝土构件的模板分部分项工程费。

【解】　1.工程量计算

例 5.7 中的构件是现浇混凝土圈梁,其模板工程量应按接触面积计算。通常情况下,圈梁无底模只设置两个侧模,计算工程量时按圈梁高度乘以圈梁侧面长度计算。

表 5.27　混凝土构件模板工程量计算规则

构件类型		计算规则	备　注
现浇构件	基本规则	按混凝土与模板的接触面积以"m²"计算	注意掌握需要扣除和不扣除的规定;掌握"并入"和"不予计算"的规定
	其他规定	设备基础地脚螺栓套孔模板分不同长度按数量以"个"计算。 悬挑板、雨蓬、阳台,按图示外挑部分的水平投影面积以"m²"计算。 楼梯按水平投影面积以"m²"计算。 台阶按水平投影面积以"m²"计算。 空心楼板筒芯安装和箱体安装按图示体积以"m³"计算。 零星构件按设计图示体积以"m³"计算	
预制构件	基本规则	按图示混凝土构件体积以"m³"计算	
	其他规则	地模按模板与混凝土的接触面积计算。 空心构件工程量按实体体积计算	

圈梁侧面长度:$(20.24+6.24)×2$(外面)$+(6-0.24+5-0.24)×2×3+(5-0.24+4-0.24)×2$(内面)$=52.96+80.16=133.12$(m)

模板工程量(不考虑构造柱):$133.12×0.18=23.96$(m²)

2.套定额计取分部分项工程费

套用计价定额相应子目,进行现浇圈梁模板分部分项工程费的计算,详见表 5.28。

表 5.28　案例定额套用及分部分项工程费

序号	定额编号	项目名称	单位	工程量	综合单价(元)	合价(元)
1	AE0146	圈梁模板	100 m²	0.239 6	5 540.56	1 327.52
合计						1 327.52

【例 5.20】　计算例 5.8 中混凝土构件的模板工程量。

【解】　1.工程计算

例 5.8 中的构件是现浇构造柱,其模板工程量按接触面积计算。回忆一下计算规则:构造柱均按图示外露部分面积计算模板面积,构造柱与墙接触面积不计算模板面积。带马牙槎构造柱的宽度按设计边长每边另加 150 mm 计算。

根据规则,构造柱的模板工程量应为构造柱设模周长乘以构造柱高度。

L 形断面构造柱的设模周长应为:$0.24 \times 2 + 0.075 \times 4 = 0.78$(m)

T 形断面构造柱的设模周长应为:$0.24 + 0.075 \times 6 = 0.69$(m)

本例模板工程量:$(0.78 \times 5 + 0.69 \times 6) \times 3.9 = 31.36$(m²)

2.套定额计取分部分项工程费

套用计价定额相应子目,进行现浇构造柱模板分部分项工程费的计算,详见表 5.29。

表 5.29　案例定额套用及分部分项工程费

序号	定额编号	项目名称	单位	工程量	综合单价(元)	合价(元)
1	AE0141	构造柱模板	100 m²	0.313 6	5 780.29	1 812.70
合计						1 812.70

【例 5.21】　计算例 5.9 中混凝土构件的模板分部分项工程费。

【解】　1.工程量计算

例 5.9 中的混凝土构件是预应力空心板。适用于本算例案例的计算规则:空心构件(模板)工程量按实体体积计算。构件工程量考虑预制混凝土构件的制作、运输及安装损耗率。

三个种类空心板的实体体积合计为:200.505 m³。

三个种类空心板的制作工程量为:203.513 m³。

所以,本例空心板模板工程量应为 203.513 m³。

2.套定额计取分部分项工程费

套用计价定额相应子目,进行预制空心板模板分部分项工程费的计算,详见表 5.30。

表 5.30　案例定额套用及分部分项工程费

序号	定额编号	项目名称	单位	工程量	综合单价(元)	合价(元)
1	AE0267	预制空心板模板	10 m³	20.351 3	2 503.07	50 940.73
合计						50 940.73

【例 5.22】　计算例 5.10 中混凝土构件的模板分部分项工程费。

【解】　1. 工程量计算

例 5.10 中的混凝土构件为预制漏空花格窗。漏空花格属于预制零星构件,其模板工程量应按体积计算。

按混凝土计算规则计算出的工程量(折算体积)为:1.5 m³。

制作工程量=1.5×(1+0.015)=1.523(m³)

所以,本例漏空花格的模板工程量应为:1.523 m³。

2. 套定额计取分部分项工程费

套用计价定额相应子目,进行漏空花格模板分部分项工程费的计算,详见表 5.31。

表 5.31　案例定额套用及分部分项工程费

序号	定额编号	项目名称	单位	工程量	综合单价(元)	合价(元)
1	AE0295	漏空花格模板	10 m³	0.152 3	10 172.52	1 549.27
合计						1 549.27

【例 5.23】　计算例 5.11 中混凝土构件的模板分部分项工程费。

【解】　1. 工程量计算

例 5.11 中的混凝土构件包括现浇矩形柱及有梁板。现浇构件模板工程量均按模板与混凝土的接触面积以"m²"计算,相应的规定还有:柱与梁、柱与墙、梁与梁等连接重叠部分,以及伸入墙内的梁头、板头与砖接触部分,均不计算模板面积。

①矩形柱模板工程量=柱周长×柱支模高度-柱与梁交接处的面积

=[0.4×3.3×2+ 0.4×(3.3-0.1)×2-0.25×(0.55-0.1)×2]×4

=19.90(m²)

②矩形梁模板工程量=(底模宽+侧模高)×梁支模长度×根数

KL1 模板工程量=(0.25+0.55+0.45)×(6.6-0.4)×2=15.50(m²)

KL2 模板工程量=(0.25+0.55+0.45)×(7.2-0.4)×2-0.25×0.45×4(L1 与 KL2 交接处)

＝16.55(m²)

L1 模板工程量=(0.25+0.45×2)×(6.6+0.4-0.25×2)×2=14.95(m²)

矩形梁模板工程量=15.50+16.55+14.95=47.00(m²)

③板模板工程量=板长×板宽-柱所占面积-梁所占面积

板长×板宽=(6.6+0.2×2)×(7.2+0.2×2)=53.20(m²)

扣除:KZ1:0.4×0.4×4=0.64(m²)

KL1:(6.6-0.4)×0.25×2=3.10(m²)

KL2:(7.2-0.4)×0.25×2=3.40(m²)

L1:(6.6-0.1)×0.25×2=3.25(m²)

板模板工程量=53.20-0.64-3.10-3.40-3.25=42.81(m²)

有梁板模板工程量为:47.00+42.81=89.81(m²)

2. 套定额计取分部分项工程费

套用计价定额相应子目,进行矩形柱、有梁板模板分部分项工程费的计算,详见表 5.32。

表 5.32　案例定额套用及分部分项工程费

序号	定额编号	项目名称	单位	工程量	综合单价(元)	合价(元)
1	AE0136	矩形柱模板	100 m²	0.199	5 952.38	1 184.52
2	AE0157	有梁板模板	100 m²	0.898 1	5 641.28	5 066.43
合计						6 250.95

【例5.24】　计算例5.12中混凝土构件的模板分部分项工程费。

【解】　1.工程量计算

例5.12中的混凝土构件是某现浇钢筋混凝土楼梯,现浇楼梯模板工程量计算规则:现浇混凝土楼梯(包括休息平台、平台梁、斜梁和楼层板的连接的梁),按水平投影面积以"m²"计算,不扣除宽度小于500 mm的楼梯井所占面积,楼梯的踏步、踏步板、平台梁等侧面模板不另行计算,伸入墙内部分亦不增加。当整体楼梯与现浇楼板无梯梁连接且无楼梯间时,以楼梯的最后一个踏步边缘加300 mm为界。

按此规则计算的面积为:26.37 m²,此数值即为本例现浇楼梯模板工程量。

2.套定额计取分部分项工程费

套用计价定额相应子目,进行现浇直行楼梯模板分部分项工程费的计算,详见表5.33。

表 5.33　案例定额套用及分部分项工程费

序号	定额编号	项目名称	单位	工程量	综合单价(元)	合价(元)
1	AE0167	直形楼梯模板	100 m²	0.263 7	14 229.29	3 752.26
合计						3 752.26

【例5.25】　计算例5.13中混凝土构件的模板分部分项工程费。

【解】　1.工程量计算

例5.13中的混凝土构件现浇雨篷,其模板工程量应按图示外挑部分的水平投影面积以"m²"计算,挑出墙外的悬臂梁及板边不另计算。

雨篷的水平投影面积为34.96 m²,其他部分不另计算。

该现浇雨篷的模板工程量为34.96 m²。

2.套定额计取分部分项工程费

套用计价定额相应子目,进行现浇雨篷模板分部分项工程费的计算,详见表5.34。

表 5.34　案例定额套用及分部分项工程费

序号	定额编号	项目名称	单位	工程量	综合单价(元)	合价(元)
1	AE0164	直形悬挑板模板	100 m²	0.349 6	7 553.52	2 640.71
合计						2 640.71

【例5.26】 计算例5.15中混凝土构件的模板分部分项工程费。

【解】 1.工程量计算

例5.15中的混凝土构件是现浇女儿墙压顶。按照定额说明,"压顶"属于现浇零星构件,其模板工程量计算规则是:零星构件(模板)按设计图示体积以"m^3"计算。

压顶混凝土体积为:2.24 m^3。

压顶模板工程量为:2.24 m^3。

2.套定额计取分部分项工程费

套用计价定额相应子目,进行现浇压顶模板分部分项工程费的计算,详见表5.35。

表5.35 案例定额套用及分部分项工程费

序号	定额编号	项目名称	单位	工程量	综合单价(元)	合价(元)
1	AE0172	零星构件模板	10 m^3	0.224	10 142.65	2 271.95
合计						2 271.95

5.6.5 钢筋工程量计算

1)钢筋计算的基本问题

(1)钢筋混凝土构件中常见的钢筋种类

①受力钢筋:又称为主筋。配置在受弯、受拉、偏心受压构件的受拉区以承受拉力。

②架立钢筋:用来固定箍筋以形成钢筋骨架,一般配置在梁上部。

③箍筋:一方面起架立作用;另一方面还起抵抗剪力的作用。它应垂直于主筋设置。一般梁的钢筋骨架由受力筋、架立筋和箍筋组成。

④分布筋:在板类钢筋中垂直于受力筋,以保证受力筋的位置并传递内力。它能将构件所受的外力分布于较广的范围内,以改善受力情况。

⑤附加钢筋:因构件几何形状或受力情况变化而增加的钢筋,因施工需要而布设的钢筋。

(2)钢筋的混凝土保护层

钢筋在混凝土中应有一定厚度的混凝土将其包裹住。一般构件的混凝土保护层的最小厚度见表5.36。

表5.36 混凝土保护层的最小厚度   单位:mm

环境类别	板、墙	梁、柱	备 注
一	15	20	1.表中混凝土保护层厚度指最外层钢筋边缘至混凝土表面的距离,适用于设计使用年限为50年的混凝土结构。
二a	20	25	2.构件中受力钢筋的保护层厚度不应小于钢筋的公称直径。
二b	25	35	3.一类环境中,设计使用年限为100年的结构最外层钢筋的保护层厚度不应小于表中数值的1.4倍;二、三类环境中,设计使用年限为100年的结构应采取专门的有效措施。
三a	30	40	4.混凝土强度等级不大于C25时,表中保护层厚度数值应增加5。
三b	40	50	5.基础底面钢筋的保护层厚度,有混凝土垫层时应从垫层顶面算起,且不应小于40 mm。

续表

环境类别	板、墙	梁、柱	备 注
		混凝土结构的环境类别	
环境类别		条 件	
一	室内干燥环境;无侵蚀性静水浸没环境		
二 a	室内潮湿环境;非严寒和非寒冷地区的露天环境; 非严寒和非寒冷地区与无侵蚀性的水或土壤直接接触的环境; 严寒和寒冷地区的冰冻线以下与无侵蚀性的水或土壤直接接触的环境		
二 b	干湿交替环境;水位频繁变动环境;严寒和寒冷地区的露天环境; 严寒和寒冷地区的冰冻线以上与无侵蚀性的水或土壤直接接触的环境		
三 a	严寒和寒冷地区冬季水位变动区环境;受除冰盐影响环境;海风环境		
三 b	盐渍土环境;受除冰盐作用环境;海岸环境		
四	海水环境		
五	受人为或自然的侵蚀性物质影响的环境		

(3)钢筋的弯钩及增加长度

钢筋弯钩的形式如图 5.46 所示。弯钩长度首先要保证设计要求,在设计无具体要求时按一般构造要求计算,常见的钢筋弯钩长度见图 5.47 及表 5.37、表 5.38。

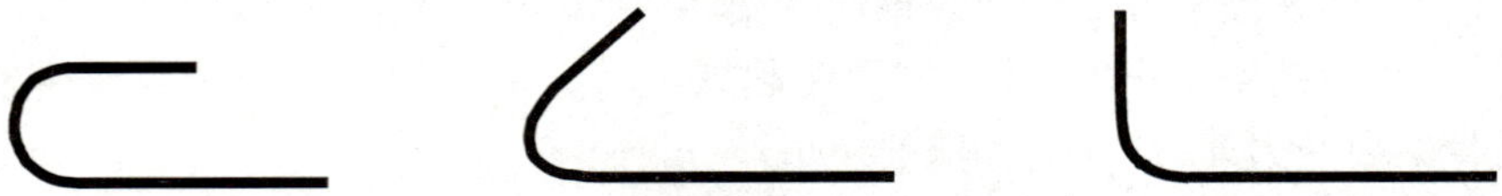

180°半圆弯钩　　　　　　135°斜弯钩　　　　　　90°直弯钩

图 5.46　钢筋弯钩形式示意图

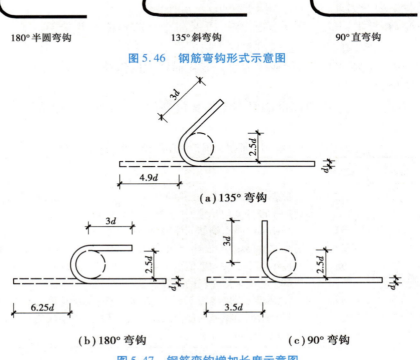

(a)135° 弯钩

(b)180° 弯钩　　　　　　(c)90° 弯钩

图 5.47　钢筋弯钩增加长度示意图

表 5.37 主筋弯钩长度表

弯钩形式		180°	135°	90°
增加长度	Ⅰ级钢筋	6.25d	4.9d	3.5d
	Ⅱ级钢筋		X+2.9d	X+0.9d
	Ⅲ级钢筋		X+3.6d	X+1.2d

注:d 为钢筋直径,mm;X 为弯钩平直部分的长度。

表 5.38 箍筋弯钩长度表

弯钩形式	一般结构构件	有抗震要求的结构构件
180°	8.25d	13.25d
135°	6.9d	11.9d
90°	5.5d	10.5d

注:设计有要求时,应首先保证设计要求。

(4)弯起钢筋的增加长度

常用弯起钢筋的弯起角度有30°,45°,60°三种。弯起增加长度值是指斜长(S)与水平投影长度(L)之间的差值Δ,如图5.48所示。斜长、水平长、增加长可根据弯起角度α、弯起高度h,按表5.39计算。

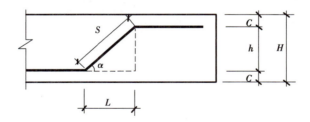

图 5.48 弯起钢筋计算示意图

H—构件高(厚)度;C—混凝土保护层厚度;S—钢筋斜段长度

L—斜段水平投影长度;$h=H-2C$;α—弯起角度

表 5.39 弯起钢筋长度计算表

弯起角度 α	斜段长度 S	水平段长度 L	斜段增加长度 Δ
30°	2.00h	1.732h	0.268h
45°	1.414h	1.00h	0.414h
60°	1.155h	0.577h	0.578h

注:弯起角度α,梁高≥800 mm,用60°;梁高<800 mm,用45°;板用30°。

（5）钢筋的接头

绑扎搭接接头按表 5.40 的规定计算。电弧焊接头，单面搭接焊每个接头增加长度按"10d"计算，双面搭接焊每个接头增加长度按"5d"计算。电渣压力焊和机械连接接头按"个"计算。接头数量按计算规则的规定确定。

表 5.40　受拉钢筋绑扎接头的搭接长度

钢筋类型		混凝土强度等级		
		C20	C25	高于 C25
Ⅰ级钢筋		35d	30d	25d
月牙纹	Ⅱ级钢筋	45d	40d	35d
	Ⅲ级钢筋	55d	50d	45d
冷拔低碳钢丝		300 mm		

（6）钢筋每 1 m 的理论质量

钢筋每 1 m 的理论质量值可按表 5.41 确定。当身边无此表时，也可按下式计算：

$$钢筋每 1 m 质量 = 0.006\ 165\phi^2$$

应用上式时应注意：钢筋直径 ϕ 以"mm"为单位，而计算结果的单位是"kg/m"。这个式子是一个经验公式，其计算结果可以作为参考数据使用，但一般不直接用于正式的工程量计算。

表 5.41　钢筋每 1 m 理论质量表

直径	光圆钢筋		带肋钢筋	
	断面面积（cm²）	理论质量（kg/m）	断面面积（cm²）	理论质量（kg/m）
5	0.196	0.154		
6	0.283	0.222		
6.5	0.332	0.260		
8	0.503	0.395		
10	0.785	0.617	0.785	0.62
12	1.131	0.888	1.313	0.889
14	1.539	1.21	1.54	1.21
16	2.011	1.58	2.0	1.58
18	2.545	2.00	2.54	2.00
20	3.142	2.47	3.14	2.47
22	3.801	2.98	3.8	2.98
25	4.909	3.85	4.91	3.85
28	6.158	4.83	6.16	4.83

续表

直径	光圆钢筋		带肋钢筋	
	断面面积(cm²)	理论质量(kg/m)	断面面积(cm²)	理论质量(kg/m)
30	7.069	5.55		
32	8.042	6.31	8.04	6.31
38				
40			12.57	9.87

2)钢筋工程量算例

钢筋工程量计算的基本思路可表达为:

$$钢筋工程量 = 钢筋长度(m) × 钢筋理论质量(kg/m)$$

由于钢筋理论质量可按表5.14确定,因而计算钢筋长度就成为钢筋工程量计算的主要问题,也是编制土建施工图预算中工作量最大的一项工作。

钢筋种类很多,但从形状上可以简单划分为直筋、弯起筋和钢箍(封闭箍筋)3 种。基本的计算公式如下:

$$直筋长度 = 构件长 - 保护层厚度 + 弯钩长度$$

$$弯起筋长度 = 构件长 - 保护层厚度 + 弯钩长度 + 斜段增加长度$$

$$箍筋根数 = (构件长 - 保护层厚度)/ 箍筋间距值 + 1$$

$$单根长度 = (梁宽 + 梁高 - 4 × 保护层厚度 - 2 × 箍筋直径) × 2 + 23.8d$$

【例5.27】 根据图5.49所示,计算10根钢筋混凝土矩形梁的钢筋工程量。混凝土保护层取25 mm。

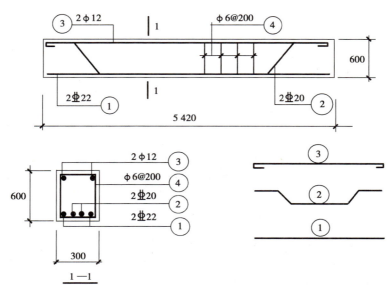

图5.49　钢筋混凝土矩形梁示意图

【解】 (1)计算一根矩形梁钢筋长度

①号筋(直筋,2根,直径22 mm)

$(5\,420-2\times25)\times2=5\,370\times2=10\,740(mm)$

②号筋(弯起筋,2根,直径20 mm)

$(5\,420-2\times25+2\times0.414\times550)\times2=5825\times2=11\,650(mm)$

③号筋(直筋,2根,直径12 mm)

$(5\,420-2\times25+2\times6.25\times12)\times2=5\,520\times2=11\,040(mm)$

④号筋(箍筋,直径6 mm,间距200 mm)

根数$=(5\,420-2\times25)/200+1=27.85$(取28根)

单根长度$=(300+600-4\times25-2\times6)\times2+(1.9\times6+75)\times2=1.75(m)$

(2)计算10根矩形梁的钢筋质量

$\Phi22:10.74\times10\times2.98=320.05(kg)$

$\Phi20:11.65\times10\times2.47=287.76(kg)$

$\Phi12:11.04\times10\times0.888=98.04(kg)$

$\Phi6:1.75\times28\times10\times0.222=108.78(kg)$

合计:320.05 kg+287.76 kg+98.04 kg+108.78 kg=0.815 t

(3)计算结果可以整理成表5.42所示的表格形式。

表5.42 ××梁钢筋工程量统计表

编号	简 图	直径 (mm)	每根长度 (m)	根数 (根)	总长 (m)	理论质量 (kg/m)	质量 (kg)
①	——————	22	5.370	20	107.40	2.98	320.05
②	⌐_⌐	20	5.825	20	116.50	2.47	287.76
③	▭———▭	12	5.520	20	110.40	0.888	98.04
④	□	6	1.750	280	490.00	0.222	108.78
合 计							814.63

【例5.28】 图5.50为平板配筋图。该平板板厚80 mm,双向配Ⅲ级筋。混凝土保护层按15 mm计取。试计算该平板的钢筋工程量。

【解】 本例纵、横筋均采用Ⅲ级(螺纹钢),两端无弯钩。

①号筋:根数$=(1\,200-2\times15)/150+1=8.8$(取9根)

　　　　单根长度$=1\,500-2\times15=1\,470(mm)$

　　　　总长度$=1.47\times9=13.23(m)$

②号筋:根数$=(1\,500-2\times15)/150+1=10.8$(取11根)

　　　　单根长度$=1\,200-2\times15=1\,170(mm)$

　　　　总长度$=1.17\times11=12.87(m)$

钢筋工程量$=(13.23+12.87)\times0.395=10.31(kg)$

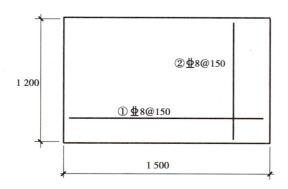

图 5.50 钢筋混凝土平板示意图

【例 5.29】 图 5.51 是某钻孔灌注桩的设计示意图。主筋为 10 根直径 12 mm 的 Ⅲ 级钢筋,箍筋为螺距 200 mm、直径 6 mm 的 Ⅰ 级钢筋,混凝土保护层按 50 mm 计取。钢筋接长采用单面搭接焊。试计算钢筋工程量。

【解】 螺旋箍是连续不断的,其形状如图 5.52 所示。一个构件(桩或者柱)螺旋箍筋的总长度可以按下面的公式计算:

$$L = H/b \times \sqrt{b^2 + (D - 2a - d)^2 \pi^2} + 开始与结束位置水平段及弯钩$$

式中 H——需配置螺旋箍筋的构件长或高,m;

　　　b——螺旋箍螺距,m;

　　　D——需配置螺旋箍筋的构件断面直径,m;

　　　a——混凝土保护层厚度,m;

　　　d——螺旋箍筋直径,m。

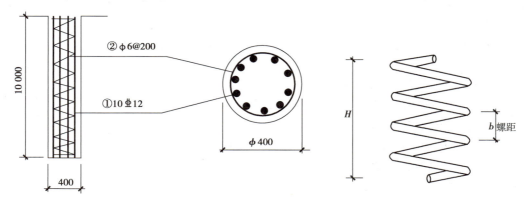

图 5.51 某钻孔灌注桩设计示意图　　　　图 5.52 螺旋箍筋示意

①号筋(Ⅲ级筋,10 根,直径 12 mm):

长度 = (10+10×0.012)×10 = 101.20(m)(单面焊接头长度按 10d 计算)

质量 = 0.888×101.20 ≈ 89.87(kg)

②螺旋箍筋:(按规定,螺旋箍筋的起、终端应有不少于一圈半的水平段)

$$L = 10/0.2 \times \sqrt{0.2^2 + (0.4 - 2 \times 0.05 - 0.006)^2 \times \pi^2} + 1.5 \times 2 \times$$
$$(0.4 - 0.05 \times 2 - 0.006) \times 3.14 + 2 \times (1.9 \times 6 + 75)$$

$$= 47.23 + 2.77 + 0.17 = 50.17(m)$$
$$质量 = 50.17 \times 0.222 = 11.14(kg)$$

③该钻孔灌注桩钢筋工程量=89.87+11.14=101.01(kg)

【例5.30】 按图5.53所示,计算条形基础底板配筋工程量,混凝土保护层厚度为40 mm。

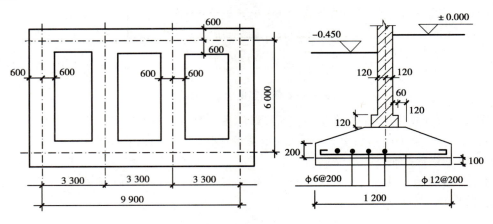

图5.53 条形基础配筋示意图

【解】 条形基础底板一般在短向配置受力主筋,而在长向配置分布筋。但在外墙四角及内外墙交接处,由于受力主筋已双向配置,则不再配置分布筋。也就是说,分布筋布至外墙四角及内外墙交接处时,只要与受力筋搭接即可。为简化计算,分布筋长度为:

$$A = L_净 + 2 \times 40d$$

式中 A——分布筋分段计算长度;

$L_净$——相邻两基础底边之间净长;

d——分布筋直径。

本题计算过程如下:

①号筋(受力主筋,φ12@ 200):

单长=(1.2-2×0.04+12.5×0.012)=1.27(m)

根数:纵向=[(9.9+0.6×2-2×0.04)/0.2+1]×2=114(根)

横向=[(6.0+0.6×2-2×0.04)/0.2+1]×4=148(根)

总根数=114+148=262(根)

总长度=1.27×262=332.74(m)

钢筋质量=332.74×0.888 kg=295 kg=0.295 t

②号筋(分布筋,φ6@ 200):

分段长度:纵向=3.3-1.2+2×40×0.006=2.58(m)

横向 =6.0-1.2+2×40×0.006=5.28(m)

各段根数=(1.2-2×0.04)/0.2+1=7

总长度=2.58×7×6+5.28×7×4=256.2(m)

钢筋质量=256.2×0.222 kg=57 kg=0.057 t

钢筋汇总:Φ10以内Ⅰ级钢筋:0.295 t

5.6.6 "平法"钢筋工程量计算简介

平法是"混凝土结构施工图平面整体表示方法"的简称。平法是按照平面整体表示方法的制图规则,将构件的结构尺寸、标高、构造、配筋等信息直接表达在各类构件的结构平面布置图上,再与标准构造详图相配合,形成一套完整的结构设计施工图纸。目前使用的平法图集版本是 22G101 系列图集,包括 22G101— 1(现浇混凝土结构框架、剪力墙、梁、板)、22G101—2(现浇混凝土板式楼梯)和 22G101—3(独立基础、条形基础、筏形基础、桩基础)。

本部分内容简要介绍在平法规则下的现浇钢筋工程量计算。

1)平法"梁"钢筋工程量计算

梁的平法表达有平面注写和截面注写两种方式,其中平面注写方式用得较多。平面注写包括集中标注与原位标注,计算时原位标注取值优先。

按平法设计的框架梁中,各种钢筋如图 5.54 所示。

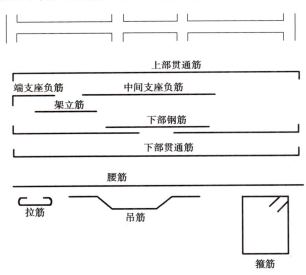

图 5.54　平法梁中的钢筋示意图

(1)上部通长筋长度计算

上部通长筋见图 5.55 所示。

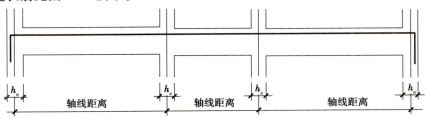

图 5.55　上部通长筋示意图

上部通长筋单长 = $\sum$ 各跨轴线距离 − 左支座内侧宽 − 右支座内侧宽 + 锚固长度 + 搭接长度

其中,锚固长度的取值有两种情况:宽支座直锚、窄支座弯锚。

　　判断宽支座和窄支座的依据是规范规定的最小锚固长度或柱的设计宽度。在后面的叙述中，最小锚固长度用 l_{aE}（平法图集定义为"抗震锚固长度"）表示，它的取值由混凝土强度等级、钢筋种类与直径、设计抗震等级来确定；支座宽用 h_c 来表示，取支座沿梁长度方向的宽度值；钢筋的直径仍然用 d 表示；混凝土保护层厚度用 c 表示。这些参数以及公式中出现的数据，均以 mm 为单位。

　　①宽支座直锚的锚固长度。如果 $h_c - c \geqslant l_{aE}$ 且 $\geqslant 0.5h_c + 5d$，则可称之为宽支座。钢筋锚入宽支座后有足够的长度，因而不需要弯曲，称之为直锚。直锚长度取 l_{aE} 和 $0.5h_c + 5d$ 两者中的较大值，即：

$$直锚长度 = \max(l_{aE}, 0.5h_c + 5d)$$

　　②窄支座弯锚的锚固长度。如果 $h_c - c < l_{aE}$，则可称之为窄支座。此时，钢筋直接锚入窄支座的长度不够，必须在钢筋的前端弯曲后增加 $15d$ 长度，即：

$$弯锚长度 = h_c - c + 15d$$

　　弯锚时，其锚入的平直段长度不能小于基本锚固长度的 0.4 倍，亦即 $h_c - c \geqslant 0.4l_{abE}$，否则须对结构作技术处理。

　　③搭接长度。根据钢筋的连接方式确定。一般情况下，绑扎连接按"受拉钢筋绑扎搭接长度 l_{lE}"取值；采用搭接焊接连接时，单面搭接焊取 $10d$，双面搭接焊取 $5d$；电渣压力焊和机械连接时，搭接长度为零，接头按"个"计。

　　④屋面框架梁端部锚固长度＝柱宽－保护层＋梁高－保护层。

　　（2）端支座负筋长度计算

　　端支座是指支撑在梁两端的柱（或墙）。端支座负筋如图 5.56 所示。

$$上排负筋长度 = l_n/3 + 锚固长度$$
$$下排负筋长度 = l_n/4 + 锚固长度$$

　　l_n 为梁的净长度，锚固长度计算与上部贯通筋一样。

　　需要说明：在计算支座负筋的下排筋的弯锚长度时，应考虑与上排筋之间的最小净距（$\geqslant 25$ mm 或 d）。

　　（3）中间支座负筋长度计算

　　中间支座是指支撑在框架梁（连续梁）中间那些柱（或墙）。中间支座负筋如图 5.57 所示，它们与支座的关系很像扛在肩上的扁担，故人们习惯称之为"扁担筋"。

$$中间支座上排负筋长度 = 2 \times (l_{n大}/3) + 支座宽度$$
$$中间支座下排负筋长度 = 2 \times (l_{n大}/4) + 支座宽度$$

　　$l_{n大}$ 为中间支座左跨净跨长 $l_{n左}$ 和右跨净长 $l_{n右}$ 中的较大值。

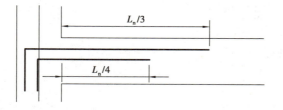

图 5.56　端支座负筋示意

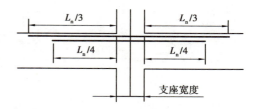

图 5.57　中间支座负筋示意

（4）架立筋长度计算

框架梁不一定都具有架立筋。当梁顶面箍筋转角处无纵向受力钢筋时,应设置架立钢筋。架立钢筋的作用是形成钢筋骨架和承受温度收缩应力。

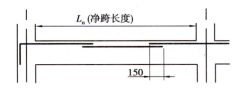

图 5.58　架立筋示意

架立筋如图 5.58 所示。架立筋的长度是逐跨计算的,计算公式如下:

$$架立筋长度 = L_n/3 + 300$$

（5）下部钢筋长度计算

梁下部钢筋如图 5.59 所示。梁的下部钢筋也是逐跨计算的,其计算公式如下:

$$下部钢筋长度 = l_n + 2 × 锚固长度$$

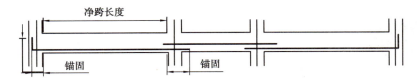

图 5.59　梁下部筋示意

下部钢筋在端支座同上部钢筋一样,可根据条件采取直锚或弯锚。在中间支座,抗震框架梁下部筋应该采取直锚。也就是说,有抗震要求的框架梁,下部钢筋在中间支座的锚固长度按"$\max(l_{aE}, 0.5h_c + 5d)$"计算,而一般不能按"支座宽度−保护层+15d"计算。

（6）下部通长筋长度计算

下部贯通筋如图 5.60 所示。其计算方法、锚固长度基本上与上部通长筋一样。

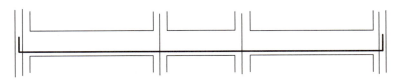

图 5.60　梁下部贯通筋示意

下部贯通筋长 $L = \sum$ 轴线距离−左支座内侧宽−右支座内侧宽+锚固长度+搭接长度

（7）梁侧面钢筋长度计算

当梁高比较大时,就要在梁中部的两侧对称地设置侧面纵向钢筋,因为它们位于梁的腰间,所以又被叫作"腰筋"。

腰筋有构造钢筋（G 筋）和受扭钢筋（N 筋）,如图 5.61 所示。

图 5.61　梁侧面纵向筋示意

腰筋长 $L = \sum$ 各跨长度 − 左支座内侧宽 − 右支座内侧宽 + 锚固长度 + 搭接长度

或:腰筋长 L＝净跨长度−左支座内侧宽−右支座内侧宽+锚固长度+搭接长度

G 筋与 N 筋布设形式有可能不一样,G 筋根据施工条件可布设为通长,也可逐跨设置;而 N 筋与下部筋相同,一般采用逐跨布设的形式。G 筋与 N 筋的锚固长度是有区别的,G 筋的锚固长度取 $15d$,N 筋的锚固长度与下部钢筋相同。

（8）拉筋长度计算

在梁内拉筋是用来拉住腰筋的。尽管在形式上拉筋与单肢箍筋很相似,但在功能上有区别。拉筋要同时拉住箍筋和腰筋,如果是单肢箍筋则只拉住侧面纵向筋。拉筋如图 5.62、图 5.63 所示。

$$拉筋长度 = 梁宽 - 2 \times 保护层 + 2 \times \max(弯钩平直段, 1.9d)$$

$$拉筋根数 = (梁净跨长 - 2 \times 50)/(箍筋非加密区间距 \times 2) + 1$$

上面公式中的 d 为拉筋的直径。

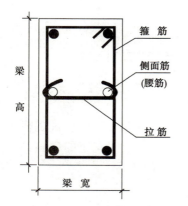

图 5.62 梁内拉筋示意

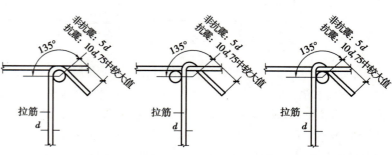

图 5.63 拉筋弯钩构造

（9）吊筋长度计算

吊筋是设在主、次梁相交处的加强筋,如图 5.64 所示。

吊筋长度 = 次梁宽度 + 100 + 2 × 斜段长度 + 40d

上面公式中的 d 为吊筋的直径。

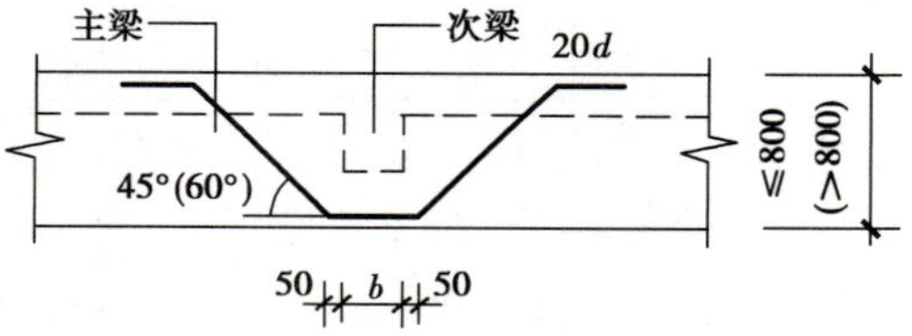

图 5.64 吊筋示意

吊筋的斜段长度是与弯起钢筋的斜段长度计算相同的。当梁高度≤800 mm 时,斜段长度按 $1.414h$ 计算;当梁的高度>800 mm 时,斜段长度按 $1.155h$ 计算。h 为梁高减 2 倍保护层厚度。

（10）箍筋长度的计算

这里叙述的箍筋主要指双肢箍筋,如图 5.61 中所示。

单个箍筋长度=（梁高+梁宽−4×保护层）×2+19.8d;

箍筋个数=2×[（加密区长度−50）/加密区间距+1]+（非加密区长度/非加密区间距−1)

"加密区长度"按下列规则取定:一级抗震,取 $\max(2 \times 梁高, 500\ mm)$;二、三、四级抗震,取 $\max(1.5 \times 梁高, 500\ mm)$。

【例5.31】　计算如图5.65所示的箍筋的长度。

【解】　双肢箍是计算箍筋工程量时最常见的箍筋形式。按照抗震地区的规定做法及计价定额的相关规定，本例箍筋的钢筋工程量应为：

长度：$(250+650-4×25-2×8)×2+23.8×8$
$=1\,758(\text{mm})=1.758(\text{m})$

质量：$1.758×0.395=0.694(\text{kg})$

【例5.32】　计算如图5.66所示框架梁的钢筋工程量。二级抗震，C30混凝土，保护层取25 mm，所有纵向钢筋均为 HRB400 级（Ⅲ级），箍筋、腰筋、拉筋采用 HPB300 级（Ⅰ级）。钢筋直径 $d≥14$ mm 时采用直螺纹机械连接，暂不考虑弯曲调整值。

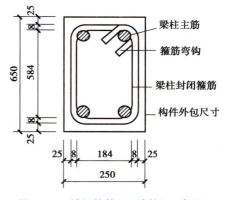

图5.65　封闭箍筋（双肢箍）示意图

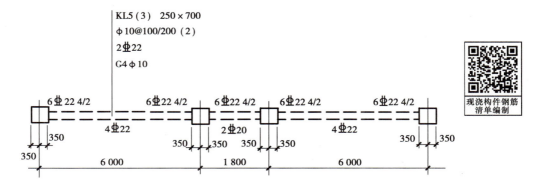

图5.66　某框架梁平法图

【解】　这是一个三跨的框架梁，有关数据如下：梁宽250 mm，梁高700 mm；箍筋采用直径10 mm 的圆钢，加密区间距100 mm，非加密区间距200 mm，都为双肢箍；设有4根构造腰筋，直径10 mm，圆钢；梁设置2根直径22 mm 的上部通长筋，螺纹钢；4根柱子（支座）沿梁长度方向的尺寸均为700 mm，定位轴线均过柱中线。

（1）上部通长筋（2 ⊕ 22）长度计算

通长筋计算的困难之处是锚固长度的计算。端支座锚固长度的计算可以分两步：

①先判断端支座的宽窄。

根据设计参数（二级抗震、C30混凝土、HRB400级普通钢筋，直径22 mm）确定钢筋抗震锚固长度 l_{aE}（可以从22G101—1第59页查取）：

$$l_{aE}=40d=40×22=880(\text{mm})$$

$$支座宽度-保护层=700-25=675(\text{mm})$$

由于675 mm<880 mm，所以属于窄支座。

②再计算锚固长度。

窄支座应采用弯锚，弯锚长度$=700-25+15×22=1\,005(\text{mm})$

于是，将上部通长筋长度完整计算如下：

$[(6\ 000+1\ 800+6\ 000)-(350+350)+1\ 005×2]×2=15\ 110×2(\mathrm{mm})=30.22(\mathrm{m})$

水平钢筋Φ10以上按每9m计算一个接头，15.11m需要2段1个接头，则2根上部通长筋共计2个接头。

（2）端支座负筋（4 Φ22 2/2）长度计算

①左端支座：除了两根贯通筋，还剩4根支座负筋，上排两根，下排两根。

第一排支座负筋长度$=[(6\ 000-350-350)/3+(700-25+15×22)]×2=5\ 543(\mathrm{mm})$

第二排支座负筋长度$=[(6\ 000-350-350)/4+(700-25+15×22)]×2=4\ 660(\mathrm{mm})$

②右端支座：与左端完全一样。

③端支座负筋合计 ：$(5\ 543+4\ 660)×2=20\ 406(\mathrm{mm})=20.406(\mathrm{m})$

（3）中间支座负筋（4 Φ22 2/2）长度计算

第二、第三 支座之间是一个小跨，负筋完全穿过中跨。

第一排跨中筋长度$=[(6\ 000-700)/3+(1\ 800+700)+(6\ 000-700)/3]×2=12\ 067(\mathrm{mm})$

第二排跨中筋长度$=[(6\ 000-700)/4+(1\ 800+700)+(6\ 000-700)/4]×2=10\ 300(\mathrm{mm})$

跨中筋长度合计：$12.067+10.300=22.367(\mathrm{m})$

（4）腰筋（G4 Φ10）长度计算

腰筋长$=[(6\ 000+1\ 800+6\ 000)-350×2+15×10×2+6.25×10×2]×4=13\ 525×4(\mathrm{mm})$
$=54.10(\mathrm{m})$

水平钢筋Φ10以内按每12m计算一个搭接，13.525m需要2段1个搭接，构造纵筋搭接长度为15d，考虑搭接长度的腰筋长$=[(6\ 000+1\ 800+6\ 000)-350×2+15×10×2+6.25×10×2+15×10]×4=13\ 675×4(\mathrm{mm})=54.70(\mathrm{m})$

（5）下部钢筋长度计算

本例下部无通长筋。左跨、右跨的下部钢筋相同，均为4 Φ22；中间跨为2 Φ20。

左、右跨下部钢筋Φ22 长度$=[(6\ 000-700)+1\ 005+880]×4×2=57\ 480(\mathrm{mm})$

中间跨下部钢筋Φ20 长度$=(1\ 800-700+2×40×20)×2=5\ 400(\mathrm{mm})$

（6）拉筋（Φ6@400）长度计算

拉筋单长$=250-2×25+2×(75+1.9×6)=373(\mathrm{mm})=0.37(\mathrm{m})$

拉筋根数$=[(6\ 000-700-2×50)/(2×200)+1]×2+(1\ 800-700-2×50)/(2×200)+1$
$=14×2+4=32(根)$

拉筋合计长度$=0.37×32=11.84(\mathrm{m})$

（7）箍筋[Φ10@ 100/200(2)]长度计算

箍筋单长$=(700+250-4×25)×2+19.8×10=1.898(\mathrm{m})$

加密区长度$=\max(1.5×700,500)=1\ 050(\mathrm{mm})$

箍筋个数：

左、右每跨$=2×[(1\ 050-50)/100+1]+(6\ 000-700-2×1\ 050)/200-1=2×11+15=37(个)$

中间跨（全加密）$=(1\ 800-700-2×50)/100+1=11(个)$

合计$=2×37+11=85(个)$

箍筋总长度$=1.898×85=161.33(\mathrm{m})$

（8）工程量汇总

①钢筋长度：$\Phi 22$：$30.22+20.406+22.367+57.48=130.47$（m）

$\Phi 20$：5.40（m）

$\Phi 10$：$54.7+161.33=216.03$（m）

$\Phi 6$：11.84（m）

②钢筋质量：$130.47\times2.98+5.40\times2.47+216.03\times0.617+11.84\times0.222=538.06$（kg）

③直螺纹机械连接接头：2 个。

2）平法"柱"钢筋工程量计算

柱钢筋

一般情况下，柱内配置的钢筋主要是两种钢筋：纵筋和箍筋。

按平法设计的柱，不同部位的柱（角柱、边柱、中柱）中的纵向钢筋（外侧筋、内侧筋）有不同的构造要求。计算钢筋工程量时，将柱划分为基础、首层、中间层、顶层 4 个部分，分别计算纵筋和箍筋。

（1）基础钢筋计算

①插筋长度计算。柱在基础内的钢筋如图 5.67 和图 5.68 所示。

插筋长度＝基础顶面上露长度＋基础内埋置长度＋弯折水平段长度

式中　上露长度：嵌固部位为 $H_n/3$；

非嵌固部位为 $\max(H_n/6,h_c,500)$；

埋置长度：基础厚度 h_j－基础混凝土保护层厚度

弯折水平段长度：较厚基础（$h_j>l_{aE}$）：$\max(6d,150)$

较薄基础（$h_j\leqslant l_{aE}$）：$15d$

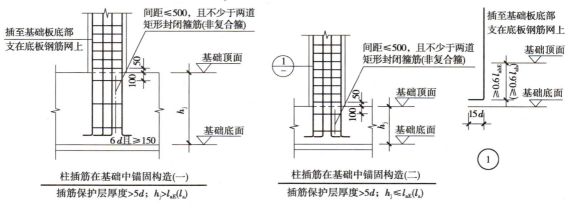

图 5.67　柱在较厚基础中的插筋　　　　图 5.68　柱在较薄基础中的插筋

②箍筋计算。

基础层箍筋个数：在基础内布置间距≤500 mm，且不少于二道矩形封闭非复合箍的个数。

矩形箍单长＝矩形箍周长加+23.8d

柱常见非复合箍、复合箍如图 5.69、图 5.70 所示。

（2）首层柱钢筋计算

如果有地下室，"首层"就是"地下室"；如果没有地下室，"首层"就是"一层"。首层钢筋如图 5.71 所示。

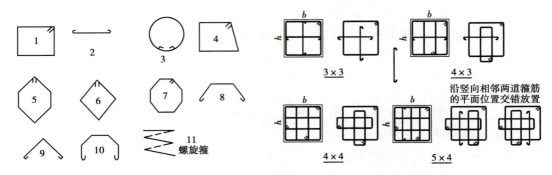

图 5.69　柱非复合箍示意图　　　　　图 5.70　柱复合箍示意图

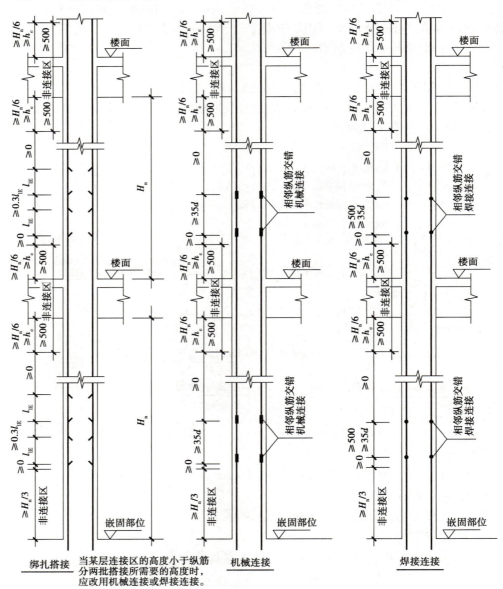

图 5.71　框架柱纵向钢筋连接示意图

①首层柱纵筋计算。

首层柱纵筋长度 = 首层层高 − 基础插筋上露长度 + 首层筋上露长度 + 搭接长度

式中　基础插筋上露长度:首层柱净高 $H_{首}$ 的 1/3,即 $H_{首}/3$;

首层筋上露长度:从 3 个数据中选出的最大值:①"首层"的上一层柱净高 $H_{上}$ 的 1/6($H_{上}/6$);②500 mm;③"首层"的上一层柱的长边尺寸 h_c。这便是通常所称的"三选一",亦即:$\max(H_{上}/6,500,h_c)$。

搭接长度:根据钢筋连接方式确定。

②首层箍筋计算。柱的箍筋在每层楼按"加密区—非加密区—加密区"设置,具体规定如图 5.72 所示。

根据图 5.72,将首层柱箍筋分区归纳如下:

a. 首层柱根加密区:嵌固部位,≥$H_n/3$(H_n 是从基础顶面到顶板梁底的柱的净高,即前面所称的 $H_{首}$);非嵌固部位,"三选一":$\max(H_{首}/6,500,h_c)$。

b. 首层柱顶加密区,"三选一":$\max(H_{首}/6,500,h_c)$。

c. 梁高加密区:设计顶梁(首层梁)高度。

d. 非加密区:$H_{首}$ − (柱根加密区高度 + 柱顶加密区高度)。

需要注意:如果出现"短柱",则箍筋沿柱全高加密(当柱净高与柱截面长边尺寸或圆柱直径之比 $H_n/h_c \le 4$ 时,称该柱为短柱,短柱的箍筋沿柱全高加密)。

根据不同的情况,柱箍筋的形状差异较大(图 5.68 和图 5.69),每种箍筋长度的计算公式也因此不尽相同。这里主要介绍箍筋个数的计算。

首层箍筋个数:n_1 = (首层柱根加密区高度 − 起步距 50 mm)/加密间距 + 1

n_2 = (首层柱顶加密区高度 − 起步距 50 mm)/加密间距 + 1

n_3 = (梁截面高度 − 2 × 起步距 50 mm)/加密间距 + 1

n_4 = 非加密高度/非加密间距 − 1

合计:　　　　$n = n_1 + n_2 + n_3 + n_4$

在每个区根数运算后,都执行"有小数则进 1"的原则。

(3)楼层柱钢筋计算

①柱纵筋长度计算:

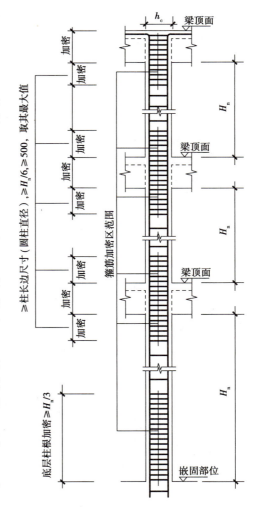

图 5.72　柱箍筋加密区示意

$$柱纵筋长度 = 本层柱净高 H_n + 本层顶梁高度 + 本层柱上露钢筋长度 +$$
$$搭接长度 - 下层柱上露钢筋长度$$

式中　下层柱上露钢筋长度:$\max(H_n/6, 500, h_c)$;

　　　本层柱上露钢筋长度:$\max(H_n/6, 500, h_c)$;

②箍筋长度计算:

楼层柱箍筋布置分区情况如下:

柱根加密区高度:$\max(H_n/6, 500, h_c)$;

柱顶加密区高度:$\max(H_n/6, 500, h_c)$;

梁高加密区:本层顶梁设计高度;

非加密区高度:H_n-(柱根加密区高度+柱顶加密区高度)

各区箍筋根数:

$n_1 =$ (柱根加密区高度-起步距50 mm)/加密间距+1

$n_2 =$ (柱顶加密区高度-起步距50 mm)/加密间距+1

$n_3 =$ (梁截面高度-2×起步距50 mm)+ /加密间距+1

$n_4 =$ 非加密高度/非加密间距-1

合计:　　　$n = n_1 + n_2 + n_3 + n_4$

(4)顶层柱钢筋计算

①顶层柱纵筋长度计算

$$顶层柱纵筋长度 = 顶层柱净高 - 下层钢筋上露长度 + 锚固长度$$

式中　下层柱上露钢筋长度:$\max(H_n/6, 500, h_c)$;

　　　锚固长度:柱顶的锚固长度分中柱、边(角)柱两种情况。

a. 中柱柱顶锚固长度。平法规定了4种节点构造(图5.73),其中节点C是在钢筋端头加锚头(锚板),俗称"机械锚"(若非设计规定,一般不采用这样的做法)。从计算纵筋长度的角度出发,其他3种节点可以归纳为两种算法:直锚和弯锚。

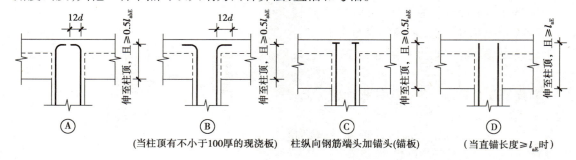

图 5.73　中柱柱顶纵向钢筋构造

直锚:当(梁高-保护层)$\geqslant l_{aE}$时,纵筋采用直锚,D节点。

$$纵筋直锚长度 = 梁高(不扣除板厚) - 保护层$$

弯锚:当(梁高-保护层)$< l_{aE}$时,纵筋采用弯锚。

$$纵筋弯锚长度 = 梁高(不扣除板厚) - 保护层 + 12d$$

b. 边柱和角柱柱顶锚固长度。平法规定了5种边柱和角柱柱顶节点构造,其中B节点如图5.74所示。这是称为"梁插柱"节点构造中使用比较广泛的一种形式。

图 5.74 可以解释为：能够伸入现浇梁的柱外侧筋伸入梁内，不能伸入梁内的柱外侧筋就伸入现浇板内。

外侧纵筋锚固长度 $\geq 1.5 l_{abE}$（计算时取 $1.5 l_{abE}$）；内侧纵筋锚固长度计算方法与中柱纵筋锚固长度计算相同。

②顶层柱箍筋计算

顶层柱箍筋计算方法与楼层箍筋计算方法基本一致。

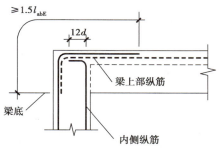

图 5.74　边柱和中柱柱顶纵筋构造

【例 5.33】　如图 5.75 所示，计算 KZ1 的基础插筋长度。地下室层高 4.50 m，基础为"正筏板"基础，基础梁设计尺寸为 700 mm×900 mm，下部纵筋为 9 Φ 25；筏板厚度为 500 mm，纵向钢筋为 Φ 18@200；地下室顶板梁 KL1 设计尺寸为 300 mm×700 mm。KZ1 截面 700 mm×900 mm，柱纵筋为 22 Φ 25，C30 混凝土，二级抗震。柱筋采用机械连接。

【解】　基础插筋长度=基础高度-保护层+弯折 a+上露长度+搭接长度

基础高度=900 mm

保护层=40（基础保护层）

弯折 a=150 mm

上露长度=[4 500-700-（900-500）] /3=1 133（mm）

搭接长度=0

所以，单根插筋长度=（900-40+150+1 133+0）=2 143（mm）=2.14（m）

KZ1 共设计 22 Φ 25，则全部插筋长度=22×2.14=47.08（m）

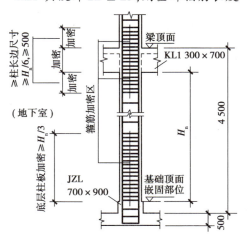

图 5.75　某地下室框架柱示意图

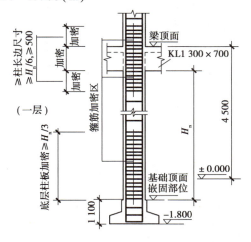

图 5.76　某独立柱基础及柱示意图

【例 5.34】　计算如图 5.76 所示柱基础的插筋长度。一层顶框架梁 KL1 的设计尺寸为 300 mm×700 mm，梁顶标高为 4.5 m。独立柱基的总高度为 1 100 mm，底面标高为-1.800 m，基底纵向钢筋为 Φ 18@200。KZ1 的截面尺寸为 750 mm×700 mm，纵筋为 22 Φ 25，箍筋设计为 Φ8@100/200。C30 混凝土，二级抗震，柱纵筋采用机械连接。

【解】　基础插筋长度=基础高度-保护层+弯折 a+上露长度+搭接长度

基础高度=1 100 mm

保护层=40(基础保护层)

弯折 a =150 mm;

上露长度=[4 500-700+(1 800-1 100)]/3=1 500(mm)

搭接长度=0

所以,单根插筋长度为=(1 100-40+150+1 500+0)=2 710(mm)

KZ1 共设计 22 ⏀ 25,则全部插筋长度=22×2.71=59.62(m)

【例5.35】 计算图5.76所示一层框架柱 KZ1 的箍筋个数。箍筋设计为 ϕ 8@100/200。

【解】 本题一层柱净高=4 500-700+(1 800-1 100)=4 500(mm)

①柱根部加密区:

$$加密区高度 = H_n/3(嵌固部位) = 4\ 500/3 = 1\ 500(mm)$$
$$箍筋个数 = (1\ 500 - 50)/100 + 1 = 15.5(取 16 个)$$

②柱顶加密区:

$$加密区高度 = \max[750(柱长边尺寸),4\ 500/6(H_n/6),500] = 750\ mm$$
$$箍筋个数 = (750 - 50)/100 + 1 = 8(取 8 个)$$

③顶梁(KL1)截面:

$$加密区高度 = 700\ mm$$
$$箍筋个数 = (700 - 50 \times 2)/100 + 1 = 7(个)$$

④非加密区:

$$非加密区高度 = 4\ 500 - (1\ 500 + 750) = 2\ 250(mm)$$
$$箍筋个数 = 2\ 250/200 - 1 = 10.25(取 11 个)$$

合计箍筋个数=(16+8+7+11)=42(个)

【例5.36】 如果在图5.76的例中,上层(二层)的层高是4.2 m,二层梁的截面尺寸为300 mm×600 mm,二层柱截面不变(750 mm×700 mm)。试计算 KZ1 一层的纵筋长度,柱纵筋采用机械连接。

【解】 本题中的一层就是该建筑物的首层。

首层柱纵筋长度=首层柱净高+顶梁高度-基础插筋上露长度+首层筋上露长度+搭接长度

首层柱净高=4500 mm

基础插筋上露长度=1 500 mm

首层筋上露长度=$\max[(4\ 200-600)/6(H_n/6),750(h_c),500]$=750(mm)

搭接长度=0

所以,首层单根纵筋的长度=4 500+700-1 500+750+0=4 450(mm)

KZ1 共设计 22 ⏀ 25,则首层全部纵筋长度=22×4.45=97.9(m)

3)平法"板"钢筋工程量计算

按平法设计的有梁楼盖板(LB、WB)和无梁楼盖板带(ZSB、KZB),注写和构造上有些差别,总体上可以将板筋分为贯通筋、负筋和分布筋。对这些筋的称呼有所不同,但计算方法是一致的,下面简单介绍一般情况下的板筋计算。

(1)贯通筋(通常所称受力钢筋)长度计算

$$贯通筋长度 = 板跨净长 + 锚固长度$$

$$贯通筋根数 = \left(板跨净长 - 2 \times \frac{1}{2} 板筋间距\right) / 间距值 + 1$$

计算受力钢筋时,应区分板面筋(上部筋,以 T 开头的筋)和板底筋(下部筋,以 B 开头的筋)。

①板筋端部锚固长度。板筋端部构造如图 5.77 和图 5.78 所示。

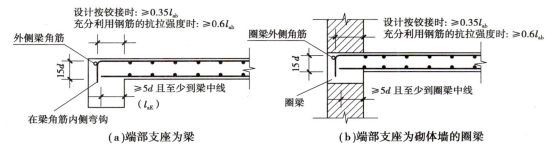

图 5.77　板筋端部锚固构造(一)

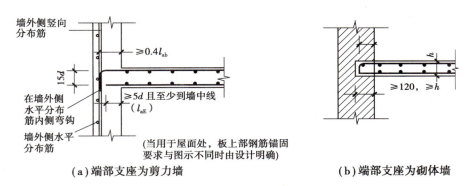

图 5.78　板筋端部锚固构造(二)

从图中可看出,板筋在端支座的锚固长度为:

a. 当端部支座是梁、圈梁和剪力墙时,上部筋锚固长度取值:支座宽-"保护层"+15d;下部筋锚固长取值:$\max(5d, 1/2\ 梁宽)$。

b. 当端部支座是砌体墙时,上部筋锚固长度取值:板伸入墙内长度+板厚-2×保护层厚度;下部筋锚固长度取值:$\max(120, 板厚)$。

②板筋中间支座锚固长度。板中间支座构造如图 5.79 所示。

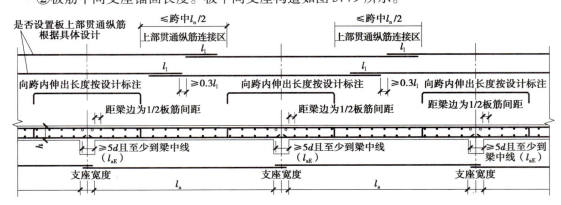

图 5.79　板筋中间支座构造示意图

a.下部筋在中间支座锚固取值:max(5d,1/2 梁宽);梁板式转换层的板取值:L_{aE}。

b.上部筋一般情况下在中间不锚固,而是延伸至相邻跨中的连接区连接。

(2)板负筋长度计算

板负筋是板中的非贯通筋,也称加强筋,如果两端加弯钩,则又称扣筋等,如图 5.80 所示。

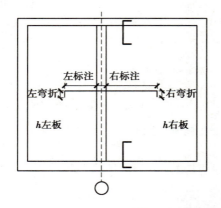 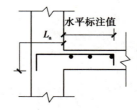

图 5.80 板支座负筋示意图

板端支座负筋长度 = 水平标注值 + 锚固长度 + 1 个弯折长度

板中间支座负筋长度 = 左标注值 + 右标注值 + 支座宽度 + 2 个弯折长度

负筋在端支座锚固取值与板上部筋在端支座锚固相同。弯折长度取值:板厚−2×15 mm。

【**例** 5.37】 计算图 5.81 所示的 WB1 钢筋工程量。

梁支座宽均为 200 mm,轴线居中标注。板混凝土强度等级为 C30,非抗震构件,板保护层厚度为 15mm,梁保护层厚度为 20 mm。

【**解**】 图示 WB1 的范围内只有贯通筋,没有负筋和分布筋。

①板上部筋(板面筋)长度计算:

X 方向:单根筋长 = (2 700+2 700−200)(板净跨)+(200−20+15×8)×2(端支座锚固)= 5 800(mm)

根数 = (3 800−200−2×75)/150+1 = 24(根)

总长 = 5.80×24 = 139.20(m)

Y 方向:单根筋长 = (3 800−200)(板净跨)+(200−20+15×8)×2(端支座锚固)= 4 200(mm)

①-②轴线根数 = (2 700−200−2×100)/200+1 = 12.5(根)(取 13 根)

②-③轴线根数 = (2 700−200−2×100)/200+1 = 12.5(根)(取 13 根)

总长 = 4.20×13×2 = 109.20(m)

②板下部筋(板底筋)长度计算:

①-②轴与Ⓒ-Ⓔ轴之间板:

两端为梁的板底筋锚固长度 = max(5d,1/2 梁宽)

X 方向:单根筋长 = (2 700−200)(板净跨)+2×100(端支座锚固)= 2 700(mm)

根数 = (3 800−200−2×100)/200+1 = 18(根)

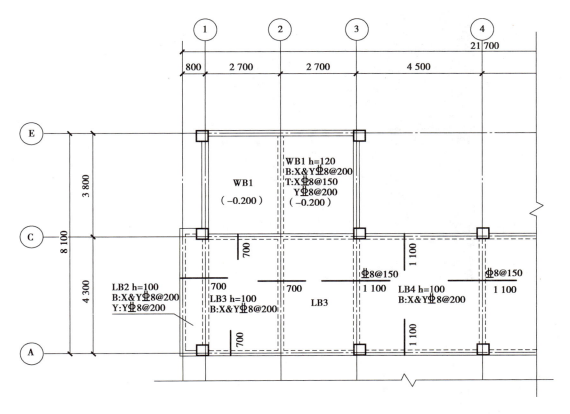

图 5.81 屋面板 WB1 设计示意图

总长 = 2.7×18 = 48.60(m)

Y 方向：单根筋长 = (3 800－200)(板净跨)+2×100(端支座锚固)= 3 800(mm)

根数 = (2 700－200－2×100)/200+1 = 12.5(根)(取 13 根)

总长 = 3.80×13 = 49.40(m)

②－③轴与ⓒ－Ⓔ轴之间板计算过程同上。

③合计工程量：

长度 = 139.20+109.20+(48.60+49.4)×2 = 444.40(m)

质量 = 444.40×0.395 = 175.54(kg)≈0.176(t)

5.7 金属结构工程量计算

我国是世界上最大的钢铁生产国和消费国。近几年建筑钢品在各领域应用获得空前发展，国内涌现出了不少优秀的钢结构建筑，例如：北京大兴国际机场、湖州喜来登温泉度假酒店、澳门摩珀斯酒店、国家速滑馆等(见图 5.82)。因而造价人员掌握金属结构工程量计算规则和技巧便成为必须的课题。

本节讲述金属结构工程的工程量计算和定额套用。套用定额时应熟悉定额说明，按定额规定正确进行单价计算和工料机分析。

图 5.82　钢结构建筑项目

5.7.1　计算规则

1)金属构件制作

①金属构件的制作工程量,按设计图示尺寸计算的理论质量以"t"计算。

②金属构件计算工程量时,不扣除单个面积≤0.3 m² 的孔洞质量,焊缝、锚钉、螺栓(高强螺栓、花篮螺栓、剪力栓钉除外)等不另增加质量。

③金属构件安装使用的高强螺栓、花篮螺栓和剪力栓钉,按设计图示数量以"套"为单位计算。

④槽铝檐口端面封边包角、槽铝混凝土浇捣收边板高度按150mm 考虑,工程量按设计图示长度以"延长米"计算,其他材料的封边包角、混凝土浇捣收边板,按设计图示展开面积以"m²"计算。

⑤成品空调金属百叶护栏及成品栅栏,按设计图示框外围展开面积以"m²"计算。

⑥成品雨篷适用于挑出宽度1m 以内的雨篷,工程量按设计图示接触边长度以"延长米"计算。

⑦金属网栏,按设计图示框外围展开面积以"m²"计算。

⑧金属网定额子目适用于后浇带及混凝土构件中不同强度等级交接处铺设的金属网,其工程量按图示面积以"m²"计算。

2)钢构件运输、安装

①钢构件的运输、安装工程量等于制作工程量。

②钢构件现场拼装平台摊销工程量、按实施拼装构件的工程量计算。

3)金属结构楼(墙)面板及其他

①钢板楼板,按设计图示铺设面积以"m²"计算,不扣除单个面积≤0.3 m² 的柱、垛及孔洞所占面积。

②钢板墙板,按设计图示面积以"m^2"计算,不扣除单个面积≤0.3 m^2的梁、孔洞所占面积。

③钢板天沟计算工程量时,依附于天沟的型钢并入天沟工程量内。不锈钢天沟、彩钢板天沟,按设计图示长度以"m"计算。

④金属网定额子目适用于后浇带及混凝土构件中不同强度等级交接处铺设的金属网,其工程量按图示面积以"m^2"计算。

⑤构件制作定额子目中钢材按钢号 Q235 编制,构件制作设计使用的钢材强度等级、型材组成比例与定额不同时,可按设计图纸进行调整,用量不变。

5.7.2　说明及算例

1)说明

(1)金属构件制作、安装

①钢构件制作定额子目适用于现场和加工厂制作的构件,构件制作定额子目已包括加工厂预装配所需的人工、材料、机械台班用量及预拼装平台摊销费用。

②构件制作包括分段制作和整体预装配的人工、材料及机械台班用量,整体预装配用的螺栓已包括在定额子目内。

③除注明外,定额均包括现场内(工厂内)的材料运输、下料、加工、组装及成品堆放等全部工序。

④构件制作定额子目中钢材的损耗量已包括了切割和制作损耗,对于设计有特殊要求的,消耗量可以进行调整。

(2)钢构件运输

①构件运输中已考虑一般运输支架的摊销费,不另计算。

②金属结构构件运输适用于重庆市范围内的构件运输(路桥费按实计算),超出重庆市范围的运输按实计算。

③金属构件运输按表 5.43 分类。

表 5.43　金属构件运输分类表

类　别	项　目
I	钢柱、屋架、托架、桁架、吊车梁、网架
II	钢梁、型钢檩条、钢支撑、上下挡、钢拉杆、栏杆、盖板、箅子、爬梯、零星构件、平台、操纵台、走道休息台、扶梯、钢吊车梯台、烟囱紧固箍
III	墙架、挡风架、天窗架、组合檩条、轻型屋架、滚动支架、悬挂支架、管道支架、其他构件

④单构件长度大于 14 m 的或特殊构件,其运输费用根据设计和施工组织设计按实计算。

(3)金属结构楼(墙)面板及其他

①压型楼面板的收边板未包括在楼面板子目内,应单独计算。

②固定压型钢板楼板的支架费用另行套用定额计算。

③钢板楼板上浇筑钢筋混凝土,其混凝土和钢筋执行"混凝土及钢筋混凝土工程"中相应

定额子目。

④金属网栏立柱的基础另行计算。

2)金属结构工程量算例

【例5.38】 按图5.83所示计算柱间支撑工程量并计取分部分项工程费。已知:角钢∠75×50×6理论质量为5.68 kg/m,钢板理论质量为7 850 kg/m³。

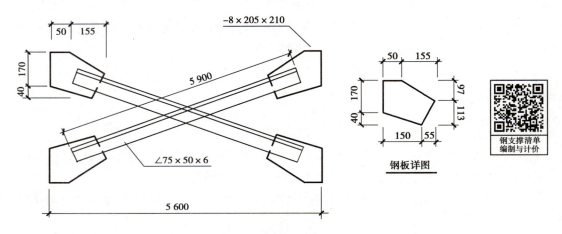

图5.83 柱间支撑示意图

【解】 1.工程量计算

角钢质量(长度乘理论质量):5.9×2×5.68=67.02(kg)

钢板面积(设计图示尺寸):[(0.05+0.155)×(0.17+0.04)−0.5×0.15×0.04−0.5×0.155×0.097−0.5×0.055×0.113]×4=0.117 7(m²)

钢板质量(体积乘理论质量):0.117 7×0.008×7 850=7.39(kg)

所以,所求柱间支撑工程量= 67.02+7.39=74.41(kg)

2.套定额计取分部分项工程费

套用计价定额相应子目,进行柱间支撑分部分项工程费的计算,详见表5.44。

表5.44 案例定额套用及分部分项工程费

序号	定额编号	项目名称	单位	工程量	综合单价(元)	合价(元)
1	AF0092	钢支架 制作	t	0.074	6 105.22	451.79
2	AF0093	钢支架 安装	t	0.074	3 546.22	262.42
3	AF0123	Ⅱ类构件汽车运输 1 km以内	10 t	0.007 4	470.77	3.48
4	AF0124	Ⅱ类构件汽车运输 每增加1 km	10 t	0.007 4×9	48.99	3.26
		合计				720.95

【例5.39】 根据图5.84所示,计算钢筋混凝土柱的预埋铁件工程量并计取分部分项工程费。

【解】 本题工程量按金属结构计算,但应套用"混凝土及钢筋混凝土"一章中的预埋铁件制作安装子目。

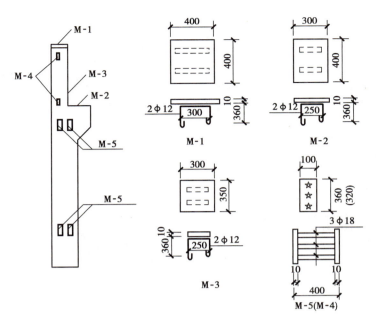

图 5.84　钢筋混凝土柱预埋件示意图

1. 工程量计算

M-1：

　　钢板：$0.4 \times 0.4 \times 78.5 = 12.56(\text{kg})$（10 mm 厚的钢板理论质量为 78.5 kg/m^2）

　　$\phi 12$ 钢筋：$2 \times (0.3 + 0.36 \times 2 + 0.012 \times 12.5) \times 0.888 = 2.08(\text{kg})$

M-2：

　　钢板：$0.3 \times 0.4 \times 78.5 = 9.42(\text{kg})$

　　$\phi 12$ 钢筋：$2 \times (0.25 + 0.36 \times 2 + 0.012 \times 12.5) \times 0.888 = 1.99(\text{kg})$

M-3：

　　钢板：$0.3 \times 0.35 \times 78.5 = 8.24(\text{kg})$

　　$\phi 12$ 钢筋：$2 \times (0.25 + 0.36 \times 2 + 0.012 \times 12.5) \times 0.888 = 1.99(\text{kg})$

M-4：

　　钢板：$2 \times 0.1 \times 0.32 \times 2 \times 78.5 = 10.05(\text{kg})$

　　$\phi 18$ 钢筋：$2 \times 3 \times 0.38 \times 2 = 4.56(\text{kg})$

M-5：

　　钢板：$4 \times 0.1 \times 0.36 \times 2 \times 78.5 = 22.61(\text{kg})$

　　$\phi 12$ 钢筋：$4 \times 3 \times 0.38 \times 2 = 9.12(\text{kg})$

合计质量：$(12.56 + 2.08 + 9.42 + 1.99 + 8.24 + 1.99 + 10.05 + 4.56 + 22.61 + 9.12) = 82.62(\text{kg}) = 0.826$（t）

　　2. 套定额计取分部分项工程费

　　套用计价定额相应子目，进行预埋铁件分部分项工程费的计算，详见表 5.45。

表 5.45　案例定额套用及分部分项工程费

序号	定额编号	项目名称	单位	工程量	综合单价(元)	合价(元)
1	AE0193	预埋铁件制作安装	t	0.826	6 610.77	5 460.5
合计						5 460.5

【例 5.40】　钢结构综合案例：见图 5.85、图 5.86，计算门式钢结构厂房刚构件的工程量并计取分部分项工程费。

门式刚架轻型房屋钢结构设计说明

1.本工程为单跨门式刚架结构厂房。柱距为6m,檐口高度4m.

2.屋面坡度：此工程为单脊双坡。屋面坡度：i=5%。

3.屋面：采用 0.5 mm, 厚820型、暗扣式压型钢板.

构件表

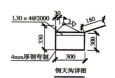

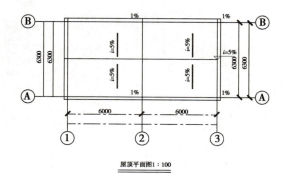

屋顶平面图1:100

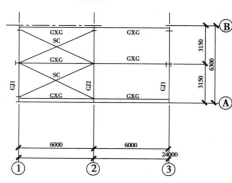

屋面系杆及支撑平面布置图

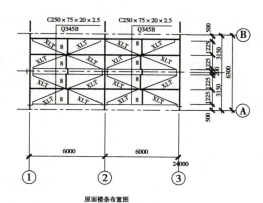

屋面楼条布置图

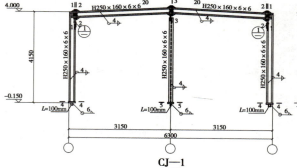

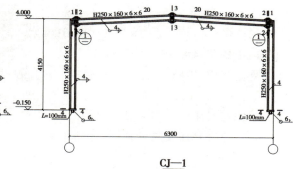

图 5.85　门式钢结构厂房施工图

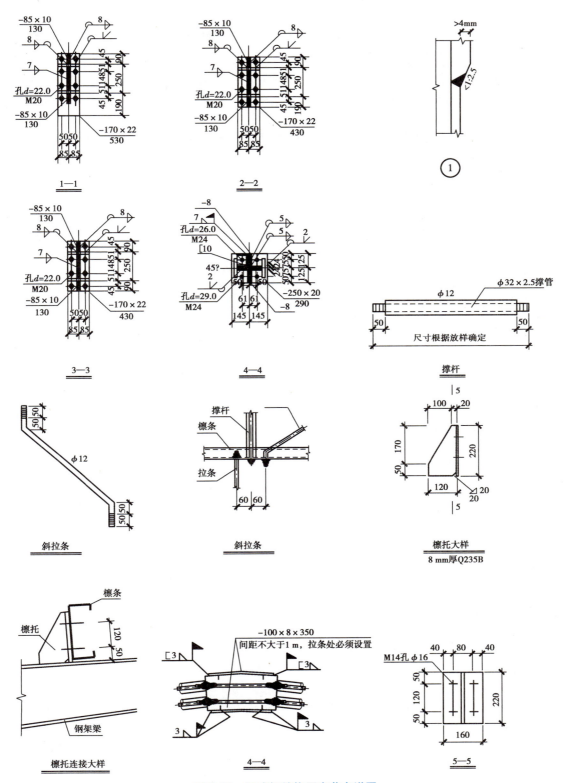

图5.86 门式钢结构厂房节点详图

1. 工程量计算(见表5.46)

表 5.46　钢结构工程量计算表

序号	构件名称	代号	规格	长度计算式	长度(m)	数量	单重(kg/m)	总重(kg)	备注
1. 钢柱、钢梁	钢柱1	GZ	H250×160×6×6	4+0.15-0.008	4.14	6	26.85	666.95	
	钢柱2	GZ	H250×160×6×6	4+0.15-0.008+3.15/20	4.3	2	26.85	230.91	
	小计							897.86	
	钢梁	GL	H250×160×6×6	$\sqrt{1+20^2}\times(3.15-0.25)/20\times2$	5.81	3	26.85	467.72	
	节点板			(898+468)×5%				68.25	按5%计
2. 屋面系杆及支撑	屋面支撑	SC	L75×5	$\sqrt{6^2+(3.15-0.25)^2}$	6.66	4	5.82	155.09	
	刚性系杆	GXG	D114×4	(6-0.006×2)	5.99	4	10.85	259.88	
	刚性系杆	GXG	D114×4	6-0.25/2-0.006/2	5.87	2	10.85	127.42	
	小计							542.39	
	节点板			542.39×5%				27.12	按5%计
3. 屋面檩条、撑杆	撑杆 钢管	CG	D32×2.5	1.225+0.4	1.625	8	1.819	23.65	
	撑杆 圆钢	CG	φ12	0.4+0.05×2+1.225+0.05×2	1.825	4	0.888	6.48	
	斜拉条圆钢	XLT	φ12	$\sqrt{(3-0.25)^2+(1.225-0.05\times2)^2}$	2.97	16	0.888	42.22	
	小计							72.34	
	檩托		8mm 钢板	0.12×0.22-0.1×0.17	0.01	18	69.08	11.69	
	檩条		C250×75×20×2.5	12	12	6	6.62	476.64	
	小计							488.33	
4. 钢天沟、彩钢板	钢天沟		4mm 厚钢板弯制	(0.03+0.33+0.3+0.3+0.18)×12.25	13.97	2	31.4	877	
	角钢		L30×4	0.3×7	2.1	2	1.79	7.5	7 根
	彩钢板		0.5 mm 厚820型暗扣式压型钢板	$6.3\times12.25\times\sqrt{1+0.05^2}$	m²	77.27			
	总计(kg)							3 448.51	

2. 套定额计取分部分项工程费

套用计价定额相应子目,进行钢结构分部分项工程费的计算,详见表5.47。

表 5.47　案例定额套用及分部分项工程费

序号	定额编号	项目名称	单位	工程量表达式	工程量	综合单价（元）	合价（元）
1	AF0032	实腹钢柱 制作	t	0.898	0.898	5 337.71	4 793.26
2	AF0036	钢柱 3 t 以内 安装	t	0.898	0.898	956.99	859.38
3	AF0040	自加工焊接钢梁 H 型 制作	t	0.468	0.468	6 256.47	2 928.03
4	AF0042	钢梁 1.5 t 以内 安装	t	0.468	0.468	927.66	434.14
5	AF0057	钢支撑（钢拉条）钢管制作	t	0.26+0.127+0.024	0.411	4 972.4	2 043.66
6	AF0058	钢支撑（钢拉条）圆钢制作	t	0.006+0.042	0.048	5 141.43	246.79
7	AF0059	钢支撑（钢拉条）其他型材 制作	t	0.155	0.155	5 355.33	830.08
8	AF0060	钢支撑（钢拉条）安装	t	0.542+0.072	0.614	983.64	603.95
9	AF0062	钢檩条 C、Z 型钢 制作	t	0.488	0.488	4 085.03	1 993.49
10	AF0064	钢檩条 安装	t	0.488	0.488	726.58	354.57
11	AF0089	钢板天沟 制作安装	t	0.877+0.0075	0.885	6 829.68	6 044.27
12	AJ0005	单层彩钢板	100 m²	77.27	0.773	7 136.47	5 516.49
13	AF0094	零星钢构件 制作	t	0.068+0.027	0.095	7 160.32	680.23
14	AF0095	零星钢构件 安装	t	0.068+0.027	0.095	1 812.74	172.21
15	AF0119	金属除锈 抛丸除锈	t	3.449	3.449	328.06	1 131.48
合　计							28 632.03

注：暂不考虑以下费用：1.运输费用；2.防火涂装费用；3.吊装等施工措施费；4.土建部分及墙面维护部分。

5.8　木结构工程量计算

5.8.1　计算规则

（1）木屋架

①木屋架、檩条工程量，按设计图示体积以"m³"计算。附属于其上的木夹板、垫木、风撑、挑檐木、檩条三角条，均按木料体积并入屋架、檩条工程量内。单独挑檐木并入檩条工程内。檩托木、檩垫木已包括在定额子目内，不另计算。

②屋架的马尾、折角和正交部分半屋架，并入相连接屋架的体积内计算。

③钢木屋架区分圆、方木，按设计断面以"m³"计算。圆木屋架连接的挑檐木、支撑等为方木时，其方木木料体积乘以系数 1.7 折合成圆木并入屋架体积内。单独的方木挑檐，按矩

形檩木计算。

④檩木,按设计断面以"m³"计算。简支檩长度按设计规定计算,设计无规定者,按屋架或山墙中距增加 0.2 m 计算,如两端出土,檩条长度算至博风板;连续檩条的长度按设计长度以"m"计算,其接头长度按全部连续檩木总体积的 5% 计算。檩条托木已计入相应的檩木制作安装项目中,不另计算。

(2)木构件

①木柱、木梁,按设计图示体积以"m³"计算。

②木楼梯,按设计图示尺寸计算的水平投影面积以"m²"计算,不扣除宽度≤300 mm 的楼梯井,其踢脚板、平台和伸入墙内部分不另行计算。

③木地楞,按设计图示体积以"m³"计算。定额内已包括平撑、剪刀撑、沿油木的用量,不再另行计算。

(3)屋面木基层

①屋面木基层,按屋面的斜面积以"m²"计算;天窗挑檐重叠部分,按设计规定计算,屋面烟囱及斜沟部分所占面积不扣除。

②屋面椽子、屋面板、挂瓦条工程量,按设计图示屋面斜面积"m²"计算,不扣除屋面烟囱、风帽底座、风道、小气窗及斜沟等所占面积。小气窗的出檐部分也不增加面积。

③封檐板工程量,按设计图示檐口外围长度以"m"计算;博风板,按斜长度以"m"计算,有大刀头者每个大刀头增加长度 0.5 m 计算。

5.8.2　说明

①木结构定额是按机械和手工操作综合考虑的,无论实际采用何种操作方式,均不作调整。

②木材断面或厚度均以毛断面为准。如设计图纸注明的断面或厚度为净料时,应增加刨光损耗:枋材一面刨光增加 3 mm,两面刨光增加 5 mm;板一面刨光增加 3 mm,两面刨光增加 3.5 mm;圆木直径加 5 mm。

③原木加工成锯材的出材率为 63%,方木加工成锯材的出材率为 85%。

④屋架的跨度是指屋架两端上下弦中心线交点之间的长度。

5.8.3　算例

【例 5.41】　木门采用钉条式门框,其设计净断面尺寸如图 5.87 所示,试计算该门框的毛断面面积。

【解】　(1)大框长度=95+5=100(mm)

大框宽度=40+3=43(mm)

大框断面面积=10×4.3=43(cm²)

(2)小框长度=40+5=45(mm)

小框宽度=15+5=20(mm)

小框断面面积=4.5×2.0=9.0(cm²)

该门框毛断面面积=43+9.0=52(cm²)

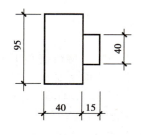

图 5.87　门框断面示意图

5.9　门、窗工程量计算

5.9.1　门、窗工程量计算规则

（1）木门、窗

制作、安装有框木门窗工程量,按门窗洞口设计图示面积以"m²"计算;制作、安装无框木门窗工程量,按扇外围设计图示尺寸以图"m"计算。

（2）金属门、窗

①成品塑钢、钢门窗(飘凸窗、阳台封闭、纱门窗除外)安装,按门窗洞口设计图示面积以"m²"计算。

②门连窗,按设计图示洞口面积分别计算门、窗面积,其中窗的宽度算至门框的边外线。

③塑钢飘凸窗、阳台封闭、纱门窗,按框型材外围设计图示面积以"m²"计算。

（3）金属卷帘(闸)

金属卷帘(闸)、防火卷帘,按设计图示尺寸宽度乘高度(算至卷帘箱轴水平线)以"m²"计算。电动装置安装,按设计图示套数计算。

（4）厂库房大门、特种门

①有框厂库房大门和特种门,按洞口设计图示面积以"m²"计算;无框的厂库房大门和特种门,按门扇外围设计图示尺寸面积以"m²"计算。

②冷藏库大门、保温隔音门、变电室门、隔音门、射线防护门,按洞口设计图示面积以"m²"计算。

（5）其他

①木窗上安装窗棚、钢筋御棍,按窗洞口设计图示尺寸面积以"m²"计算。

②普通窗上部带有半圆窗的工程量应分别按半圆窗和普通窗计算,以普通窗和半圆窗之间的横框上的裁口线为分界线。

③门窗贴脸,按设计图示尺寸以外边线延长米计算。

④水泥砂浆塞缝,按门窗洞口设计图示尺寸以延长米计算。

⑤门锁安装,按"套"计算。

⑥门、窗运输,按门框、窗框外围设计图示面积以"m²"计算。

5.9.2　说明

①定额是按机械和手工综合编制的,不论实际采用何种操作方法,均不作调整。

②木材断面或厚度均以毛断面为准。如设计图纸注明的断面或厚度为净料时,应增加刨光损耗:板、枋材一面刨光增加 3 mm,两面刨光增加 5 mm,原木每立方米增加体积 0.05 m³。

③原木加工成锯材的出材率为63%,方木加工成锯材的出材率为85%。

④各类木门窗的区别如下:

a.全部用冒头结构镶板者,称"镶板门"。

b.在同一门扇上装玻璃和镶板(钉板)者,玻璃面积大于或等于镶板(钉板)面积的1/2

时,称"半玻门"。

c.用上下冒头或带一根中冒头钉企口板,板面起三角槽者称"拼板门"。

⑤木门窗安装子目内已包括门窗框刷防腐油、安木砖、框边塞缝、装玻璃、钉玻璃压条或嵌油灰以及安装一般五金等的工料。

⑥木门窗一般五金包括:普通折页、插销、风钩、普通翻窗折页、门板扣和镀铬弓背拉手。使用以上五金不得调整和换算。如采用铜质、铝合金、不锈钢等五金时,其材料费用可另行计算,但不增加安装人工工日,同时子目中已包括的一般五金材料费也不扣除。

5.9.3 门窗工程量算例

通常计算门窗工程量的方法:按门窗统计表计算;按建筑平面图、剖面图所给尺寸计算;按门窗代号计算。在有些施工图中,习惯于用代号表示门窗洞口尺寸。如 M0921 表示门宽 900 mm,门高 2 100 mm;C1818,表示窗宽 1 800 mm,窗高 1 800 mm。门窗数量可在图上数出。

【例 5.42】 某建筑工程的门窗统计表如表 5.48 所示,经核对无误。试计算该工程门窗分部分项工程费。

表 5.48 门窗统计表

名　称	编　号	洞口尺寸(mm)		数　量	备　注
		宽	高		
门	M-1	1 000	2 400	11	开门塑钢门
	M-2	1 200	2 400	1	推拉塑钢门
	M-3	1 800	2 700	1	铝合金带上亮上开地弹门
窗	C-1	1 800	1 800	38	双扇铝推拉窗
	C-2	1 800	600	6	双扇铝推拉窗

【解】 1.工程量计算

因门窗种类、规格不同,应分别计算其工程量。

M-1:$1.0 \times 2.4 \times 11 = 26.4 (m^2)$

M-2:$1.2 \times 2.4 \times 1 = 2.88 (m^2)$

M-3:$1.8 \times 2.7 \times 1 = 4.86 (m^2)$

C-1:$1.8 \times 1.8 \times 38 = 123.12 (m^2)$

C-2:$1.8 \times 0.6 \times 6 = 6.48 (m^2)$

2.套定额计取分部分项工程费

铝合金带上亮上开地弹门暂定有侧亮,窗暂定为铝合金成品窗,套用计价定额相应子目,进行门窗分部分项工程费的计算,详见表 5.49。

表 5.49　案例定额套用及分部分项工程费

序号	定额编号	项目名称	单位	工程量	综合单价(元)	合价(元)
1	AH0032	塑钢门安装,平开	100 m²	0.264	27 071.94	7 147.00
2	AH0031	塑钢门安装,推拉	100 m²	0.028 8	25 060.75	721.75
3	LD0056	双扇地弹门制作安装,有侧亮,带上亮	10 m²	0.486	2 461.05	1 196.07
4	LD0090	铝合金成品窗安装,推拉	10 m²	12.96	2 346.76	30 414.01
合计						39 478.83

5.10　屋面及防水工程量计算

建筑物的屋顶大致分为平屋顶和坡屋顶。屋顶一般由顶棚、屋面板、防水层、保温及隔热层等组成。屋面指屋顶上的防水层,一般分瓦屋面、刚性屋面(混凝土屋面、防水砂浆屋面)、柔性屋面(卷材屋面、涂膜屋面)等。真正意义上的瓦屋面已经不多见,因此要重点掌握卷材、涂膜及刚性屋面的计算规则。

防水除了屋面防水以外,还有楼地面防水、墙面防水,依据防水材料的不同又可分多种防水工程。

本节主要讲述屋面及防水工程的工程量计算和定额套用。套用定额时,应熟悉定额说明,按定额规定正确进行单价计算和工、料、机分析。

5.10.1　屋面及防水工程量计算规则

1)瓦屋面、型材屋面

瓦屋面、彩钢板屋面、压型板屋面,均按设计图示尺寸以"m²"计算(斜屋面按斜面积以"m²"计算)。不扣除房上烟囱、风帽底座、风道、屋面小气窗、斜沟和脊瓦所占面积,屋面小气窗的出檐部分也不增加面积。

2)屋面防水及其他

①卷材防水、涂料防水屋面,按设计图示面积以"m²"计算(斜屋面按斜面积以"m²"计算)。不扣除房上烟囱、风帽底座、风道、屋面小气窗、斜沟、变形缝所占面积,屋面的女儿墙、伸缩缝和天窗等处的弯起部分,按图示尺寸并入屋面工程量计算。如图纸无规定时,伸缩缝、女儿墙的弯起部分,按防水层至屋面层厚度另加250 mm 计算。

屋面防水卷材

②刚性屋面,按设计图示面积以"m²"计算(斜屋面按斜面积以"m²"计算)。不扣除房上烟囱、风帽底座、风道、屋面小气窗等所占面积,屋面泛水、变形缝等弯起部分和加厚部分已包括在定额子目内。挑出墙外的出檐和屋面天沟,另按相应项目计算。

③分格缝,按设计图示长度以"m"计算;盖缝,按设计图示面积以"m²"计算。

④塑料水落管,按图示长度以"m"计算,如设计未标注尺寸,以檐口至设计室外散水上表面垂直距离计算。

⑤阳台、空调连通水落管,按"套"计算。

⑥铁皮排水,按图示面积以"m²"计算。

3)墙面防水、防潮

①墙面防潮层,按设计展开面积以"m²"计算,扣除门窗洞口及单个面积大于0.3 m²孔洞所占面积。

②变形缝,按设计图示长度以"m"计算。

4)楼地面防水、防潮

①墙基防水、防潮层,外墙长度按中心线,内墙长度按净长,乘墙宽以"m²"计算。

②楼地面防水、防潮层,按墙间净空面积以"m²"计算,门洞下口防水层工程量并入相应楼地面工程量内。扣除凸出地面的构筑物、设备基础及单个面积大于0.3 m²的柱、垛、烟囱和孔洞所占面积。门洞、空圈、暖气包槽、壁龛的开口部分不增加面积。

③与墙面连接处,上卷高度在300 mm以内,按展开面积以"m²"计算,执行楼地面防水定额子目;高度超过300 mm以上,按展开面积以"m²"计算,执行墙面防水定额子目。

5.10.2　定额主要说明

1)瓦屋面、型材屋面

25%<坡度≤45%及人字形、锯齿形、弧形等不规则瓦屋面,人工乘以系数1.3;坡度>45%的,人工乘以系数1.43。

2)屋面防水及其他

①平屋面以坡度<15%为准,15%<坡度≤25%的,按相应定额子目执行,人工乘以系数1.18%;25%<坡度≤45%及人字形、锯齿形、弧形等不规则屋面,人工乘以系数1.3;坡度>45%的,人工乘以系数1.43。

②卷材防水、涂料防水定额子目,如设计的材料品种与定额子目不同时,材料进行换算,其他不变。

③卷材防水、涂料防水屋面的附加层、接缝、收头、基层处理剂工料已包括在定额子目内,不另计算。

④"二布六涂"或"每增减一布一涂"项目,是指涂料构成防水层数,而非指涂刷遍数。

⑤刚性防水屋面分格缝已含在定额子目内,不另计算。

⑥找平层、刚性层分格缝盖缝,应另行计算,执行相应定额子目。

3)墙面防水、防潮

①卷材防水、涂料防水的接缝、收头、基层处理剂工料已包括在定额子目内,不另计算。

②墙面变形缝定额子目,如设计宽度与定额子目不同时,材料进行换算,人工不变。

4)楼地面防水、防潮

①卷材防水、涂料防水屋面的附加层、接缝、收头、基层处理剂工料已包括在定额子目内,不另计算。

②楼地面防水子目中的附加层仅包含管道伸出楼地面根部部分附加层,阴阳角附加层另行计算。

③楼、地面变形缝定额子目,如设计宽度与定额子目不同时,材料进行换算,人工不变。

5.10.3 屋面及防水工程量算例

【例5.43】 计算如图5.88所示四坡水瓦屋面分部分项工程费。已知屋面坡度的高跨比1:3,屋面坡度$\alpha=33°40'$。

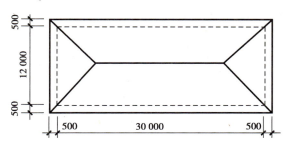

图5.88 四坡水瓦屋面示意图

【解】 1.工程量计算

瓦屋面按设计图示面积以"m^2"计算,斜屋面按斜面积计算。

$S_{斜}$ = 水平面积$/\cos \alpha$ = $(30+0.5\times 2)\times(12+0.5\times 2)/\cos 33°40'$ = 484.21(m^2)

2.套定额计取分部分项工程费

暂定瓦屋面为彩瓦屋面,按照粘贴的方式铺设,按章说明"坡度>45%的,人工乘以系数1.43",套用计价定额相应子目,进行瓦屋面分部分项工程费的计算,详见表5.50。

表5.50 案例定额套用及分部分项工程费

序号	定额编号	项目名称	单位	工程量	综合单价(元)	合价(元)
1	AJ0002换	屋面彩瓦,坡度>45%的,人工乘以系数1.43	100 m^2	4.842 1	10 687.78	51 751.30
合计						51 751.30

【例5.44】 图5.89是某屋顶平面示意图。计算该屋顶卷材屋面分部分项工程费,女儿墙、楼梯间出屋面墙泛水处,卷材弯起高度取250 mm。

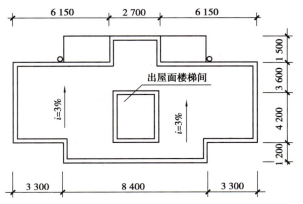

屋面防水、保温
隔热工程清单
编制与计价

图5.89 屋顶平面示意图

【解】 1. 工程量计算

该屋面坡度小于 5%，为平屋面，卷材防水屋面工程量可直接按水平投影面积计算，弯起部分面积并入屋面工程量内。

（1）水平投影面积

$S_1=(3.3\times2+8.4-0.24)\times(4.2+3.6-0.24)+(8.4-0.24)\times1.2+(2.7-0.24)\times1.5-(4.2+2.7)\times2\times0.24$

$\quad\quad=14.76\times7.56+8.16\times1.2+2.46\times1.5-3.31=121.76(m^2)$

（2）弯起部分面积

$S_2=[(14.76+7.56)\times2+1.2\times2+1.5\times2]\times0.25+(4.2+0.24+2.7+0.24)\times2\times0.25+$

$\quad\quad(4.2-0.24+2.7-0.24)\times2\times0.25=12.51+3.69+3.21=19.41(m^2)$

（3）卷材防水屋面工程量

$S=S_1+S_2=121.76+19.41=141.17(m^2)$

2. 套定额计取分部分项工程费

暂定卷材防水屋面采用改性沥青卷材，冷粘两层铺贴套用计价定额相应子目，进行卷材屋面分部分项工程费的计算，详见下表 5.51。

表 5.51　案例定额套用及分部分项工程费

序号	定额编号	项目名称	单位	工程量	综合单价（元）	合价（元）
1	AJ0015	改性沥青卷材，冷粘法一层	100 m²	1.411 7	5 038.72	7 113.16
2	AJ0016	冷粘法每增加一层	100 m²	1.411 7	4 198.67	5 927.26
		合计				13 040.42

【例 5.45】某工程如图 5.90 所示，墙身防潮层做法为在内外墙身-0.060 m 处满铺 20 mm 厚防水砂浆（内掺防水粉），整个地面采用聚氨酯防水涂料 2 mm 厚，平、立面交接处在立面做高 700 mm 的同材质防水，试计算本工程防水工程量并计取分部分项工程费。

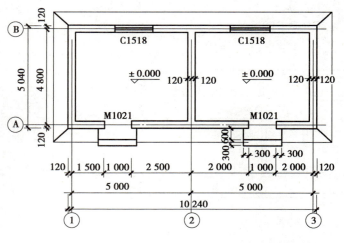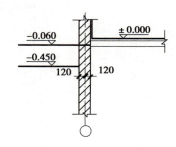

图 5.90　某工程图

【解】 1. 工程量计算

根据现行定额及题意可知,平、立面交接处立面做同材质防水高700 mm>300 mm,因此分别列为楼地面防水和墙身防水两个项目。

(1)地面防水工程量

$S_1 = (5-0.24) \times (4.8-0.24) \times 2 = 4.76 \times 4.56 \times 2 = 43.41$（m²）

(2)墙面防水工程量

$S_2 = (5-0.24+4.8-0.24) \times 2 \times 2 \times 0.7 - 1 \times 0.7 \times 2 = (4.76+4.56) \times 2 \times 2 \times 0.7 - 1.4 = 24.70$（m²）

(3)防水砂浆墙身防潮层

$S_3 = (L_{中} + L_{内}) \times$ 防水、防潮层宽度

$= [(5+5+4.8) \times 2 + 4.8 - 0.24] \times 0.24 = (29.6+4.56) \times 0.24 = 8.20$（m²）

2. 套定额计取分部分项工程费

套用计价定额相应子目,进行防水分部分项工程费的计算,详见表5.52。

表 5.52 案例定额套用及分部分项工程费

序号	定额编号	项目名称	单位	工程量	综合单价（元）	合价（元）
1	AJ0060	墙面防水、防潮 聚氨酯防水涂料厚度2 mm	100 m²	0.2470	4 005.90	989.46
2	AJ0066	墙面防水、防潮 防水砂浆	100 m²	0.082 0	2 274.54	186.51
3	AJ0079	楼地面防水、防潮 聚氨酯防水涂料厚度2 mm	100 m²	0.4341	4 034.30	1 751.29
合计						2 927.26

【例5.46】 图5.91是某坡屋顶示意图,试计算其屋面分部分项工程费。

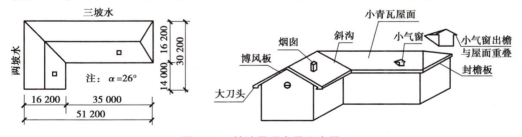

图 5.91 某坡屋顶房屋示意图

【解】 1. 工程量计算

"传统"的坡屋面计算方法是先计算屋面水平投影面积$S_{平}$,然后查"屋面坡度系数表"中对应的"延尺系数C";用水平投影面积$S_{平}$乘以延尺系数C就可以得到需要的坡屋面斜面积$S_{斜}$。实际上$S_{平}$与$S_{斜}$的关系是:

$$S_{斜} = S_{平} / \cos \alpha$$

所谓"延尺系数C"其实就是$1/\cos \alpha$。因此:

$$S_{斜} = (51.2 \times 30.2 - 35 \times 14)/\cos 26°$$
$$= 1\,056.24 \times 1.112\,6$$
$$= 1\,175.17(\mathrm{m}^2)$$

2. 套定额计取分部分项工程费

暂定屋面铺设叠合沥青瓦,按章说明"坡度>45%的,人工乘以系数1.43",套用计价定额相应子目,进行屋面分部分项工程费的计算,详见表5.53。

表 5.53　案例定额套用及分部分项工程费

序号	定额编号	项目名称	单位	工程量	综合单价（元）	合价（元）
1	AJ0004 换	瓦屋面 铺设叠合沥青瓦 坡度>45%的,人工乘以系数1.43	100 m²	11.751 7	8 403.03	98 749.89
		合计				98 749.89

5.11　防腐工程量计算

5.11.1　防腐工程量计算规则

①防腐工程面层、隔离层及防腐油漆工程量,按设计图示面积以"m²"计算。

②平面防腐工程量应扣除凸出地面的构筑物、设备基础及单个面积大于 0.3 m² 的柱、垛、烟囱和孔洞所占面积。门洞、空圈、暖气包槽、壁龛的开口部分不增加面积。

③立面防腐工程量应扣除门窗洞口以及单个面积大于 0.3 m² 的孔洞、柱、垛所占面积,门窗洞口侧壁、垛凸出部分按展开面积并入墙面内。

④踢脚板工程量,按设计图示长度乘以高以"m²"计算,扣除门洞所占面积,并相应增加门洞侧壁的面积。

⑤池、槽块料防腐面层工程量,按设计图示面积以"m²"计算。

⑥砌筑沥青浸渍砖工程量,按设计图示面积以"m²"计算。

⑦混凝土面及抹灰面防腐,按设计图示面积以"m²"计算。

5.11.2　说明

①各种砂浆、胶泥、混凝土配合比以及各种整体面层的厚度,如设计与定额不同时,可以换算。定额已综合考虑了各种块料面层的结合层、胶结料厚度及灰缝宽度。

②软聚氯乙烯地面定额子目内已包含踢脚板工料,不另计算,其他整体面层踢脚板按整体面层相应定额子目执行。

③块料面层踢脚板,按立面块料面层相应定额子目人工乘以系数1.2,其他不变。

④花岗石面层以六面剁斧的为准,结合层厚度为 15 mm,如板底为毛面时,其结合层胶结料用量按设计厚度调整。

⑤环氧自流平洁净地面中间层(刮腻子)按每层 1 mm 厚度考虑,如设计要求厚度与定额子目不同时,可以调整。

⑥卷材防腐接缝、附加层、收头工料已包括在定额内,不另计算。

⑦块料防腐定额子目中的块料面层,如设计的规格、材质与定额子目不同时,可以调整。

5.12　楼地面工程量计算

楼地面是地面与楼面的简称。按常见楼地面做法,主要包括垫层、找平层、整体面层(砂浆地面、混凝土地面、水磨石地面等)、块料面层(马赛克、地砖、石材、木地砖等)、楼梯面层、散水、台阶、栏杆扶手、明沟等项目。

《重庆市房屋建筑与装饰工程计价定额》第一册(房屋建筑工程)这部分仅包括找平层及整体面层、踢脚线、楼梯面层和台阶面层。楼地面有关的其他工程需按第二册(装饰工程)的规定执行。

本节结合第一册和第二册,主要介绍楼地面工程量计算及定额主要说明。套算定额前应熟悉定额规定,准确进行单价计算和工、料、机分析。

5.12.1　计算规则

(1)找平层、整体面层

整体面层及找平层按设计图示尺寸以面积计算。均应扣除凸出地面的构筑物、设备基础、室内铁道、地沟等所占的面积,但不扣除柱、垛、间壁墙、附墙烟囱及面积在≤0.3 m^2 孔洞所占面积,而门洞、空圈、暖气包槽、壁龛的开口部分的面积亦不增加。

(2)块料面层、橡塑面层及其他材料面层

按设计图示面积以"m^2"计算。门洞、空圈、暖气包槽、壁龛的开口部分并入相应的工程量。

拼花部分按实铺面积以"m^2"计算,块料拼花面积按拼花图案最大外接矩形计算。

石材点缀按"个"计算,计算铺贴地面面积时不扣除点缀所占面积。

(3)楼梯面层

楼梯面层(整体、块料)按设计图示尺寸以楼梯(包括踏步、休息平台及≤500 mm 的楼梯井)水平投影面积计算。楼梯与楼地面相连时,算至梯口梁内侧边沿;无梯口梁者,算至最上一层踏步边沿加 300 mm。

单跑楼梯面层(整体、块料)投影面积计算如图 5.92 所示。

①计算公式:$(a+d)\times b+2bc$;

②当 $c>b$ 时,c 按 b 计算;当 $c\leq b$ 时,c 按设计尺寸计算;

③有锁口梁时,d 为锁口梁宽度;无锁口梁时,$d=300$ mm。

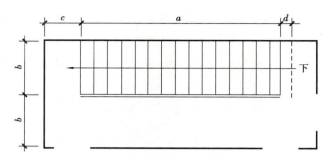

图 5.92　单跑楼梯投影面积计算示意图

④防滑条按楼梯踏步两端距离减 300 mm 以延长米计算。

（4）台阶面层（整体、块料）

台阶面层按设计图示尺寸水平投影以面积计算，包括最上层踏步沿 300 mm。

（5）踢脚线（整体、块料）

踢脚线按设计尺寸以延长米计算。

5.12.2　主要说明（摘录）

（1）整体面层

①找平层、整体面层的配合比，如设计规定与定额不同时，允许换算。

②整体面层的水泥砂浆、混凝土面层、瓜米石（石屑）、水磨石子目不包括水泥砂浆踢脚线工料，按相应定额子目执行。

③踢脚线高度均按 150 mm 编制，如设计规定高度与子目不同时，定额材料消耗量按高度比例进行增减调整，其余不变。

④台阶定额子目不包括牵边及侧面抹灰，另执行零星抹灰子目。

（2）块料面层

①同一铺贴面上如有不同种类、材质的材料，分别按相应定额子目执行。

②块料面层的水泥砂浆粘接厚度按 20 mm 编制，实际厚度不同时可按实调整。

③成品踢脚线按 150 mm 编制，设计高度与定额不同时，材料允许调整，其他不变。

④楼梯段踢脚线按相应定额子目人工乘以系数 1.15，其余不变。

⑤零星装饰项目适用于楼梯侧面、楼梯踢脚线中的三角形块料、台阶的牵边、小便池、蹲台、池槽以及单个面积在 0.5 m² 以内的其他零星项目。

5.12.3　楼地面工程量算例

【例5.47】　图 5.93 为房屋建筑平面示意图。M1 宽 1 000 mm，M2 宽 1 200 mm，M3 宽 900 mm，M4 宽 1 000 mm。墙体厚度均为 240 mm。如果设计地面为水泥砂浆面层，水泥砂浆踢脚板，试计算其相应工程量。

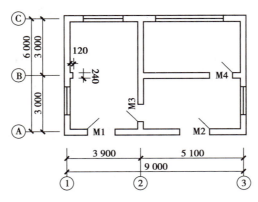

整体面层及找平层清单编制与计价

图 5.93 某房屋平面图

【解】 1.工程量计算

(1)水泥砂浆面层

水泥砂浆面层属于整体面层,应按设计图示尺寸以面积计算工程量。

$(6-0.24)\times(3.9-0.24)+(5.1-0.24)\times(3.0-0.24)\times2=47.91(m^2)$

(2)水泥砂浆踢脚板

楼地面踢脚线,按设计图示尺寸延长米计算。

$(6.0-0.24+3.9-0.24)\times2+(5.1-0.24+3.0-0.24)\times2\times2=49.32(m)$

2.套定额计取分部分项工程费

暂定水泥砂浆面层厚度为20 mm,水泥砂浆为现拌,配合比为1:2.5;暂定水泥砂浆踢脚板厚度为20 mm,水泥砂浆配合比为1:2.5;套用计价定额相应子目,进行地面分部分项工程费的计算,详见表5.54。

表 5.54 案例定额套用及分部分项工程费

序号	定额编号	项目名称	单位	工程量	综合单价(元)	合价(元)
1	AL0014	楼地面面层,水泥砂浆,厚度20 mm,现拌	100 m²	0.479 1	2 176.47	1 042.75
2	AL0043	踢脚板,水泥砂浆1:2.5,厚度20 mm	100 m	0.493 2	791.08	390.16
合计						1 432.91

【例5.48】 例5.47中,如果地面设计用水泥砂浆铺贴花岗石面层和踢脚板,其相应分部分项工程费又该为多少?

【解】 1.工程量计算

(1)花岗石面层

花岗石面层属于块料面层,工程量按实铺面积计算,也就是在室内净空面积的基础上再加上门洞开口部分面积。

块料面层清单编制与计价

室内净空面积=47.91 m²

门洞开口部分面积=$(1.0+1.2+0.9+1.0)\times0.24=0.98(m^2)$

附墙垛面积 = 0.24×0.12 = 0.03（m²）

花岗石面工程量 = 47.91+0.98−0.03 = 48.86（m²）

（2）花岗石踢脚板

块料踢脚板与水泥砂浆踢脚板工程量均按同一规则以延长米计算。

花岗石踢脚板工程量 = 49.32 m

2. 套定额计取分部分项工程费

暂定花岗岩面层周长 3 200 mm 以内，水泥砂浆 1∶2；暂定踢脚板为成品踢脚板，高度为 150 mm，水泥砂浆配合比为 1∶1；套用计价定额相应子目，进行地面分部分项工程费的计算，详见表 5.55。

表 5.55　案例定额套用及分部分项工程费

序号	定额编号	项目名称	单位	工程量	综合单价（元）	合价（元）
1	LA0001	石材楼地面，周长 3 200 mm 以内	10 m²	4.886	1 683.22	8 224.21
2	LA0046	石材成品踢脚板，水泥砂浆	10 m	4.932	282.61	1 393.83
合计						9 618.04

【例 5.49】 例 5.47 中，如果室外绕外墙有一道宽度 800 mm 的散水，试计算散水的分部分项工程费。

【解】 1. 工程量计算

（1）散水工程量

外墙外边线长度：$L_外$ =（9.0+0.24+6.0+0.24）×2 = 30.96（m）

散水工程量 = 30.96×0.8 +4×0.8×0.8 = 27.33（m²）（0.8×0.8 为四角散水工程量）

2. 套定额计取分部分项工程费

暂定散水为采用自拌混凝土，厚度 60 mm；套用计价定额相应子目，进行散水分部分项工程费的计算，详见表 5.56。

表 5.56　案例定额套用及分部分项工程费

序号	定额编号	项目名称	单位	工程量	综合单价（元）	合价（元）
1	AE0100	混凝土排水坡，自拌混凝土，厚度 60 mm	100 m²	0.273 3	4 604.12	1 258.31
合计						1 258.31

【例 5.50】 某大楼有等高的 8 跑楼梯，采用不锈钢钢管扶手栏杆，每跑楼梯高为 1.80 m，每跑楼梯扶手水平长度 3.80 m，扶手转弯处为 0.30 m，最后一跑楼梯连接的安全栏杆水平长度 1.55 m。求该大楼楼梯扶手栏杆分部分项工程费。

【解】 1. 工程量计算

扶手栏杆长度 = $\sqrt{1.80^2+3.80^2}$×8（跑）+0.30（转弯）×7 +1.55（水平）

= 4.205×8+2.10 +1.55 = 35.85（m）

2.套定额计取分部分项工程费

暂定不锈钢钢管栏杆为直形,竖条式;扶手为直形,φ60。套用计价定额相应子目,进行楼梯扶手栏杆分部分项工程费的计算,详见表5.57。

表5.57　案例定额套用及分部分项工程费

序号	定额编号	项目名称	单位	工程量	综合单价(元)	合价(元)
1	LF0059	不锈钢管栏杆,直形,竖条式	10 m	3.585	2 379.53	8 530.62
2	LF0074	不锈钢扶手,直形,φ60	10 m	3.585	646.18	2 316.56
合计						10 847.18

【例5.51】　图5.94是某6层楼房的双跑楼梯示意图。试计算该楼梯贴花岗石面层的分部分项工程费。

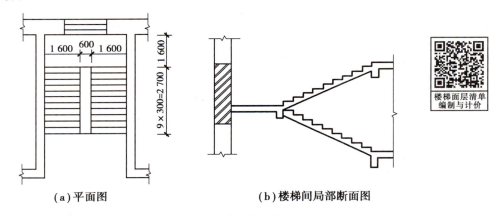

(a)平面图　　　　　(b)楼梯间局部断面图

图5.94　某6层楼房楼梯示意图

【解】　1.工程量计算

花岗石面层属块料面层,按实铺面积计算,宽度大于500 mm的楼梯井面积应该扣除。如果没有特殊说明,一般有6-1层楼梯。

$$S = [(1.6 + 2.7) \times (1.6 \times 2 + 0.6) - 2.7 \times 0.6] \times (6 - 1) = 73.60(\text{m}^2)$$

2.套定额计取分部分项工程费

暂定花岗岩面层采用粘结剂粘结,套用计价定额相应子目,进行楼梯花岗石面层分部分项工程费的计算,详见表5.58。

表5.58　案例定额套用及分部分项工程费

序号	定额编号	项目名称	单位	工程量	综合单价(元)	合价(元)
1	LA0058	石材楼梯石材面层,粘结剂	10 m²	7.360	2 613.74	19 237.13
合计						19 237.13

【例5.52】　某房屋室外台阶如图5.95所示,门厅及室外台阶均做水磨石面层。试根据图示尺寸,计算台阶及室外平台面层分部分项工程费。

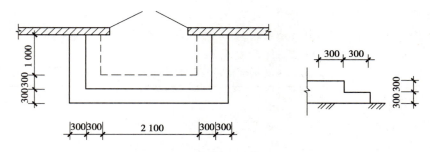

图 5.95　某房屋室外台阶示意图

【解】　1. 工程量计算

室外台阶由平台和台阶两部分组成,工程量分别计算,其中平台面积并入门厅地面工程量内。

①台阶面层工程量按水平投影面积计算,包括最上层踏步沿 300 mm。

$$S_{台阶} = (2.1 + 0.3 \times 4) \times (1.0 + 2 \times 0.3) - 2.1 \times 1.0 = 3.18(m^2)$$

②平台面层工程量

$$S_{平台} = 2.1 \times 1.0 = 2.1(m^2)$$

2. 套定额计取分部分项工程费

暂定水磨石台阶面层为普通(不分色),底层 20 mm,面层 15 mm;暂定水磨石室外平台面层为普通(不分色),底层 20 mm,面层 15 mm,嵌条。套用计价定额相应子目,进行台阶及室外平台面层分部分项工程费的计算,详见表 5.59。

表 5.59　案例定额套用及分部分项工程费

序号	定额编号	定额名称	单位	工程量	综合单价(元)	合价(元)
1	AL0061	水磨石台阶地面,普通,不分色,底层 20 mm,面层 15 mm,1:2	100 m²	0.031 8	18 751.49	596.30
2	AL0032	水磨石楼地面,普通,不分色,底层 20 mm,面层 15 mm,嵌条,1:2	100 m²	0.021	9 177.98	192.74
合计						789.04

【例 5.53】　某工程用水泥砂浆贴石材踢脚线 3 600 m,踢脚线设计高度为 180 mm,试按 2018《重庆市房屋建筑与装饰工程计价定额》计算其综合单价,并做工、料分析。

【解】　根据计算规则及定额说明:(整体、块料)踢脚线按设计尺寸以延长米计算;踢脚线按 150 mm 编制,设计高度与定额不同时,材料允许调整,其他不变。本例设计高度 180 mm 与定额规定高度 150 mm 不同,应该按定额说明进行相应调整。

踢脚线清单
编制与计价

首先按高度计算调整系数:180/150 = 1.2,再根据这个系数进行调整。

本例应套用计价定额子目 LA0044,调整计算见表 5.60。

表 5.60　踢脚板调整计算

序号	名　称	计量单位（10 m）	定额用量	调整系数	调整后用量	工程量	实际用量
1	综合单价	元	289.77		328.23		118 162.80
2	人工费	元	75.53	—	75.53		27 190.80
3	材料费	元	192.32	1.20	230.78		83 080.80
4	施工机具使用费	元	1.51	—	1.51		543.60
5	企业管理费	元	11.79	—	11.79		4 244.40
6	利润	元	7.26	—	7.26	360.00	2 613.60
7	一般风险费	元	1.36	—	1.36		489.60
8	镶贴综合工	工日	0.581		0.697		250.92
9	装饰石材	m²	1.550	1.20	1.860		669.60
10	水泥砂浆1∶2(特)	m³	0.020	1.20	0.024		8.640
11	素水泥浆	m³	0.001	1.20	0.001		0.360
12	白水泥	kg	0.210	1.20	0.252		90.720
13	其他材料费	元	0.55	1.20	0.66		237.60

5.13　墙(柱)面装饰工程量计算

本节结合第一册"墙、柱面一般抹灰工程"和第二册"装饰墙柱面工程"介绍相关的工程量计算规则。实际应用套用定额时应熟悉定额说明,严格按规定执行,才能正确进行单价的计算及工、料、机分析。

墙(柱)面装饰从做法上可以大致归类为:抹灰、镶贴、饰面。另外,还有室内分隔用的隔墙隔断、室外墙面的幕墙等装饰做法。

5.13.1　工程量计算规则

1)抹灰

①内墙面、墙裙抹灰工程量均按设计结构(有保温、隔热、防潮层者按其外表面尺寸)面积以"m²"计算。应扣除门窗洞口和单个面积>0.3 m² 的空圈所占面积,不扣除踢脚板、挂镜线以及单个面积在 0.3 m² 以内的孔洞和墙与构件交接处的面积,但门窗洞口、空圈、孔洞的侧壁和顶(底)面亦不增加。附墙柱(含附墙烟囱)的侧壁抹灰并入墙面、墙裙内计算。

②内墙面、墙裙的抹灰的长度以墙与墙间图示净长计算。其高度按下列规定计算:

a.无墙裙的,其高度按室内地面或楼面至天棚底面之间的距离计算。

b.有墙裙的,其高度按墙裙顶至天棚底面之间的距离计算。

c.有吊顶天棚的内墙抹灰,其高度按室内地面或楼面至天棚底面另加 100 mm 计算(有设

水泥砂浆墙面

计要求的除外）。

③外墙抹灰工程量，按设计结构面积（有保温、隔热、防潮层者按其外表面尺寸）以"m²"计算。应扣除门窗洞口、外墙裙（墙面与墙裙抹灰种类相同者应合并计算）和单个面积>0.3 m² 的孔洞所占面积，不扣除单个面积在 0.3 m² 以内的孔洞所占面积，门窗洞口及孔洞的侧壁和顶面(底面)面积亦不增加。附墙柱(含附墙烟囱)侧面抹灰面积应并入外墙面抹灰工程量内。

④柱抹灰按结构断面周长乘以抹灰高度以"m²"计算。

⑤"装饰线条"的抹灰，按设计图示尺寸以"延长米"计算。

⑥装饰抹灰分格、填色，按设计图示展开面积以"m²"计算。

⑦"零星项目"的抹灰，按设计图示展开面积以"m²"计算。

⑧单独的外窗台抹灰长度，如设计图纸无规定时，按窗洞口宽两边共加 200 mm 计算。

⑨钢丝(板)网铺贴，按设计图示尺寸或实铺面积计算。

瓷砖贴面

2)镶贴块料面层

①墙柱面块料面层，按设计饰面实铺面积以"m²"计算，应扣除门窗洞口和单个面积大于 0.3 m² 的空圈所占的面积，不扣除单个面积在 0.3 m² 以内的孔洞所占面积。

②专用勾缝剂工程量计算，按块料面层计算规则执行。

外墙装修

3)其他饰面

墙柱面其他饰面面层按设计饰面层实铺面积以"m²"计算，龙骨、基层按饰面面积以"m²"计算，应扣除门窗洞口和单个面积大于 0.3 m² 的空圈所占的面积，不扣除单个面积在 0.3 m² 以内的孔洞所占面积。

4)幕墙、隔断

①全玻幕墙，按设计图示面积以"m²"计算。带肋全玻幕墙的玻璃肋并入全玻幕墙内计算。

②带骨架玻璃幕墙，按设计图示框外围面积以"m²"计算。与幕墙同种材质的窗所占面积不扣除。

③金属幕墙、石材幕墙，按设计图示框外围面积以"m²"计算，应扣除门窗洞口面积，门窗洞口侧壁工程量并入幕墙面积内计算。

④幕墙定额子目不包含预埋铁件或后置埋件，发生时按实计算。

⑤隔断，按设计图示外框面积以"m²"计算，应扣除门窗洞口及单个在 0.3 m² 以上的孔洞所占的面积，门窗按相应定额子目执行。

5.13.2 墙柱面装饰工程量主要说明(摘录)

1)抹灰

①砂浆种类、配合比，如设计或经批准的施工组织设计与定额规定不同时，允许调整，人工、机械不变。

②抹灰厚度如设计与定额规定不同时，允许调整。

③抹灰中"零星项目"适用于：各种壁柜、碗柜、池槽、阳台栏板（栏杆）、雨篷线、天沟、扶手、花台、梯帮侧面、遮阳板、飘窗板、空调隔板以及凸出墙面宽度 500 mm 以内的挑板、展开宽度在 500 mm 以上的线条及单个面积在 0.5 m² 的抹灰（第一册）；各种天沟、扶手、花台、梯帮侧面以及凸出墙面宽度 500 mm 以内的挑板、展开宽度在 500 mm 以上的线条及单个面积在 0.5 m² 的抹灰（第二册）。

④抹灰子目中已包括图集要求的刷素水泥浆和建筑胶浆，不含界面剂处理，如设计要求时，按相应子目执行。

⑤如设计要求混凝土面需凿毛时，其费用另行计算。

2）块料面层

①镶贴块料子目中，面砖分别按缝宽 5 mm 和密缝考虑，如灰缝宽度不同，其块料及灰缝材料（水泥砂浆 1∶1）用量允许调整，其余不变。调整公式如下：

10 m² 块料用量 = 10 m²×（1+损耗率）÷[（块料长+灰缝宽）×（块料宽+灰缝宽）]

10 m² 灰缝砂浆用量 =（10 m²－块料长×块料宽×10 m² 相应灰缝的块料用量）×灰缝深×（1+损耗率）

②镶贴块料面层及墙柱面装饰"零星项目"适用于：各种壁柜、碗柜、池槽、阳台栏板（栏杆）、雨篷线、天沟、扶手、花台、梯帮侧面、遮阳板、飘窗板、空调隔板、压顶、门窗套、扶手、窗台线以及凸出墙面宽度 500 mm 以内的挑板、展开宽度在 500 mm 以上的线条及单个面积在 0.5 m² 的项目。

③墙柱面贴块料高度在 300 mm 以内者，按踢脚板定额子目执行。

3）其他饰面

①定额子目中龙骨（骨架）材料消耗量，如设计用量与定额取定用量不同时，材料消耗量应予调整，其余不变。

②墙面龙骨基层是按双向编制的，如设计为单向时，人工乘以系数 0.55。

③隔墙（间壁）、隔断（护壁）面层定额子目均未包括压条、收边、装饰线（板），如设计要求时，按相应定额子目执行。

④铝塑板、铝单板定额子目仅适用于室内装饰工程。

4）幕墙、隔断

①铝合金明框玻璃幕墙是按 120 系列、隐框和半隐框玻璃幕墙是按 130 系列、铝塑板（铝板）幕墙是按 110 系列编制的。幕墙定额子目在设计与定额材料消耗量不同时，材料有限调整，其余不变。

②玻璃幕墙设计有开窗者，并入幕墙面积计算，窗型材、窗五金用量相应增加。

③点式支撑全玻璃幕墙定额子目不包括承载受力结构。

④玻璃幕墙中的玻璃是按成品玻璃编制的；幕墙中的避雷装置已综合，幕墙的封边、封顶按相应定额项目执行，封边、封顶材料与定额不同时，材料允许调整，其余不变。

5.13.3 墙柱面工程量算例

【例 5.54】 图 5.96、图 5.97 是某单层建筑物的平面和剖面图，试按图示尺寸计算内墙抹灰分部分项工程费。

墙面抹灰清单编制与计价

墙面块料面层清单编制与计价

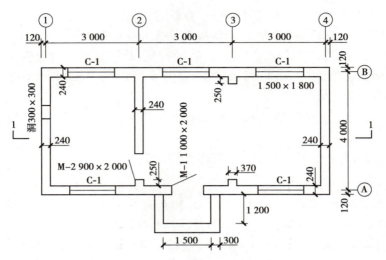

图 5.96　某单层房屋平面图

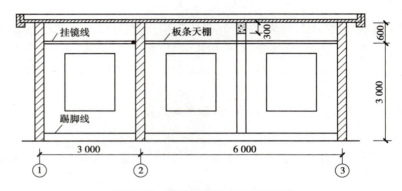

图 5.97　某单层房屋 1—1 剖面图

【解】　1. 工程量计算

内墙面抹灰工程量为内墙面净面积,即内墙净长乘以抹灰高度。内墙面高度按下列规定计算:无墙裙的,其高度按室内地面或楼面至天棚底面之间的距离计算;有墙裙的,其高度按墙裙顶至天棚底面之间的距离计算;有吊顶天棚的内墙抹灰,其高度按室内地面或楼面至天棚底面另加 100 mm 计算(有设计要求的除外)。

应扣除门窗洞口和单个面积>0.3 m² 的空圈所占面积,不扣除踢脚板、挂镜线以及单个面积在 0.3 m² 以内的孔洞和墙与构件交接处的面积,但门窗洞口、空圈、孔洞的侧壁和顶(底)面亦不增加。附墙柱(含附墙烟囱)的侧壁抹灰并入墙面内计算。

本例内墙抹灰工程量计算如下:

$$S_{内} = (6 - 0.12 \times 2 + 0.25 \times 2 + 4 - 0.12 \times 2) \times 2 \times (3 + 0.1) - 1.5 \times 1.8 \times 3 - 1 \times 2 -$$
$$0.9 \times 2 + (3 - 0.12 \times 2 + 4 - 0.12 \times 2) \times 2 \times 3.6 - 1.5 \times 1.8 \times 2 - 0.9 \times 2$$
$$= 89.97(\text{m}^2)$$

2. 套定额计取分部分项工程费

暂定内墙面采用现拌水泥砂浆抹灰,套用计价定额相应子目,进行内墙面抹灰分部分项工程费的计算,详见表5.61。

表5.61　案例定额套用及分部分项工程费

序号	定额编号	项目名称	单位	工程量	综合单价(元)	合价(元)
1	AM0001	墙面、墙裙水泥砂浆抹灰,砖墙,内墙,现拌砂浆	100 m²	0.899 7	2 112.96	1 901.03
		合计				1 901.03

【例5.55】　图5.98是例5.54房屋的正立面图,试根据图示尺寸计算外墙裙(水泥砂浆)分部分项工程费。

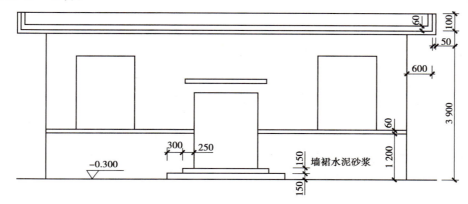

图5.98　某单层房屋正立面图

【解】　1.工程量计算

水泥砂浆外墙裙工程量计算如下:

外墙外边线长度$=(9+0.24+4+0.24)\times2=26.96(m)$

$S_{外墙裙}=26.96\times1.2-1\times(1.2-0.15\times2)-(1.5+2\times0.3)\times0.15-1.5\times0.15=30.91(m^2)$

2.套定额计取分部分项工程费

暂定外墙面墙裙水泥砂浆抹灰,采用现拌砂浆,套用计价定额相应子目,进行外墙裙分部分项工程费的计算,详见表5.62。

表5.62　案例定额套用及分部分项工程费

序号	定额编号	项目名称	单位	工程量	综合单价(元)	合价(元)
1	AM0004	墙面、墙裙水泥砂浆抹灰,砖墙,外墙,现拌砂浆	100 m²	0.309 1	2 935.08	907.23
		合计				907.23

5.14 天棚工程量计算

天棚即楼(屋面)板之下屋顶的装饰层面,可简单地划分为直接顶和悬挂顶。直接顶构造做法通常为"抹灰+腻子+面漆";悬挂顶就是"吊顶",一般由"龙骨(含吊杆)+基层+面层"组成。

本节结合第一册的"天棚面一般抹灰工程"和第二册的"天棚工程",叙述天棚工程量计算规则主要部分,摘录定额说明的主要条款。实际工作时,必须熟悉定额规则、定额说明,严格按规则和说明进行计量计价活动。

5.14.1 天棚工程量计算规则

1) 天棚抹灰

①天棚抹灰的工程量,按墙与墙间的净面积以"m^2"计算,不扣除柱、附墙烟囱、垛、管道孔、检查口、单个面积在 0.3 m^2 以内孔洞及窗帘盒所占的面积。有梁板(含密肋梁板、井字梁板、槽形板等)底的抹灰按展开面积以"m^2"计算,并入天棚抹灰工程量内。

天棚抹灰

②檐口天棚宽度在 500 mm 以上的挑板抹灰应并入相应的天棚抹灰工程量内计算。

③阳台底面抹灰,按水平投影面积以"m^2"计算,并入相应天棚抹灰工程量内。阳台带悬臂梁者,其工程量乘以系数 1.30。

④雨篷底面或顶面抹灰分别按水平投影面积(拱形雨篷按展开面积)以"m^2"计算,并入相应天棚抹灰工程量内。雨篷顶面带反沿或反梁者,其顶面工程量乘系数 1.20;底面带悬臂梁者,其底面工程量乘以系数 1.20。

⑤板式楼梯底面的抹灰面积(包括踏步、休息平台以及小于 500 mm 宽的楼梯井),按水平投影面积乘以系数 1.3 计算,锯齿楼梯底板抹灰面积(包括踏步、休息平台以及小于 500 mm 宽的楼梯井),按水平投影面积计算乘以系数 1.5 计算。

⑥计算天棚装饰线时,分别按三道线以内或五道线以内以"延长米"计算。

2) 吊顶

①各种吊顶天棚龙骨,按墙与墙之间面积以"m^2"计算(多级造型、拱弧形、工艺穹顶天棚、斜平顶龙骨,按设计展开面积计算),不扣窗帘盒、检修孔、附墙烟囱、柱、垛和管道、灯槽、灯孔所占面积。

岩棉吸音板吊顶

②天棚基层、面层,按设计展开面积以"m^2"计算,不扣除附墙烟囱、垛、检查口、管道、灯孔所占面积,但应扣除单个面积在 0.3 m^2 以上的孔洞、独立柱、灯槽及天棚相连的窗帘盒所占的面积。

③采光天棚,按设计框外围展开面积以"m^2"计算。

④楼梯底面的装饰面层工程量,按设计展开面积以"m^2"计算。

5.14.2　天棚工程量计算说明(摘录)

1)天棚抹灰

①砂浆种类、配合比,如设计或经批准的施工组织设计与定额规定不同时,允许调整,人工和机械不变。

②楼梯底板抹灰执行天棚抹灰相应定额子目,其中锯齿形楼梯按相应定额子目人工乘以系数1.35。

③天棚抹灰定额子目不包含基层打(钉)毛,如设计需要打毛时应另行计算。

④天棚和墙面交角抹灰呈圆弧形已综合考虑在定额子目中,不得另行计算。

2)吊顶

①当天棚面层为拱、弧形时,称为拱(弧)形天棚;天棚面层为球冠时,称为工艺穹顶。

②在同一功能分区内,天棚面层无平面高差的为平面天棚,天棚面层有平面高差的为跌级天棚,跌级天棚基层板及面层按平面相应定额子目人工乘以系数1.2。

③斜平顶天棚龙骨、基层、面层,按平面定额子目人工乘以系数1.15,其余不变。

④定额中吊顶的铁件、金属构件已包括刷防锈漆一遍,如设计需要刷两遍及多遍时,按相应定额子目执行。

⑤定额中吊顶龙骨的种类、间距、规格和基层、面层材料的型号、规格是按常用材料和常用做法编制的,如设计与定额不同时,材料耗料应予调整,其余不变。

5.14.3　天棚工程量算例

天棚抹灰清单
编制与计价

天棚吊顶清单
编制与计价

【例5.56】　计算图5.96、图5.97、图5.98所示房屋的天棚抹灰分部分项工程费。相关的数据如下:③轴线处的梁断面为370 mm×300 mm,四周挑檐宽度600 mm,雨篷尺寸1 500 mm×1 200 mm。

【解】　1.工程量计算

天棚抹灰的工程量按墙与墙间的净面积以 m² 计算,不扣除柱、附墙烟囱、垛、管道孔、检查口、单个面积在 0.3 m² 以内孔洞及窗帘盒所占的面积。有梁板底的抹灰按展开面积以"m²"计算,并入天棚抹灰工程量内。檐口天棚宽度在500 mm以上的挑板抹灰并入相应的天棚抹灰工程量内计算。

本例的天棚抹灰工程量计算如下:

$$
\begin{aligned}
S_{天棚} = &(3 - 0.24) \times (4 - 0.24) + (6 - 0.24) \times (4 - 0.24)(顶棚) + 0.3 \times 2 \times \\
&(4 - 0.24)(梁侧面) + 1.5 \times 1.2 \times 2(雨篷) + (26.96 + 8 \times 0.3) \times 0.6(挑檐) \\
= &55.51(m^2)
\end{aligned}
$$

2.套定额计取分部分项工程费

暂定天棚抹灰采用现拌水泥砂浆,套用计价定额相应子目,进行天棚抹灰分部分项工程费的计算,详见表5.63。

表 5.63　案例定额套用及分部分项工程费

序号	定额编号	项目名称	单位	工程量	综合单价(元)	合价(元)
1	AN0001	混凝土面,水泥砂浆,现拌	10 m²	5.551	205.85	1 142.67
		合计				1 142.67

5.15　油漆、涂料、裱糊及其他装饰工程量计算

本节介绍第二册"油漆、涂料、裱糊工程"和"其他装饰工程"的主要计算规则、定额说明的主要部分,包括:门油漆,窗油漆,木扶手及其他板条、线条油漆,金属面油漆,喷刷油漆,裱糊;包括:柜类、货架,压条、装饰条,扶手、栏杆,楼板装饰,浴厕配件,雨篷、旗杆,招牌、灯饰,美术字。

5.15.1　主要计算规则

1)油漆、涂料、裱糊工程主要计算规则

①抹灰面油漆、涂料工程量,按相应的抹灰工程量计算规则计算。

②龙骨、基层板刷防火涂料(防火漆)的工程量,按相应的龙骨、基层板工程量计算规则计算。

③木材面及金属面油漆工程量分别按表 5.64—表 5.69 的计算规则计算。

④木楼梯(不包括底面)油漆,按水平投影面积乘以系数 2.3,执行木地板油漆相应定额子目。

⑤木地板油漆、打蜡工程量,按设计图示面积以"m²"计算。空洞、空圈、暖气包槽、壁龛的开口部分并入相应的工程量内。

⑥裱糊工程量,按设计图示面积以"m²"计算,应扣除门窗洞口所占面积。

⑦混凝土花格窗、栏杆花饰油漆、涂料工程量,按单面外围面积乘以系数 1.82 计算。

表 5.64　木门油漆工程量计算规则

序号	项目名称	系数	工程量计算方法
1	单层木门	1.00	
2	双层(一玻一纱)木门	1.36	
3	双层(单裁口)木门	2.00	按单面洞口面积计算
4	单层全玻门	0.83	
5	木百叶门	1.25	
6	厂库大门	1.10	

表5.65　木窗油漆工程量计算规则

序号	项目名称	系数	工程量计算方法
1	单层玻璃窗	1.00	
2	双层(一玻一纱)木窗	1.36	
3	双层(单裁口)木窗	2.00	
4	双层框三层(二玻一纱)木窗	2.60	按单面洞口面积计算
5	单层组合窗	0.83	
6	双层组合窗	1.13	
7	木百叶窗	1.50	

表5.66　木扶手油漆工程量计算规则

序号	项目名称	系数	工程量计算方法
1	木扶手(不带托板)	1.00	
2	木扶手(带托板)	2.60	
3	窗帘盒	2.04	按"延长米"计算
4	封檐板、顺水板	1.74	
5	挂衣板、黑板框、木线条100 mm以外	0.52	
6	挂镜线、窗帘棍、木线条100 mm以内	0.35	

表5.67　其他木材面油漆工程量计算规则

序号	项目名称	系数	工程量计算方法
1	木板、木夹板、胶合板天棚(单面)	1.00	
2	木护墙、木墙裙	1.00	
3	窗台板、盖板、门窗套、踢脚线	1.00	
4	清水板条天棚、檐口	1.07	长×宽
5	木格栅吊顶天棚	1.20	
6	鱼鳞板墙	2.48	
7	吸音板墙面、天棚面	1.00	
8	屋面板(带檩条)	1.11	斜长×宽
9	木间壁、木隔断	1.90	单面外围面积
10	玻璃间壁露明墙筋	1.65	单面外围面积
11	木栅栏、木栏杆(带扶手)	1.82	
12	木屋架	1.79	跨度(长)×中高/2
13	衣柜、壁柜	1.00	按实刷展开面积
14	梁柱饰面、零星木装修	1.00	展开面积

表 5.68　单层钢门窗油漆工程量计算规则

序号	项目名称	系数	工程量计算方法
1	单层钢门窗	1.00	洞口面积
2	双层(一玻一纱)钢门窗	1.48	
3	钢百叶钢门	2.74	
4	半截百叶钢门	2.22	
5	满钢门或包铁皮门	1.63	
6	钢折叠门	2.30	
7	射线防护门	2.96	框(扇)外围面积
8	厂库房平开、推拉门	1.70	
9	铁(钢)丝网大门	0.81	
10	金属间壁	1.85	长×宽
11	平板屋面(单面)	0.74	斜长×宽
12	瓦垄板屋面(单面)	0.89	
13	排水、伸缩缝盖板	0.78	展开面积
14	钢栏杆	0.92	单面外围面积

表 5.69　其他金属面油漆工程量计算规则

序号	项目名称	系数	工程量计算方法
1	钢屋架、天窗架、挡风架、屋架梁、支撑、檩条	1.00	质量(t)
2	墙架(空腹式)	0.50	
3	墙架(格板式)	0.82	
4	钢柱、吊车梁、花式梁、柱、空花构件	0.63	
5	操作台、走台、制动梁、钢梁车挡	0.71	
6	钢栅栏门、栏杆、窗栅	1.71	
7	钢爬梯	1.18	
8	轻型屋架	1.42	
9	踏步式钢扶梯	1.05	
10	零星铁件	1.32	

2)其他装饰工程量计算规则

(1)柜类、货架

柜台、收银台、酒吧台,按设计图示尺寸以"延长米"计算;货架、附墙衣柜类,按设计图示尺寸以正立面的高度(包括脚的高度在内)乘以宽度以"m²"计算。

(2)压条、装饰线

①木装饰线、石膏装饰线、金属装饰线、石材装饰线,按设计图示长度以"m²"计算。

②柱墩、柱帽、木雕花饰件、石膏角花、灯盘,按设计图示数量以"个"计算。

③石材磨边、面砖磨边,按长度以"延长米"计算。

④打玻璃胶,按长度以"延长米"计算。

(3)扶手、栏杆、栏板装饰

①扶手、栏杆、栏板、成品栏杆(带扶手),按设计图示中心线长度以"延长米"计算,不扣除弯头长度。如遇木扶手、大理石扶手为整体弯头时,扶手消耗量需扣除整体弯头的长度,设计不明确者,每只整体弯头按400 mm扣除。

②单独弯头,按设计图示数量以"个"计算。

5.15.2　定额说明(摘录)

1)油漆、涂料、裱糊

①油漆、涂料饰面涂刷是按手工操作编制的,喷涂是按机械操作编制的,实际操作方法不同时,不作调整。

②喷涂、涂刷遍数与设计要求不同时,应按每增、减一遍定额子目进行调整。

③抹灰面油漆、涂料、裱糊子目均未包括腻子,如发生时,另按相应定额子目执行。

④天棚刮腻子、刷油漆及涂料时,按抹灰面相应定额子目人工乘以系数1.3,材料乘以系数1.1。

⑤抹灰面刮腻子、油漆、涂料定额子目中,"零星项目"适用于:小型池槽、压顶、垫块、扶手、门框、阳台立柱、栏杆、栏板、挡水线、挑出梁柱、墙外宽度小于500 mm的线(角)、板(包括空调板、阳光窗、雨篷)以及单个体积不超过0.02 m³的现浇构件等。

⑥独立柱(梁)面刮腻子、刷油漆及涂料时,按墙面相应定额子目执行,人工乘以系数1.1,材料乘以系数1.05。

2)其他装饰

①柜台、收银台、酒吧台、货架、附墙衣柜等系参考定额,材料消耗量可按实调整。

②扶手、栏杆、栏板(护窗栏杆除外)适用于楼梯、走廊、回廊及其他装饰性扶手、栏杆、栏板。

③本部分定额子目中铁件、金属构件已包括刷防锈漆一遍,如设计需要刷两遍或多遍时,按金属工程章节中相应定额子目执行。

④设计栏杆、栏板的材料消耗量与定额不同时,其消耗量可以调整。

5.16　措施项目工程量计算

本节以《重庆市房屋建筑与装饰工程计价定额》第一册"措施项目"为主,结合第二册"垂直运输及超高降效",介绍主要的施工措施项目及计算规则。第一册包括:综合脚手架,单项脚手架,建筑物垂直运输,超高施工增加,大型机械设备安拆及场外运输;第二册包括:建筑物垂直运输,超高施工增加。实际工作中,应结合具体工程情况严格按定额规定确定措施项目、准确计算措施项目工程量及费用。

措施项目中的脚手架是工程建设中几乎必不可少的措施项目。它是为工程施工而搭设的上料、堆料与施工作业用的临时平台。

脚手架的种类很多,也有不同的分类方法:按用途分有结构脚手架(用于砌筑、混凝土浇筑等)、装修脚手架和支撑脚手架等;按搭设位置分有外脚手架、里脚手架;按使用材料分有木脚手架、竹脚手架、金属脚手架等;按构造形式分有多立杆式、吊式、挂式、悬挑式、可升降式、桥式等。

《重庆市房屋建筑与装饰工程计价定额》中的脚手架是按钢管架料编制,并将脚手架分为综合脚手架、单项脚手架。

5.16.1 措施项目计算规则

1)综合脚手架

综合脚手架面积,按建筑面积及附加面积之和以"m²"计算。建筑面积按《建筑工程建筑面积计算规范》计算;不能计算建筑面积的屋面架构、封闭空间等的附加面积,按以下规则计算:

①屋面现浇混凝土水平构架的综合脚手架面积应按以下规则计算:建筑装饰造型及其他功能需要在屋面上施工现浇混凝土构架,高度在 2.2 m 以上时,其面积≥整个屋面面积 1/2 者,按其构架外边柱外围水平投影面积的 70% 计算;其面积≥整个屋面面积 1/3 者,按其构架外边柱外围水平投影面积的 50% 计算;其面积<整个屋面面积 1/3 者,按其构架外边柱外围水平投影面积的 25% 计算。

②架构内的封闭空间(含空调间)净高满足 1.2 m<h<2.1 m 时,按 1/2 面积计算;净高 h>2.1 m 时,按全面积计算。

③高层建筑设计室外不加以利用的板或有梁板,按水平投影面积的 1/2 计算。

④骑楼、过街楼底的通道,按通道长度乘以宽度以全面积计算。

2)单项脚手架

①双排脚手架、里脚手架均按其服务面的垂直投影面积以"m²"计算,其中:

a. 不扣除门窗洞口和空圈所占面积。

b. 独立砖柱高度在 3.6 m 以内者,按柱外围周长乘实砌高度按里脚手架计算;高度在 3.6 m 以上者,按柱外围周长加 3.6 m 乘实砌高度按单排脚手架计算;独立混凝土按柱外围周长加 3.6 m 乘以浇筑高度,按双排脚手架计算。

c. 独立石柱高度在 3.6 m 以内者,按柱外围周长乘实砌高度计算工程量;高度在 3.6 m 以上者,按柱外围周长加 3.6 m 乘实砌高度计算工程量。

d. 围墙高度从自然地坪至围墙顶计算,长度按墙中心线计算,不扣除门所占的面积,但门柱和独立门柱的砌筑脚手架不增加。

②悬空脚手架,按搭设的水平投影面积以"m²"计算。

③挑脚手架,按搭设长度乘以搭设层数,以"延长米"计算。

④满堂脚手架,按搭设的水平投影面积以"m²"计算,不扣除垛、柱所占的面积。满堂基础脚手架工程量,按其底板面积计算。高度在 3.6 ~ 5.2 m 时,按满堂脚手架基本层计算;高

度超过 5.2 m 时,每增加 1.2 m,按增加一层计算,增加高度在 0.6 m 以内,舍去不计。

⑤满堂式钢管支架工程量,按搭设的水平投影面积乘以支撑高度以"m³"计算,不扣除垛、柱所占的体积。

⑥水平防护架,按脚手板实铺的水平投影面积以"m²"计算。

⑦垂直防护架以两侧立杆之间距离乘以高度(从自然地坪算至最上层横杆)以"m²"计算。

⑧安全过道,按搭设的水平投影面积以"m²"计算。

⑨建筑物垂直封闭工程量,按封闭面的垂直投影面积以"m²"计算。

⑩电梯井字架,按搭设高度以"座"计算。

3)建筑物垂直运输

①第一册(房屋建筑工程):建筑物垂直运输面积,应分单层、多层和檐高,按综合脚手架面积以"m²"计算。

②第二册(装饰工程):建筑物垂直运输工程量分别按不同的垂直运输高度(单层建筑物系檐高)以定额工日计算。

4)超高施工增加

①第一册(房屋建筑工程):超高施工增加工程量应分不同檐高,按建筑物超高(单层建筑物檐高>20 m,多层建筑物大于 6 层或檐高>20 m)部分的综合脚手架面积以"m²"计算。

②第二册(装饰工程):超高施工增加工程量应区别不同的垂直运输高度(单层建筑物系檐高),檐高大于 20 m 的单层建筑物按单位工程工日计算;多层建筑物按建筑物超高部分(大于 6 层或檐高>20 m)的定额工日计算。

5)大型机械设备安拆及场外运输

①大型机械设备安拆及场外运输,按使用机械设备的数量以"台次"计算。

②起重机固定式、施工电梯基础以"座"计算。

5.16.2　定额说明

1)一般说明

①建筑物檐高是以设计室外地坪至檐口滴水的高度(平屋顶系指屋面板底高度,斜屋面系指外墙外边线与斜屋面板底的交点)为准。凸出主体建筑物屋顶的楼梯间、电梯间、水箱间、屋面天窗、构架、女儿墙等不计入檐高之内。

②同一建筑物有不同檐高时,按建筑物的不同檐高纵向分割,分别计算建筑面积,并按各自的檐高执行相应子目。

③同一建筑物有几个室外地坪标高或檐口标高时,应按纵向分割的原则确定檐高;室外地坪标高以同一室内地坪标高面相应的最低室外地坪标高为准。

2)脚手架工程

①脚手架是按钢管式脚手架编制的,施工中实际采用竹、木和其他脚手架时,不允许调整。

②综合脚手架和单项脚手架已综合考虑了斜道、上料平台、防护栏杆和水平安全网。

③定额未考虑地下室架料拆除后超过30 m的人工水平转运,发生时按实计算。

④各项脚手架消耗量中未包括脚手架基础加固。基础加固是指计算立杆下端以下或脚手架底座以下的一切做法(如混凝土基础、垫层等),发生时按批准的施工组织设计计算。

⑤综合脚手架:

a.凡能够按"建筑面积计算规则"计算建筑面积的建筑工程,均按综合脚手架项目计算脚手架摊销费。

b.综合脚手架已综合考虑了砌筑、浇筑、吊装、一般装饰等脚手架费用,除满堂基础和3.6 m以上的天棚吊顶、幕墙脚手架及单独二次设计的装饰工程按规定单独计算以外,不再计算其他脚手架摊销费。

c.综合脚手架已包含外脚手架摊销费,其外脚手架按悬挑式脚手架、提升式脚手架综合考虑,外脚手架高度在20 m以上,外立面按有关要求或批准的施工组织设计采用落地式等双排脚手架进行全封闭的,另执行相应高度的双排脚手架子目,人工乘以系数0.3,材料乘以系数0.4。

d.多层建筑综合脚手架是按层高3.6 m以内进行编制的,如层高超过3.6 m,该层综合脚手架按每增加1.0 m(不足1 m按1 m计算)增加系数10%计算。

e.执行综合脚手架的建筑物,有下列情况时,另执行单项脚手架子目:

● 砌筑高度在1.2 m以外的管沟墙及砖基础,按设计图示砌筑长度乘以高度以面积计算,执行里脚手架子目。

● 建筑物内的贮水(油)池、设备基础等构筑物,按相应单项脚手架计算。

● 建筑装饰造型及其他功能需要在屋面上施工现浇混凝土排架按双排脚手架计算。

● 按照建筑面积计算规范的有关规定未计入建筑面积,但施工过程中确需搭设脚手架的部位(连梁),应另外执行单项脚手架项目。

⑥单项脚手架:

a.凡不能够按"建筑面积计算规则"计算建筑面积的建筑工程,确需搭设脚手架时,按单项脚手架项目计算脚手架摊销费。

b.单项脚手架按施工工艺分项工程编制,不同分项工程应分别计算单项脚手架。

c.悬空脚手架是通过特设的支承点用钢丝绳沿对墙面拉起,工作台在上面滑移施工,适用于悬挑宽度在1.2 m以上的有露出屋架的屋面板勾缝、油漆或喷浆等部位。

d.挑脚手架是指悬挑宽度在1.2 m以内的采用悬挑形式搭设的脚手架。

e.满堂式钢管支撑架是指在纵、横方向,由不小于三排立杆并与水平杆、水平剪刀撑、竖向剪刀撑、扣件等构成的,为钢结构安装或浇筑混凝土构件等搭设的承力支架。只包括搭拆的费用,使用费根据设计(含规范)或批准的施工组织设计另行计算。

f.满堂脚手架是指在纵、横方向,由不小于三排立杆并与水平杆、水平剪刀撑、竖向剪刀撑、扣件等构成的操作脚手架。

g.水平防护架和垂直防护架,均指在脚手架以外,单独搭设的用于车马通道、人行通道、临街防护和将施工与其他物体隔离的水平及垂直防护架。

h.安全过道是指在脚手架以外,单独搭设的用于车马通行、行人通行的封闭通道。不含两侧封闭防护,防护时另行计算。

i. 建筑物垂直封闭是在利用脚手架的基础上挂网的工序,不包含脚手架搭拆。

j. 采用单排脚手架搭设时,按双排脚手架子目乘以系数0.7。

k. 建筑物水平防护架、垂直防护架、安全通道、垂直封闭子目是按8个月施工期限(自搭设之日起至拆除日期)编制的。超过8个月施工期的工程,子目中的材料应乘以表5.70中的系数,其他不变。

表5.70　防护架材料系数

施工期(月)	10	12	14	16	18	20	22	24	26	28	30
系　数	1.18	1.39	1.64	1.94	2.29	2.70	3.19	3.76	4.44	5.23	6.18

⑦电梯井架每一电梯台数为一孔,即为一座。

3)垂直运输

①定额施工机械是按常见施工机械编制的,实际施工不同时不允许调整,特殊建筑经建设、监理单位及专家论证审批后允许调整。

②垂直运输工作内容,包括单位工程在合理工期内完成全部工程项目所需要的垂直运输机械台班,除定额已编制的大型机械进出场及安拆子目外,其他运输机械的进出场费、安拆费用已包括在台班单价中。

③定额垂直运输子目不包含基层施工所需的垂直运输费用,基层施工时按批准的施工组织设计按实计算。

④檐高3.6 m以内的单层建筑物,不计算垂直运输机械。

⑤地下室、半地下室垂直运输的规定如下:

a. 地下室无地面建筑物(或无地面建筑物的部分),按地下室结构顶面至底板结构上表面高差(以下简称"地下室深度")作为檐高。

b. 地下室有地面建筑的部分"地下室深度"大于其上的地面建筑檐高时,以"地下室深度"作为计算垂直运输的檐高;"地下室深度"小于其上的地面建筑物檐高时,按地面建筑相应檐高计算。

c. 垂直运输机械布置于地下室底层时,檐高应以布置点的地下室底板顶标高至檐口的高度计算,执行相应檐高的垂直运输子目。

4)超高施工增加

①超高施工增加是指单层建筑物檐高大于20 m,多层建筑物大于6层或檐高大于20 m的人工、机械降效、通信联络、高层加压水泵的台班费。

②单层建筑物檐高大于20 m时,按综合脚手架面积计算施工降效费,执行相应檐高定额子目乘以系数0.2;多层建筑物大于6层或檐高大于20 m时,均应按超高部分的脚手架面积计算超高施工降效费,超过20 m且超过部分不足所在层层高时,按1层计算。

5)大型机械设备进出场及安拆

(1)固定式基础

①塔式起重机基础混凝土体积是按30 m³以内综合编制的,施工电梯基础混凝土体积是按8 m³以内编制的,实际混凝土体积超过规定值时,超过部分执行混凝土及钢筋混凝土工程

章节中相应子目。

②固定式基础包含基础土石方开挖,不包含余渣运输等工作内容,发生时按相应项目另行计算。基础若需增加桩基础时,其桩基础项目另执行基础工程中相应子目。按施工组织设计或方案施工的固定式基础实际钢筋用量不同时,其超过定额消耗量部分执行现浇钢筋制作安装定额子目。

③自升式塔式起重机是按固定式基础、带配重确定的。不带配重的自升式塔式起重机固定式基础,按施工组织设计或方案另行计算。

④自升式塔式起重机行走轨道按施工组织设计或方案另行计算。

⑤混凝土搅拌站的基础按基础工程章节相应项目另行计算。

(2)特、大型机械安装及拆卸

①特、大型机械安装及拆卸是以塔高45 m确定的,如塔高超过45 m,每增高10 m(不足10 m按10 m计算),安拆项目增加20%。

②塔机安拆高度按建筑物塔机布置点地面至建筑物结构最高点加6 m计算。

③安拆台班中已包括机械安装完毕后的试运转台班。

(3)特、大型机械场外运输

①机械场外运输是按30 km考虑的。

②机械场外运输综合考虑了机械施工完毕后回程的台班。

③自升式塔机是以塔高45 m确定的,如塔高超过45 m,每增高10 m场外运输项目增加10%。

④定额特大型机械缺项时,其安装、拆卸、场外运输费发生时按实计算。

5.16.3 措施项目工程量算例

【例5.57】 某建筑为一栋5层楼房,建筑面积2 400 m²,檐口高度16 m。试计算其脚手架措施项目费。

【解】 1.工程量计算

按"综合脚手架"计算;综合脚手架工程量为2 400 m²;

2.套定额计取措施项目费

套用计价定额相应子目,进行综合脚手架措施项目费的计算,详见表5.71。

表5.71 定额套用及措施项目费

序号	定额编号	项目名称	单位	工程量	综合单价(元)	合价(元)
1	AP0007	多层建筑综合脚手架 檐口高度20 m以内	100 m²	24.00	2 645.24	63 485.76

【例5.58】 某单层工业厂房,檐口高度22 m,建筑面积3 000 m²。试计算其脚手架措施项目费。

【解】 1.工程量计算

按"综合脚手架"计算;综合脚手架工程量为3 000 m²;

2.套定额计取措施项目费

套用计价定额相应子目,进行综合脚手架措施项目费的计算,详见表5.72。

表5.72　定额套用及措施项目费

序号	定额编号	项目名称	单位	工程量	综合单价(元)	合价(元)
1	AP0005	单层建筑综合脚手架　建筑面积1 600 m² 以外,檐高10 m以内	100 m²	30.00	1 208.40	36 252.00
2	AP0006	单层建筑综合脚手架　建筑面积1 600 m² 以外,(檐高)每增高1 m	100 m²	30.00×12	149.73	53 902.80
合　计						90 154.80

【例5.59】　某工程修建10根490 mm×490 mm的独立砖柱,每根柱实际砌筑高度为3.4 m,试计算其脚手架费用。若柱高度改为3.8 m,其脚手架费用又为多少?

【解】　1.工程量计算

独立砖柱脚手架工程量计算规则:独立砖柱高度在3.6 m以内者,按柱外围周长乘实砌高度按里脚手架计算;高度在3.6 m以上者,按柱外围周长加3.6 m乘实砌高度按单排脚手架计算。

(1)当柱高度为3.4m时,脚手架工程量为:

$$4×0.49×3.4×10 = 66.64(m^2)$$

(2)当柱高度为3.8m时,脚手架工程量为:

$$(4×0.49+ 3.6)×3.8×10 = 211.28(m^2)$$

2.套定额计取措施项目费

采用单排脚手架搭设时,按双排脚手架子目乘以系数0.7。本案例单项脚手架措施项目费的计算,详见表5.73。

表5.73　定额套用及措施项目费

序号	定额编号	项目名称	单位	工程量	综合单价(元)	合价(元)
1	AP0024	里脚手架	100 m²	0.666 4	577.00	384.51
2	AP0016×0.7	外脚手架　高度在8 m以内	100m²	2.1128	1 862.59×0.7	2 754.70
合　计						3 139.21

【例5.60】　某多层建筑檐口高度如图5.99所示。按"建筑面积计算规则"计算确定的建筑面积分别是:①—②轴间为1 000 m²;②—③轴间为8 000 m²;③—④轴间为5 000 m²。试计算该工程的垂直运输措施项目费。

【解】 1. 工程量计算

①—②轴建筑物垂直运输工程量为 1 000 m²；

②—③轴建筑物垂直运输工程量为 8 000 m²；

③—④轴建筑物垂直运输工程量为 5 000 m²。

2. 套定额计取措施项目费

套用计价定额相应子目，进行垂直运输措施项目费的计算，详见表 5.74。

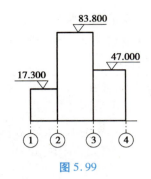

图 5.99

表 5.74 定额套用及措施项目费

序号	定额编号	项目名称	单位	工程量	综合单价（元）	合价（元）
1	AP0045	多、高层建筑物垂直运输檐高 30 m 以内	100 m²	10.00	2 584.43	25 854.30
2	AP0048	多、高层建筑物垂直运输檐高 100 m 以内	100 m²	80.00	4 316.30	345 304.00
3	AP0047	多、高层建筑物垂直运输檐高 70 m 以内	100 m²	50.00	3 845.04	192 252.00
合　计						563 410.30

【例 5.61】 某楼房檐口高度及塔吊布置方式如图 5.100 所示，其总建筑面积为 14 000 m²，其中低台部分建筑面积 9 000 m²，高台部分建筑面积 5 000 m²。试计算该楼房垂直运输措施项目费。

【解】 1. 工程量计算

低台部分垂直运输工程量为 9 000 m²；

高台部分垂直运输工程量为 5 000 m²。

2. 套定额计取措施项目费

套用计价定额相应子目，进行垂直运输措施项目费的计算，详见表 5.75。

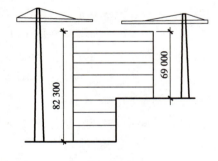

图 5.100

表 5.75 定额套用及措施项目费

序号	定额编号	项目名称	单位	工程量	综合单价（元）	合价（元）
1	AP0048	多、高层建筑物垂直运输檐高 100 m 以内	100 m²	90.00	4 316.30	388 467.00
2	AP0047	多、高层建筑物垂直运输檐高 70 m 以内	100 m²	50.00	3 845.04	192 252.00
合计						580 719.00

【例5.62】 如图5.101所示,某建筑工程,由"地下车库、裙楼、1号塔楼和2号塔楼"组成。具体技术参数如下:

①地下车库共4层,层高4.5 m,单层面积为2 280 m²,底标高为-18.000 m;

②裙楼共2层,层高4.8 m,单层面积为1 200 m²,檐高9.6 m;

③1号塔楼共10层,层高4.2 m,单层面积为580 m²,檐高42.0 m;

④2号塔楼共25层,层高3.3 m,单层面积为500 m²,檐高82.5 m,屋顶整个屋面有单层屋面构架,高度3.2 m。

施工塔吊安装在地下车库底板(-18m)处,室外设计地面标高(±0.000)与车库顶标高一致。试依据《重庆市房屋建筑与装饰工程计价定额》(CQJZZSDE—2018)确定该建筑的超高增加费。

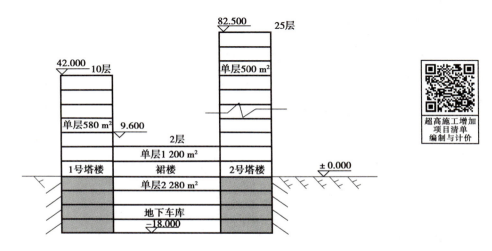

图5.101

1.工程量计算

(1)裙楼(地上2层,地下4层)

超高施工增加费计算层数时,地下室不计入层数。裙楼为地上二层建筑物,檐高9.6 m,不计取超高施工增加费。

(2)1号塔楼(地上10层、地下4层)

超高面积=580×(10-4) = 3 480(m²)(第5层底标高为16.8 m,顶标高为21.0 m,大于20 m,因此5层应纳入超高面积)

檐口高度为:42.0 m

(3)2号塔楼(地上25层、地下4层)

超高面积=500×(25-6) +350=9 850(m²)(第7层底标高为19.8 m,顶标高为23.1 m,大于20 m,因此7层应纳入超高面积)。

檐口高度为82.5 m。

2.套定额计取措施项目费

套用计价定额相应子目,进行超高增加费的计算,详见表5.76。

表 5.76 案例定额套用及措施项目费

序号	定额编号	项目名称	单位	工程量	综合单价(元)	合价(元)
1	AP0057	超高施工增加 檐高 60 m 以内	100 m²	34.80	4 172.46	145 201.61
2	AP0059	多、高层建筑物垂直运输 檐高 100 m 以内	100 m²	98.50	5 564.18	548 071.73
合 计						693 273.34

第6章 建筑工程施工图预算编制

6.1 施工图预算的编制依据和编制步骤

6.1.1 施工图预算的编制依据

（1）设计资料

设计资料主要指施工图纸、设计说明及有关标准图集。施工图纸是计算工程量和进行预算列项的主要依据。预算人员必须具备经建设单位、设计单位和施工单位共同会审的全套施工图纸、设计说明书和设计更改通知单，经上述三方签章的图纸会审记录，与本工程相关的标准图集等相关资料。

（2）施工合同或招标文件

招标文件是招标人意愿的集中表达。按照计量计价规范、规定编制的招标书是计算报价、评审报价的依据，当然也是编制施工图预算的主要依据之一。尤其是招标文件中的招标工程量清单，更是编制预算前必须仔细研读的技术经济资料。

在市场经济条件下，合同双方会在符合政策规定的前提下，在合同中做出一些有关工程造价计算和确定的约定。因此，施工合同是合同双方计算、确定工程造价的主要依据之一。

（3）现行预算定额及其相关文件

预算定额及相关资料包括已经颁布执行的计量计价规范（则）、预算定额（计价定额）、费用定额、地区材料预算价格及其工程造价管理部门颁发的相关文件。现行预算定额及其相关文件是编制施工图预算的基本资料和计算标准。

（4）施工组织设计（或施工方案）和施工现场综合情况

编制预算时，需了解和掌握影响预算造价的各种因素。如土壤类别，地下水位标高，现场是否需要排水措施，土方开挖是采用人工还是机械，是否要预留工作面，是否需要放坡或支挡土板，余土或缺土的处置，地基是否需要经过处理，预制构件是预制场预制还是现场预制，预制构件的运输距离，构件吊装的方法，采用什么垂直运输机械及其数量等。上述问题在施工组织设计或施工方案中一般都有明确的规定，因此，经批准的施工组织设计或施工方案是编制施工图预算必不可少的依据。

工程所在地点的地形地貌、地上地下建（构）筑物、交通运输、气象条件以及所在地区建筑材料市场、劳务市场等信息资料，也是编制预算时需要参考的。

（5）工具书等辅助资料

在编制施工图预算工作中，经常会遇到一些复杂、烦琐的工程量计算，为提高工作效率、简化计算过程、防止出错，预算人员往往需要借助于五金手册、材料手册、数学手册，或者一些将常用各种标准配件预先编制成的工具性图表。预算工作人员在长期的专业工作中，也会积累一些实用的经验公式、参数。这些手册、图表、公式、参数等，都是编制施工图预算不可缺少的资料。

全国各地都有许多经过认证、审定的预算软件，这些软件经过多年的实践证明是可靠的。从这些软件中选择出的适合预算编制人使用的软件，是开展预算编制工作、确定工程预算造价必不可少的工具。

6.1.2　施工图预算的编制步骤

这里主要讲述单价法编制施工图预算的主要步骤。

（1）熟悉图纸资料，了解现场情况，做好准备工作

熟悉施工图纸和设计说明书是编制施工图预算的最重要的准备工作。在编制施工图预算以前，首先要认真熟读施工图纸，对设计图纸和有关标准图的内容、施工说明及各张图纸之间的关系，要进行从个别到综合的熟悉，以充分掌握设计意图、了解工程全貌。在读图过程中，对图纸的疑点、矛盾、差错等问题，要随时作好记录，以便在图纸会审时提出，求得妥善解决。收到图纸会审记录后，要及时将会审记录中所列的问题和解决的办法写在图纸的相应部位，以免发生差错。

读图的同时，还要熟悉施工组织设计，并深入拟建工地，了解现场实际情况。例如，土壤类别、地下水位高低、土方开挖的施工方法、土方运输方式和距离、现场排水方式、是否降低地下水、预制构件的运输距离，以及为了保证施工正常进行需要哪些措施等。

如果异地施工，还需尽快熟悉当地定额及相关规定，收集有关文件和资料。

（2）列项，计算工程量

确定分项工程项目和计算工程量，是编制施工图预算的重要环节。项目划分是否齐全、工程量计算是否正确将直接影响预算的编制速度和质量。

计算工程量以前，宜根据定额规定要求、图纸设计内容，非常仔细地逐一列出应计算工程量的分项工程项目，以避免漏算和错算。

计算工程量，宜先算出"三线一面"。"三线一面"指：外墙外边线、外墙中心线、内墙净长线和建筑物（底层）建筑面积。工程量计算中将反复使用这四个数据，因此称之为"计算基数"。

工程量计算是预算编制工作各环节中最重要的一环，是编制工作中花费时间最长、付出劳动量最大的一项工作。我们必须根据施工图纸、施工组织设计、工程量计算规则逐项进行计算。工程量计算的快慢、正确与否，直接关系预算的及时性和准确性，必须十分认真仔细地做好这一步工作。

（3）套用定额，进行人、材、机分析

将计算好的各分项工程数量，按定额规定的计量单位、定额分部顺序分别填入工程预算表中。再从定额（基价表）中查出相应的分项工程定额编号、综合单价（基价）、人工费单价、

材料费单价、机械费单价、定额材料用量,也填入预算表中。然后将工程量分别与单价、定额材料用量等相乘,即可得出各分项工程的直接工程费、人工费、材料费、机械费和各种材料用量。每个分部工程各项数据计算完毕,应进行分部汇总。最后汇总各分部结果,得出单位工程的直接工程费、人工费、材料费、机械费和各种材料用量。

(4)取费计算

直接工程费汇总以后,按地区统一规定的程序和费率,计算其他各项费用(措施费、规费、税金等),由此得出工程预算造价。

造价计算出来以后,再计算每平方米建筑面积的造价指标。为了积累资料,还应计算每平方米的人工费、材料费、施工机械使用费、各大主材消耗量等指标。

(5)校核,填写编制说明,装订,签章及审批

做完上述各步,首先自己校核审查,如实填写编制说明和封面,装订成册,经复核后签章,送审。

6.2 施工图预算的审查

6.2.1 建筑工程施工图预算审查的目的

建筑工程施工图预算是对工程项目实施管理所依据的重要经济技术文件,其准确性不仅直接关系到建设单位和施工单位的经济利益,而且还影响对建筑工程的经济合理性的判断。因此,对施工图预算进行认真的审查是十分必要的。

对建筑工程施工图预算进行审查的目的在于以下几个方面:

①及时发现预算中可能存在的高估冒算、套取建设资金,或丢项漏项、有意压低工程造价等问题,从而合理确定建筑工程造价;

②保证建设单位投资使用合理,施工企业收入合理合法;

③促进施工企业加强管理,向技术、质量、工期要效益。

除此以外,对施工图预算进行审查还能为施工企业项目管理提供更加准确的信息,促进预算编制人员业务水平的提高。

6.2.2 建筑工程施工图预算审查的原则和依据

(1)审查施工图预算的原则

①坚持实事求是、理论联系实际的原则。审查施工图预算的根本目的是核实工程造价,在审查预算文件的过程中,首先要认真执行党和国家的基本建设方针和政策,逐项合理核实预算造价。无论是发现高估冒算,还是发现漏项少算,都应如实纠正,不得有偏护。

②坚持清正廉洁的原则。审查人员应站在维护甲、乙双方合法利益的立场,加强法制观念,杜绝不正之风,合理确定工程造价。

③坚持科学的态度,充分协商,共同讨论的原则。施工图预算的审查是一项专业性、政策性较强的工作,由于许多项目计价因素复杂,审查中常会因理解分歧而发生争议,对此,各方应本着科学的态度,充分讨论,协商定案。协商、讨论仍不能取得统一意见时,应报有关部门仲裁处理。

（2）审查建筑工程施工图预算的依据

①国家现行的与工程造价有关的各项方针、政策、规定。

②经过审查、甲乙双方认可的施工图纸。

③工程施工合同（或招标文件）。

④现行建筑工程预算定额（基价表）及相关规定。

⑤各类造价信息资料。

⑥各类变更和洽商文件或记录。

6.2.3　施工图预算审查的组织形式和审查方法

1）组织形式

（1）单独审查

单独审查一般是指施工图预算经编制单位自审后，将预算书送交建设单位或有关部门进行审查，建设单位和有关部门依靠自己的技术力量进行审查后，对审查中发现的问题与施工单位交换意见并协商解决。

（2）委托审查

委托审查一般是指建设单位或有关部门自身技术力量不足，难以独立完成审查，故委托具有审查资格的咨询机构代其进行审查。审查中发现的问题，由委托方、建设方与施工方交换意见，协商定案。

（3）会审

会审也叫联合审查。对建设规模大、结构复杂、造价较高的工程项目，不宜采取单独审查和委托审查的审查方式，故采用设计、建设、施工单位会同有关部门一起审查的方式。这种组织形式定案时间短、效率高，但组织工作量比较大。

2）审查方法

施工图预算审查的方法常用的有以下几种：

（1）全面审查法

全面审查法又叫逐项审查法，就是对工程量计算、定额套用、费用计算全过程逐一进行审查的方法。其具体计算方法和审查过程与编制施工图预算基本相同。此法的优点是全面、细致，经审查的预算差错少、质量较高，缺点是工作量大、费时费力。对于那些工程量比较小、工艺比较简单或造价争议较大的工程项目，可采用全面审查法。

（2）重点审查法

重点审查法又叫重点抽查法、抽项审核法等。此法是抓住施工图预算中的重点进行审查的方法。审查的重点一般是：工程量大、造价较高、结构复杂的分部（分项）工程，容易套错定额细目的分项工程，补充定额及单位估价表，费用计取（取费基础、取费标准）等内容。重点审查法是预算审查最常用的方法，优点是重点突出、审查时间短、效果好。

（3）经验指标审查法

经验指标审查法又叫简略审查法。指利用长期积累的经验指标、国家规定的有关指标、已建成的同类建筑造价指标进行审查，也可按通用设计、标准图纸，预先编出比较准确的造价指标，用于同类型工程项目的预算审查。此法的优点是速度快，审查质量基本能得到保证。适用于大量使用标准设计、通用设计的建筑工程施工图预算审查。

6.2.4 建筑工程施工图预算审查的步骤

建筑工程施工图预算的审查步骤一般如下：

①熟悉施工图纸、施工合同、施工现场情况、施工组织设计或施工方案；

②弄清预算采用的定额资料，初步熟悉拟审预算，确定审查方法；

③进行具体审查计算，核对工程量、定额套用、费用计算及价差调整等；

④整理审查结果，与送审单位、设计单位和有关部门交换审查意见；

⑤审查定案，将审定结果形成审查文件，通知各有关单位。

6.2.5 建筑工程施工图预算审查的主要内容

建筑工程施工图预算的主要内容是：计算工程量，套用定额，计算直接费，在直接费的基础上计取其他费用，确定造价。审查的主要内容也包括审查工程量、审查定额套用、审查取费计算。

1）工程量的审查

（1）土石方工程

①平整场地、地槽、地坑的概念是否清楚，有无重复计算；

②是否应该放坡、支挡土板、增加工作面；

③土壤类别是否与勘察资料一致，土石比例是否合理；

④运土数量及运距是否正确，是否符合施工组织设计的规定；

⑤尤其要注意是否将内墙净长与内墙基槽净长混淆使用。

（2）桩基工程

①钻孔灌注桩的进尺、灌注混凝土量是否按规定计算（平均桩深、嵌岩深度、充盈系数等）；

②主筋、螺旋箍筋、加劲箍筋的计算是否正确（平均桩深、加密区、桩头伸入承台梁长度等）；

③泥浆运输量计算是否合理；

④人工挖孔桩的土石方量计算是否合理（开挖直径、嵌岩深度、桩深等）；

⑤人工挖孔桩的护壁混凝土、桩芯混凝土量计算是否合理；

⑥是否考虑了"小量工程"因素。

（3）脚手架工程

①"综合脚手架"与"单项脚手架"概念是否清楚，计算是否合理；

②尤其注意"单项脚手架"计算是否符合计算规则的规定。

（4）砌筑工程

①各种砌体工程量计算是否符合设计及工程量计算规则规定，该扣除和该增加的部分是否扣除和增加；

②基础与墙身的划分是否准确；

③是否将强度等级不同、种类不同的砂浆砌体分别计算；

④尤其要注意计算"零星项目"的项目是否合理，结果是否正确；

⑤墙厚是否按实际尺寸计算。

（5）混凝土及钢筋混凝土工程

①现浇与预制、预应力与非预应力混凝土和钢筋是否分别计算、分别汇总；

②不同强度等级的混凝土是否按设计分别汇总；

③现浇各类构件的计算界线划分是否准确；

④要特别注意预制构件的制作、运输、安装工程量之间的关系，既不能相混也不能用错系数；

⑤钢筋是否重复计算损耗量。

（6）金属结构工程

审查金属结构工程量时要注意金属构件的制作、运输及安装均不考虑整体构件的损耗。运输、安装则应按定额考虑增加焊缝质量，但制作时的钢材损耗以及铆钉、螺栓等质量已包括在定额中，不得重复计算。还要注意审查构件的运输距离是否与实际情况一致。

（7）木结构工程

①各种门窗工程量是否按洞口面积计算，无框门及特种门是否按门扇外围面积计算；

②铝合金卷帘门安装工程量是否准确；

③带半圆窗的窗工程量计算界线是否准确；

④屋架中各杆件计算和木屋架的竣工木料计算是否准确。

（8）楼地面工程

①整体地面计算时应该扣除的面积是否准确；

②块料面层是否增加了开口部分的面积，开口部分面积计算是否准确；

③块料面层踢脚板与定额规定高度不一致时，是否进行了调整，调整比例、方法是否准确。

（9）屋面工程

①屋面坡度系数是否正确；

②柔性屋面的女儿墙、伸缩缝、天窗等处的弯起部分工程量是否按设计或规定计算；

③刚性屋面泛水弯起部分是不能增加工程量的，计算时是否增加了；

④刚性屋面与现浇挑檐是否划分清楚，工程量计算界线是否划分清楚；

⑤屋面排水的水落管、弯头、水斗、雨水口是否按计算规则之规定进行计算。

（10）装饰工程

①不同材料、不同做法、不同部位的工程量是否按计算规则的规定分项分别计算；

②外墙、内墙面抹灰面积计算是否符合设计或定额的规定，特别要审查是否计算了门边、窗边的面积；

③按面积乘系数计算的工程量，系数、面积是否符合定额的规定。

（11）其他工程

①垂直运输、超高降效费是否是按整栋房屋的建筑面积计算的；

②塔吊基础是否按规定计算（例如：塔吊座数、基础混凝土方量、是否另有钻孔混凝土桩等）；

③特、大型机械安、拆及场外运输费用是否符合定额之规定（例如：塔吊高度、试运转、回程等）。

2）定额单价的审查

（1）单价套用的审查

工程预（结）算中所列的分项工程名称、规格、计量单位是否与基价表内容完全一致，否则套用错误。

（2）单价换算的审查

对基价表规定不能换算的项目，不能找借口任意换算；对定额允许换算的项目，需审查其换算依据和换算方法是否符合规定。

（3）补充单价的审查

主要审查编制补充定额及单价的方法、依据是否科学合理，是否符合有关现行规定。

3）各项费用的审查

主要审查工程类别、取费系数、计算程序是否恰当，价差调整的依据和方法是否合理、恰当。

6.3　工程量清单计价概述

定额计价与
清单计价

《重庆市建设工程费用定额》（CQFYDE—2018）自2018年8月1日起在新开工的建设工程中执行，2008年颁发的费用定额及有关解释和规定同时停止使用。而《重庆市建设工程费用定额》（CQFYDE—2018）只规定了一种计价方式——工程量清单计价。

6.3.1　工程量清单计价的基本过程

工程量清单计价的基本过程可以描述为：在统一的工程量清单项目设置的基础上制定工程量清单计量规则，根据具体的施工图纸计算出各个清单项目的工程量，再根据各种渠道获得的工程造价信息和经验数据计算得到工程造价。工程量清单计价的基本计算过程见图6.1。

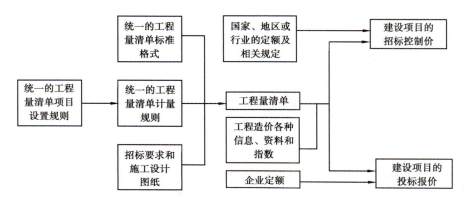

图6.1　工程量清单计价过程示意图

从图 6.1 中可以看出,其过程大致分为两个阶段:工程量清单编制和利用工程量清单来组价,即编制招标控制价或编制投标报价。

6.3.2　工程量清单计价与定额计价的联系与区别

1)工程量清单计价与定额计价的联系

无论是定额计价还是工程量清单计价,都是一种自下而上的分部组合的计价方法。

每一个建设项目都需要按业主的需要进行单独设计、单独施工,不能批量生产,不能按整个项目确定价格。为了计算确定每个项目的造价,将整个项目进行分解,划分为若干个可以直接测算价格的基本构造要素(分项工程),计算出各基本构造要素的价格,然后汇总为整个项目的造价。

工程造价计价的基本原理是:

建筑安装工程造价 = $\sum$ 基本构造要素工程量(分项工程量)× 相应单价

无论是定额计价还是清单计价,上面这个公式同样有效,只是公式中的各要素有不同的含义。

2)工程量清单计价与定额计价方法的区别

(1)两种模式的最大差别在于体现我国建设市场法制工程中的不同阶段

利用工程定额计算形成工程价格介于国家定价和国家指导价之间,这种模式下的招标投标价格属于国家指导性价格,体现出国家宏观控制下的市场有限竞争。

工程量清单计价反映了市场定价阶段。在这个阶段中,工程价格是在国家有关部门间接调控和监督下,由工程承包、发包双方根据市场供求关系变化自主确定工程价格。此时的工程造价具有竞争形成、自发波动和自发调节的特点。

(2)两种模式的主要计价依据及其性质不同

工程定额计价的主要依据是国家、省、有关专业部门制定的各种定额,其性质为指导性,定额的项目划分一般按施工工序分项,每个项目所包含的工程内容是单一的。

工程量清单计价的主要依据是"清单计价规范",其性质是含有强制性条文的国家标准,清单的项目划分一般是按"综合实体"进行分项的,每个项目一般包含多项工程内容。

(3)编制工程量的主体不同

定额计价模式下,工程量由招标人和投标人分别按图计算。在清单计价模式下,工程量由招标人统一计算或委托中介机构统一计算,工程量清单是招标文件的重要组成部分。

(4)单价与报价的组成不同

定额计价采用工料单价,其单价包括人工费、材料费和机械使用费。工程量清单计价采用综合单价,其单价包括人工费、材料费、机械使用费、管理费、利润、一般风险费。清单报价法的报价除包括定额计价法的报价外,还包括其他项目费等费用。

(5)使用阶段不同

工程定额主要用于项目建设前期各阶段对投资的预测和估算,在工程建设交易阶段,工程定额只能作为建设产品价格形成的辅助依据,而工程量清单计价主要适用于合同价格形成以及后续的合同价格管理阶段,体现出我国对工程造价的一词两义采用了不同的管理方法。

(6)合同价格的调整方式不同

定额计价的合同价格,主要调整方式有变更签证、定额解释、政策性调整。工程量清单计价方式在一般情况下单价是固定的,减少了合同实施过程中的调整活口。通常情况下,如果清单项目的数量没有增减,就能够保证合同价格基本没有调整,便于业主进行资金准备和筹划。

(7)工程量清单计价具有更强的竞争性

定额计价未区分施工实体性损耗和施工措施性损耗,而工程量清单计价把施工措施与工程实体项目进行分离,这项改革的意义在于突出了施工损耗费用的市场竞争性。工程量清单计价规范的工程量计算规则的编制原则一般是以工程实体的净尺寸计算,也没有包含工程量合理损耗。这一点也是定额计价工程量计算规则与工程量清单计价工程量计算规则的本质区别。

6.3.3 《建设工程工程量清单计价规范》及其系列简介

1)《建设工程工程量清单计价规范》(GB 50500—2013)及其系列

(1)清单计价(计量)规范历史沿革简述

①"03 规范"

为了全面推行工程量清单计价政策,2003 年 2 月 17 日,建设部以第 119 号公告批准发布了国家标准《建设工程工程量清单计价规范》(GB 50500—2003,以下简称"03 规范"),自 2003 年 7 月 1 日起实施。

"03 规范"由正文和 6 个附录组成,分别对计价和计量作了相应规定。正文和附录同为工程量清单计价的依据,具有同等效力。

正文由总则、术语、工程量清单编制、工程量清单计价、工程量清单计价表格 5 个部分组成,共计 137 条。

附录为工程量清单项目设置及工程量计算规则。附录 A 为建筑工程,附录 B 为装饰工程,附录 C 为安装工程,附录 D 为市政工程,附录 E 为园林绿化工程,附录 F 为矿山工程。

"03 规范"的实施,使我国工程造价从传统的以预算定额为主的计价方式向国际上通行的工程量清单计价模式转变,是我国工程造价管理政策的一项重大措施,在工程建设领域受到了广泛的关注与积极的响应。

②"08 规范"

"03 规范"实施以来,在各地和有关部门的工程建设中得到了有效推行,积累了宝贵的经验,取得了丰硕的成果。但在执行中,也反映出一些不足之处。因此,为了完善工程量清单计价工作,原建设部标准定额司从 2006 年开始,组织有关单位和专家对"03 规范"的正文部分进行修订。

历经两年多的起草、论证和多次修改后,2008 年 7 月 9 日,住房和城乡建设部以 63 号公告,发布了《建设工程工程量清单计价规范》(GB 50500—2008,以下简称"08 规范"),从 2008 年 12 月 1 日起实施。"03 规范"同时废止。

"08 规范"仍由正文和 6 个附录组成,分别规范工程计价和计量活动。

"08 规范"的出台,巩固了工程量清单计价改革的成果,进一步规范了工程量清单计价、计量行为。

③"13 规范"系列

"08 规范"实施以来,对规范工程实施阶段的计价行为起到了良好的作用,但由于附录没有修订,还存在有待完善的地方。

为了进一步适应建设市场的发展,需要借鉴国外经验,总结我国工程建设实践,进一步健全、完善计价规范。住房和城乡建设部组织力量对"08 规范"进行了修编,历经两年多时间,于 2012 年 12 月 25 日发布《建设工程工程量清单计价规范》(GB 50500—2013,以下简称"13 计价规范")和《房屋建筑与装饰工程工程量计算规范》(GB 50854—2013)等 9 部计量规范(简称"13 计量规范"),自 2013 年 7 月 1 日起实施。"08 规范"同时废止。

"13 规范"系列全面总结了"03 规范"实施 10 年来的经验,针对存在的问题对"08 规范"进行了全面修订。

(2)"13 规范"系列的组成

"13 规范"是一个系列,包括 1 部"计价规范"和 9 部不同专业的"计量规范"。通俗地讲,"03 规范"和"08 规范"都是 1 本,"13 规范"系列是(1+9)共计 10 本。

①《建设工程工程量清单计价规范》(GB 50500—2013)

"13 计价规范"是在"08 规范"正文的基础上,经过修订、增减而成,相当于"03 规范"和"08 规范"的正文部分。

"13 计价规范"共设置 16 章、54 节、329 条(其中强制性条文 15 条)、附录 A—L。整个"13 计价规范"比"08 规范"正文增加条文 192 条。

16 章分别是:总则、术语、一般规定、工程量清单编制、招标控制价、投标报价、合同价款约定、工程计量、合同价款调整、合同价款期中支付、竣工结算与支付、合同解除的价款支付、合同价款争议的解决、工程造价鉴定、工程计价资料与档案、工程计价表格。

②"13 计量规范"

新编的"13 计量规范"是在"08 规范"附录 A、B、C、D、E、F 基础上制定的,共 9 个专业。正文部分共计 261 条,附录部分共计 3 915 个项目,在"08 规范"基础上新增 2 185 个项目,删减 350 个项目。

9 部计量规范分别是:

• 《房屋建筑与装饰工程工程量计算规范》(GB 50854—2013);

• 《仿古建筑工程工程量计算规范》(GB 50855—2013);

• 《通用安装工程工程量计算规范》(GB 50856—2013);

• 《市政工程工程量计算规范》(GB 50857—2013);

• 《园林绿化工程工程量计算规范》(GB 50858—2013);

• 《矿山工程工程量计算规范》(GB 50859—2013);

- 《构筑物工程工程量计算规范》（GB 50860—2013）;
- 《城市轨道交通工程工程量计算规范》（GB 50861—2013）;
- 《爆破工程工程量计算规范》（GB 50862—2013）。

2）重庆市"13 规范"系列

（1）《重庆市建设工程工程量清单计价规则》（CQJJGZ—2013）

为了规范重庆市建设工程工程量清单计价行为，统一建设工程工程量清单的编制和计价行为，维护发包人与承包人的合法权益，促进建设市场的健康发展，重庆市城乡建设委员会根据国家标准《建设工程工程量清单计价规范》（GB 50500—2013），结合本市实际，制定了《重庆市建设工程工程量清单计价规则》（以下均简称"13 计价规则"）。

"13 计价规则"自 2013 年 9 月 1 日起施行，原"08 计价规则"同时停止执行。

重庆市行政区域内的建设工程工程量清单计价活动均应执行"13 计价规则"。计价活动包括：招标工程量清单、招标控制价、投标报价的编制，工程合同价款的约定，竣工结算的办理以及施工过程中的工程计量、合同价款调整、合同价款支付、施工索赔与现场签证、合同价款争议和解决、工程造价鉴定等活动。

"13 计价规则"共 16 章：总则、术语、一般规定、工程量清单编制、招标控制价、投标报价、合同价款约定、工程计量、合同价款调整、合同价款期中支付、竣工结算与支付、合同解除的价款结算与支付、合同价款争议的解决、工程造价鉴定、工程计价资料与档案、工程计价表格。

"13 计价规则"结合国家计价规范使用，"13 计价规则"已包括的内容以"13 计价规则"为准，"13 计价规则"未包括的内容以国家计价规范为准。

"13 计价规则"结合本市工程造价计价的具体情况，更贴近本市实际，操作性更强，是重庆市工程量清单计价活动应遵循的规则。

（2）《重庆市建设工程工程量计算规则》（CQJLGZ—2013）

为规范重庆市建设工程造价计量行为，统一建设工程工程量计算规则及工程量清单编制方法，根据国家标准"13 计量规范"系列，结合重庆市实际，重庆市城乡建设委员会组织编制了《重庆市建设工程工程量计算规则》（本书以下均简称"13 计量规则"）。

"13 计量规则"自 2013 年 9 月 1 日起施行。"13 计量规则"适用于重庆市行政区域内的建设工程发承包及实施阶段计价活动中的工程计量和工程量清单编制。重庆市行政区域内的建设工程计价，必须按照"13 计量规则"进行工程计量。

"13 计量规则"共 12 章：总则、术语、工程计量、工程量清单编制、房屋建筑与装饰工程工程量计算规则、仿古建筑工程工程量计算规则、通用安装工程工程量计算规则、市政工程工程量计算规则、园林绿化工程工程量计算规则、构筑物工程工程量计算规则、城市轨道交通工程工程量计算规则、爆破工程工程量计算规则。

"13 计量规则"按照国家规范的要求，对需要细化和完善的内容进行了明确和补充。"13 计量规则"结合国家计量规范使用，"13 计量规则"包括的内容以"13 计量规则"为准，"13 计量规则"未包括的内容以国家计量规范为准。

6.3.4 "工程量清单计价"主要术语

"13规范"共定义相关术语52个,限于篇幅现摘录部分如下。

(1)工程量清单

载明建设工程分部分项工程项目、措施项目、其他项目的名称和相应数量以及规费、税金项目等内容的明细清单。

(2)招标工程量清单

招标人依据国家标准、招标文件、设计文件以及施工现场实际情况编制的,随招标文件发布供投标报价的工程量清单,包括其说明和表格。

(3)已标价工程量清单

构成合同文件组成部分的投标文件中已标明价格,经算术性错误修正(如有)且承包人已确认的工程量清单,包括其说明和表格。

(4)综合单价

完成一个规定清单项目所需的人工费、材料和工程设备费、施工机具使用费和企业管理费、利润以及一定范围内的风险费用。

(5)措施项目

为完成工程项目施工,发生于该工程施工准备和施工过程中的技术、生活、安全、环境保护等方面的项目。

(6)风险费用

隐含于已标价工程量清单综合单价中,用于化解发承包双方在工程合同中约定内容和范围内的市场价格波动风险的费用。

(7)工程成本

承包人为实施合同工程并达到质量标准,在确保安全施工的前提下,必须消耗或使用的人工、材料、工程设备、施工机械台班及其管理等方面发生的费用和按规定缴纳的规费和税金。

(8)工程造价信息

工程造价管理机构根据调查和测算发布的建设工程人工、材料、工程设备、施工机械台班的价格信息,以及各类工程的造价指数、指标。

(9)暂列金额

招标人在工程量清单中暂定并包括在合同价款中的一笔款项。用于工程合同签订时尚未确定或者不可预见的所需材料、工程设备、服务的采购,施工中可能发生的工程变更、合同约定调整因素出现时的合同价款调整以及发生的索赔、现场签证确认等的费用。

(10)暂估价

招标人在工程量清单中提供的用于支付必然发生但暂时不能确定的材料、工程设备的单价以及专业工程的金额。

（11）计日工

在施工过程中,承包人完成发包人提出的工程合同以外的零星项目或工作,按合同中约定的单价计价的一种方式。

（12）总承包服务费

总承包人为配合协调发包人进行的专业工程发包,对发包人自行采购的材料、工程设备等进行保管以及施工现场管理、竣工资料汇总整理等服务所需的费用。

（13）安全文明施工费

在合同履行过程中,承包人按照国家法律、法规、标准等规定,为保证安全施工、文明施工、保护现场内外环境和搭拆临时设施等所采用的措施而发生的费用。

（14）不可抗力

发承包双方在工程合同签订时不能预见的,对其发生的后果不能避免,并且不能克服的自然灾害和社会性突发事件。

（15）招标控制价

招标人根据国家或省级、行业建设行政主管部门颁发的有关计价依据和办法,以及拟订的招标文件和招标工程量清单,结合工程具体情况编制的招标工程的最高投标限价。

（16）投标价

投标人投标时响应招标文件要求所提出的对已标价工程量清单汇总后标明的总价。

（17）签约合同价（合同价款）

发承包双方在工程合同中约定的工程造价,即包括了分部分项工程费、措施项目费、其他项目费、规费和税金的合同总金额。

（18）工程造价鉴定

工程造价咨询人接受人民法院、仲裁机关委托,对施工合同纠纷案件中的工程造价争议,运用专门知识进行鉴别、判断和评定,并提供鉴定意见的活动,也称为工程造价司法鉴定。

6.4　工程量清单计价表编制

工程量清单
计价表格

6.4.1　工程量清单编制概述

（1）工程量清单编制依据

在重庆市行政区域内的建设工程,工程量清单应按下列依据进行编制：

①《重庆市建设工程工程量清单计价规则》（CQJLGZ—2013）。

②国家计量规范及计价规范。

③国家或本市城乡建设主管部门颁发的计价依据、计价办法和有关规定。

④建设工程设计文件及相关资料。

⑤与建设工程项目有关标准、规范、技术资料。

⑥拟订的招标文件。

⑦施工现场情况、工程特点及常规施工方案。

⑧其他相关资料。

（2）工程量清单编制资格

工程量清单应由具有编制能力的招标人或受其委托具有相应资质的工程造价咨询人编制。

采用工程量清单方式招标，招标工程量清单必须作为招标文件的组成部分，其准确性和完整性由招标人负责。

（3）工程量清单的作用

工程量清单是工程量清单计价的基础，应作为编制招标控制价、投标报价、计算工程量、调整合同价款、支付工程款、索赔、办理竣工结算等的依据。

（4）工程量清单的组成

招标工程量清单应以单位（项）工程进行编制，应由分部分项工程量清单、措施项目清单、其他项目清单、安全文明施工专项费及规费项目清单、税金项目清单组成。

6.4.2　分部分项工程量清单计价表编制

1）分部分项工程量清单的内容

招标工程量清单中的分部分项工程量清单必须载明项目编码、项目名称、项目特征、计量单位和工程量。

其中，项目编码、项目名称、项目特征及主要工程内容、计量单位、工程量应根据计量规范（则）附录的规定，由招标人或其委托人负责编制填写；综合单价和合价应在编制招标控制价或投标报价时填写，招标人负责编制招标控制价的综合单价与合价，投标人自主编制填写投标报价的综合单价与合价。

（1）项目编码

项目编码是指分部分项工程和措施项目清单名称的阿拉伯数字标识。分部分项工程量清单的项目编码，应采用12位阿拉伯数字表示。1至9位应按计量规范（则）附录的规定设置，10至12位应根据拟建工程的工程量清单项目名称和项目特征由清单编制人自行设置，同一招标工程的项目编码不得有重码。

项目编码的含义如下：

$$\underbrace{\square\ \square}_{1、2位}\quad\underbrace{\square\ \square}_{3、4位}\quad\underbrace{\square\ \square}_{5、6位}\quad\underbrace{\square\ \square\ \square}_{7、8、9位}\quad\underbrace{\square\ \square\ \square}_{10、11、12位}$$

1、2位为相关工程计量规范（则）代码；3、4位为专业工程顺序码；5、6位为分部工程顺序码；7、8、9位为分项工程工程名称顺序码；10、11、12位表示清单项目名称顺序码。

"1、2"位计量规范（则）代码分别为：01为房屋建筑与装饰工程代码；02为仿古建筑工程代码；03为通用建筑工程代码；04为市政工程代码；05为园林绿化工程代码；06为矿山工程代码；07为构筑物工程代码；08为城市轨道交通工程代码；09为爆破工程代码。

例如：某清单项目编码为

010401003001

表示：房屋建筑与装饰工程(01),砌筑工程(04),砖砌体(01),实心砖墙(003),120 墙(001)。其中最后 3 位,在举例工程中 001 代表 120 墙;002 代表 240 墙,这是由清单编制人根据具体工程设定的,每个工程不尽一样。

例如：某清单项目编码为

030411004002

表示：通用安装工程(03),电气设备安装工程(04),配管配线(11),配线(004),截面积 4.0 mm^2 铜芯线(002)。其中最后 3 位,在举例工程中 001 代表截面面积为 2.5 mm^2 的铜芯线;002 代表截面面积为 4.0 mm^2 的铜芯线;003 代表截面面积为 6.0 mm^2 的铜芯线。

(2)项目名称

分部分项工程量清单的项目名称,应按计量规范(则)附录的项目名称结合拟建工程的实际确定。

计量规范(则)附录表中的"项目名称"为分项工程项目名称,是形成分部分项工程量清单项目名称的基础,在编制分部分项工程量清单时可作适当调整或细化。

例如："墙面一般抹灰"在形成工程量清单项目名称时,可以细化为"外墙面一般抹灰""内墙面一般抹灰"等。例如同一工程不同直径的"钻孔灌注桩",可分别细化为"ϕ800 钻孔灌注桩""ϕ1 000 钻孔灌注桩"等。

清单项目名称应表达详细、准确。

(3)项目特征

分部分项工程量清单项目特征应按计量规范(则)附录规定的项目特征,结合拟建工程项目的实际进行修改描述。

项目特征是确定一个清单项目综合单价不可缺少的重要依据,在编制工程量清单时,必须对项目特征进行准确和全面的描述。为达到规范、简洁、准确、全面描述项目特征的要求,在描述工程量清单项目特征时应按以下原则进行：

①项目特征的描述应按附录中的规定,结合拟建工程的实际,能满足确定综合单价的需要。对涉及计量、结构及材质要求、施工工艺及方法、安装方式等影响组价的项目特征必须予以描述。

②若采用标准图集或施工图纸能够全部或部分满足项目特征描述的要求,项目特征描述可直接采用详见××图集或××图号的方式。但标准图集所示仍不明确的和不能满足项目特征及主要工程内容描述的部分,仍用文字进行补充描述。

对项目特征及主要工程内容的描述,应能满足确定综合单价的需要。

(4)计量单位

分部分项工程量清单中的计量单位应按计量规范(则)附录中规定的计量单位确定。附录中有 2 个或 2 个以上计量单位的,应结合拟建工程项目的实际选择最适宜表现该项目特征并方便计量的单位。

工程量汇总计量单位的有效位数应遵守下列规定：

①以"t、km"为单位,应保留 3 位小数,第 4 位小数四舍五入。

②以"m、m²、m³、kg"为单位时,应保留 2 位小数,第 3 位小数四舍五入。

③以"个、件、根、组、系统、台、套、株、丛、缸、支、只、块、座、对、份、樘、攒、榀"等为单位,应取整数。

(5)工程量

分部分项工程量清单中的工程量应按计量规范(则)附录中规定的工程量计算规则计算。

工程数量主要通过按工程量计算规则计算得到。计量规范(则)附录给出了各类工程的项目设置和工程量计算规则,编制工程量清单时必须按照这些规则计算工程量,这是强制性规定。

2)分部分项工程量清单编制实例

【**例 6.1**】 某工程共有柱下独立基础 18 个,设计尺寸如图 6.2 所示。土壤类别为三类土,弃土运距 200 m,回填采用素土夯填;基础垫层 C10 混凝土,独立基础及矩形柱 C25 混凝土,均采用商品混凝土。试编制-0.300 以下部分的分部分项工程量清单(不考虑钢筋)。

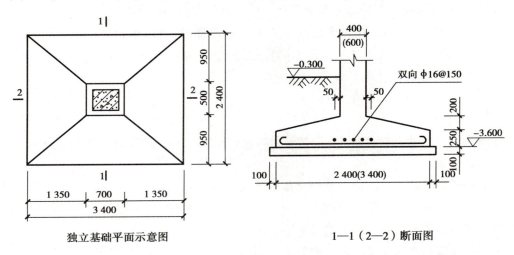

图 6.2 独立基础示意图

【**解**】 本例按计量规范列项应有:挖基础土方、土(石)方回填、现浇独立基础、现浇垫层、现浇矩形柱。

1)根据计量规范工程量计算规则,计算各项工程量。

(1)挖基础土方

计算规则:按设计图示尺寸以基础垫层底面积乘以挖土深度加工作面及放坡工程量以体积(m³)计算。根据计量规范规定,每边增加工作面宽度 300 mm,放坡系数 0.33。

$$V_{挖} = \left[(3.6 + 2 \times 0.3 + 0.33 \times 3.4) \times (2.6 + 2 \times 0.3 + 0.33 \times 3.4) \times 3.4 + 0.33^2 \times 3.4^3/3 \right] \times 18 = 1\ 433.38(m^3)$$

(2)混凝土垫层

计算规则:按设计图示尺寸以体积计算。

$$V_{垫} = 9.36 \times 0.1 \times 18 = 16.85(\text{m}^3)$$

（3）独立基础

计算规则：按设计图示尺寸以体积计算。不扣除构件内钢筋、预埋铁件所占体积。

$$V_{基} = \{3.4 \times 2.4 \times 0.25(\text{四棱柱}) + 0.2 \times [3.4 \times 2.4 + (3.4 + 0.7) \times$$
$$(2.4 + 0.5) + 0.7 \times 0.5]/6(\text{四棱台})\} \times 18 = 48.96(\text{m}^3)$$

（4）矩形柱

计算规则：按设计图示尺寸以体积计算。不扣除构件内钢筋、预埋铁件所占体积。

$$V_{柱} = 0.6 \times 0.4 \times (3.6 - 0.3 - 0.45) \times 18 = 12.31(\text{m}^3)$$

（5）回填土

计算规则：按设计图示尺寸以体积计算。基础回填：挖方体积减去设计室外地坪以下埋设的基础体积（包括基础垫层及其他构筑物）。

$$V_{填} = 1\,433.38 - (16.85 + 48.96 + 12.31) = 1\,355.26(\text{m}^3)$$

夯填体积折合天然密实体积 $V_{填} = 1\,355.26 \div 0.87 = 1\,557.77(\text{m}^3)$

弃土体积 $V_{弃} = 1\,433.38 - 1\,557.77 = -124.39(\text{m}^2) < 0$，需取土。

2）按照计价规范编制分部分项工程量清单

根据前面计算结果，按照计价规范的规定编制工程量清单，见表6.1。

表6.1　××基础工程分部分项工程/施工技术措施项目清单计价表

序号	项目编码	项目名称	项目特征及主要工程内容	计量单位	工程量	综合单价	合价
1	010101004001	挖基坑土方	项目特征：三类土；挖土深度3.4 m；弃土运距200 m 工程内容：排地表水；土方开挖；场内运输	m³	1 433.38		
2	010103001001	回填方	项目特征：素土夯实 工程内容：运输；回填；压实	m³	1 355.26		
3	010501001001	混凝土垫层	项目特征：C10 商品混凝土 工程内容：混凝土浇筑、振捣、养护	m³	16.85		
4	010501003001	现浇独立基础	项目特征：C25 商品混凝土 工程内容：混凝土浇筑、振捣、养护	m³	48.96		
5	010502001001	现浇矩形柱	项目特征：C25 商品混凝土 工程内容：混凝土浇筑、振捣、养护	m³	12.31		

【**例** 6.2】 图 6.3 所示为某办公楼平面图。办公楼为单层平屋顶,钢筋混凝土屋面板上表面标高为 3.3 m,屋面板厚 120 mm;内、外墙均为 1 砖墙,M5.0 混合砂浆,MU15 页岩标准砖;屋顶沿外墙设高为 1 000 mm 的女儿墙,墙厚 240 mm。试编制办公楼砖墙工程量清单。

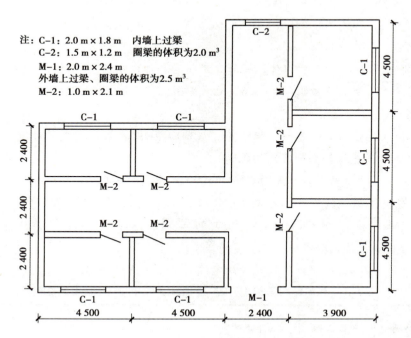

注:C−1: 2.0 m×1.8 m 内墙上过梁
　　C−2: 1.5 m×1.2 m 圈梁的体积为2.0 m³
　　M−1: 2.0 m×2.4 m
　　外墙上过梁、圈梁的体积为2.5 m³
　　M−2: 1.0 m×2.1 m

图 6.3　某办公楼平面示意图

【**解**】

1)计算墙体工程量

(1)外墙

外墙中心线长度 $L_{中}$ = (4.5×3+4.5×2+2.4+3.9)×2=57.6(m)

外墙高度 $h_{外}$ = 3.3-0.12=3.18(m)(平屋面,外墙高度算至钢筋混凝土板底)

外墙毛体积 V' = 57.6×3.18×0.24=43.96(m³)

外墙上过梁、圈梁体积 V_L = 2.5(m³)

外墙上门、窗洞口体积 V_{MC} = (2.0×2.4+1.5×1.2+2×1.8×7)×0.24=7.63(m³)

外墙工程量 $V_{外}$ = 43.96-(2.5+7.63)=33.83(m³)

(2)内墙

内墙净长 $L_{净}$ = 4.5×2×2+(2.4-0.24)×4+(4.5×3-0.24)+(3.9-0.24)×2=47.22(m)

内墙高度 $h_{内}$ = 3.3(m)(有钢筋混凝土楼板隔层者,内墙高度算至楼板顶)

内墙毛体积 V' = 47.22×3.3×0.24=37.40(m³)

内墙上过梁、圈梁体积=2.0(m³)

内墙上门、窗洞口体积 V_{MC} = 1×2.1×7×0.24=3.53(m³)

内墙工程量 $V_{内}$ = 37.40-(2.0+3.53)=31.87(m³)

（3）女儿墙

女儿墙工程量 $V_女 = 57.6 \times 1.0 \times 0.24 = 13.82(\text{m}^3)$

（4）合计墙体工程量

$$V = 33.83 + 31.87 + 13.82 = 79.52(\text{m}^3)$$

2）编制工程量清单

按前面计算结果，根据"计价规范"规定编制办公楼砖墙工程量清单，见表6.2。

表6.2　××办公楼砖墙分部分项工程/施工技术措施项目清单计价表

序号	项目编码	项目名称	项目特征及主要工程内容	单位	工程量	综合单价	合价
1	010401003001	240 mm 实心砖墙	项目特征：MU15页岩砖，240 mm× 115 mm×53 mm，直形实心砖墙，240 mm 厚，M5.0混合砂浆　工程内容：砂浆制作、运输，砌砖，材料运输	m³	79.52		

6.4.3　措施项目清单计价表编制

措施项目清单必须根据相关工程现行计量规范（则）的规定编制。措施项目清单包括施工技术措施项目清单和施工组织措施项目清单，应根据建设工程的实际情况列项。

（1）施工技术措施项目清单的编制

措施项目中能计算工程量的措施项目称为技术措施项目，即计量规范（则）措施项目中列出了项目编码、项目名称、项目特征、计量单位、工程量计算规则的那些项目。技术措施项目也可称为单价措施项目。

编制技术措施项目清单时，必须按计量规范（则）的规定列出项目编码、项目名称、项目特征、计量单位和按计量规则计算的工程量。例如表6.3所示的某工程"综合脚手架"。

表6.3　分部分项工程/施工技术措施项目清单计价表

序号	项目编码	项目名称	项目特征	计量单位	工程量	金额（元）	
						综合单价	合价
1	011701001001	综合脚手架	1.建筑结构形式：框剪 2.檐口高度：60 m	m²	18 000		

（2）施工组织措施项目清单的编制

组织措施项目是指不能计算工程量而是按"项"计量的施工措施项目。组织措施项目也可称为总价措施项目。

施工组织措施清单项目可按表6.4选择列项，若出现表中未列项目，应根据工程实际情况补充。

表 6.4　施工组织措施项目清单计价表

序号	项目编码	项目名称	
1	施工组织措施项目费	组织措施费	夜间施工增加费
2			二次搬运费
3			冬雨季施工增加费
4			已完工程及设备保护费
5			工程定位复测费
6		安全文明施工费	
7		建设工程竣工档案编制费	
8		住宅工程质量分户验收费	

6.4.4　其他项目清单计价表编制

其他项目清单是指分部分项工程量清单、措施项目清单所包含的内容以外,因招标人的特殊要求而发生的其他费用项目和相应数量的清单。工程建设标准的高低、工程的复杂程度、工期的长短、工程的组成内容、发包人对工程管理要求等都直接影响其他项目清单的具体内容。

其他项目清单宜按照下列内容列项:

(1)暂列金额

暂列金额是指招标人在工程量清单中暂定并包括在合同价款中的一笔款项。这笔款项用于工程合同签订时尚未确定或者不可预见的所需材料、工程设备、服务的采购,施工中可能发生的工程变更、合同约定调整因素出现时的工程价款以及发生的索赔、现场签证确认等的费用。

一定要明确,尽管暂列金额列入了合同价格,但并不一定都属于中标人。对该金额,招标人有权全部使用、部分使用或完全不用。

不管采用什么合同形式,理想的是一份合同的价格就是最终的结算价格,或者至少两者应尽可能接近。但工程建设自身的特性决定了工程的设计需要根据工程进展不断地进行优化和调整,业主的需求可能会随着工程建设进展而出现变化,工程建设过程还会存在一些不能预见、不能确定的因素。消化这些因素必然会引起合同价格的调整,暂列金额正是因这类不可避免的价格调整而设立,以便达到合理确定和有效控制工程造价的目标。

暂列金额明细表见计价表格组成系列之表-11-1。

(2)暂估价

暂估价是指招标人在工程量清单中提供的用于支付必然发生但暂时不能确定的材料、工程设备以及专业工程的金额,包括材料暂估价、工程设备暂估价、专业工程暂估价。

一般情况下,为方便合同管理和计价,需要纳入分部分项工程量清单综合单价中的暂估价只是材料(工程设备)费,以便投标人组价。暂估价中的材料、工程设备暂估单价应根据工程造价信息或参照市场价格估算,列出明细表。材料(工程设备)暂估价及调整表见计价表格组成系列之表-11-2。

专业工程暂估价应分不同专业,按有关计价规定估算,列出明细表。表内应填写工程名称、工程内容、暂估金额,投标人应将上述金额计入投标总价中。专业工程暂估价表见计价表格组成系列之表-11-3。

(3)计日工

计日工是指在施工过程中,承包人完成发包人提出的工程合同范围以外的零星项目或工作所需的,并按合同约定的单价计算的人工、材料、施工机械及其费用。

招标人应在计日工表中分别列出人工、材料、机械的名称、计量单位和相应暂定数量。计日工表见计价表格组成系列之表-11-4。

(4)总承包服务费

总承包服务费是总承包人为配合协调发包人进行专业工程分包,对发包人自行采购的材料和工程设备等进行保管,施工现场管理,同期施工时提供必要的简易架料、垂直吊运和水电接驳,竣工资料整理等服务所需的费用。总承包服务费应列出服务项目及其内容。

编制招标工程量清单时,招标人应将拟定进行专业发包的专业工程、自行采购的材料设备等确定清楚,填写项目名称、服务内容,以便投标人决定报价。

总承包服务费计价表见计价表格组成系列之表-11-5。

6.4.5　规费、税金项目计价表的编制

(1)规费项目清单应按照下列内容列项

①社会保险费包括养老保险费、失业保险费、医疗保险费、工伤保险费、生育保险费。

②住房公积金。

若出现未包含在上述内容中的项目,应根据重庆市政府或市级有关管理部门的规定列项。

(2)税金项目清单应包括下列内容

①增值税。

②城市维护建设税。

③教育费附加。

④地方教育附加。

⑤环境保护税。

规费、税金项目计价表见计价表格组成系列之表-12。

6.5　工程量清单组价

本节主要针对投标报价介绍工程量清单组价过程,招标控制价的编制方法和内容与投标报价基本一致。

6.5.1　工程量清单投标价组价概述

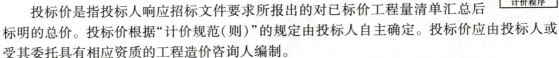

1）一般规定

投标价是指投标人响应招标文件要求所报出的对已标价工程量清单汇总后标明的总价。投标价根据"计价规范（则）"的规定由投标人自主确定。投标价应由投标人或受其委托具有相应资质的工程造价咨询人编制。

投标报价不得低于工程成本。投标价应满足招标文件的实质性要求，投标人不得以自有机械设备闲置、自有材料等为由不计入成本，且不得低于成本报价。

投标人必须按招标工程量清单填报价格。项目编码、项目名称、项目特征、计量单位、工程量必须与招标工程量清单一致。投标人不得对招标工程量清单项目进行增减调整。

投标人的投标报价高于招标控制价的应予废标。

2）投标价编制依据

投标报价应根据下列依据编制和复核：

①《重庆市建设工程工程量清单计价规则》。

②国家或重庆市建设主管部门颁发的计价办法和有关规定。

③企业定额、国家或重庆市建设主管部门颁发的计价定额。

④招标文件、招标工程量清单及其补充通知、答疑纪要。

⑤建设工程设计文件及相关资料。

⑥施工现场情况、地勘水文资料、工程特点及投标时拟订的施工组织设计或施工方案。

⑦与建设工程项目相关的标准、规范等技术资料。

⑧市场价格、招标文件提供的暂估价或重庆市建设工程造价管理机构发布的工程造价信息价格。

⑨其他相关资料。

6.5.2　工程量清单组价基本步骤

建筑安装工程费用由分部分项工程费、措施项目费、其他项目费、规费和税金组成。

工程量清单组价时各项费用计算、组成过程如下：

①分部分项工程费 = $\sum$（分部分项工程量×相应分部分项综合单价）

②措施项目费 = $\sum$ 各措施项目费

③其他项目费=暂列金额+暂估价+计日工费+总承包服务费

④单位工程报价=分部分项工程费+措施项目费+其他项目费+规费+税金

⑤单项工程报价 = $\sum$ 单位工程报价

⑥建设项目总报价 = $\sum$ 单项工程报价

6.5.3　计算分部分项工程费

分部分项工程费应根据招标文件中的分部分项工程量清单项目特征及主要工程内容的描述，确定综合单价来计算。因此，确定综合单价是计算确定分部分项工程费、完成分部分项工程量清单计价表编制过程中最主要的内容。严格意义上讲,工程量清单计价的合同应该是单价合同,所以综合单价的分析计算是投标报价的关键环节。

1)综合单价的组成

综合单价是指完成一个规定清单项目所需的人工费、材料费和工程设备费、施工机具使用费和企业管理费、利润以及一定范围内的风险费用。

综合单价可以直接参考或使用《重庆市房屋建筑与装饰工程计价定额》(省级建设主管部门颁发的定额)提供的综合单价,也可按照有关规定自主计算确定。

(1)人工费、材料费和工程设备费、施工机具使用费

综合单价中的人工费、材料费和工程设备费、施工机具使用费可以按投标单位的企业定额计算确定,也可根据计算确定。本书例题中的人工费、材料费和工程设备费、施工机具使用费均按《重庆市房屋建筑与装饰工程计价定额》(CQJZZSDE—2018)的数值计算。

在投标报价时,计算中采用的人、材、机单价应是市场价格,也可以是工程造价管理机构发布的工程造价信息中的信息价(指导价)。

(2)企业管理费、利润

综合单价中的企业管理费、规费根据《重庆市建设工程费用定额》(CQFYDE—2018)的规定计算确定。

(3)一般风险费用

综合单价中应包括招标文件中划分的应由投标人承担的风险范围及其费用,招标文件中没有明确的,应提请招标人明确。

《重庆市建设工程费用定额》明确规定:房屋建筑工程执行《重庆市房屋建筑与装饰工程计价定额(第一册 建筑工程)》时,定额综合单价中的企业管理费、利润、一般风险费应根据本定额规定的不同专业工程费率进行调整。

2)综合单价的计算程序

"一般计税法"计算综合单价按表6.5所示的计算程序进行;"简易计税法"计算综合单价按表6.6所示的计算程序进行。

为表明分部分项工程量综合单价的合理性,投标人应对其进行单价分析,以作为评标时判断综合单价合理性的主要依据。综合单价分析表的编制应反映出综合单价的编制过程,实际分析计算综合单价时,可按计价表格组成系列之表-09-1、表-09-3(工程量清单综合单价分析表)进行。

表6.5　综合单价计算程序表(一)

序　号	费用名称	一般计税法计算式
1	定额综合单价	1.1+1.2+1.3+1.4+1.5+1.6
1.1	定额人工费	
1.2	定额材料费	
1.3	定额施工机具使用费	

续表

序　号	费用名称	一般计税法计算式
1.4	企业管理费	(1.1+1.3)×费率
1.5	利润	(1.1+1.3)×费率
1.6	一般风险费用	(1.1+1.3)×费率
2	人材机价差	2.1+2.2+2.3
2.1	人工费价差	合同价(信息价、市场价)−定额人工费
2.2	材料费价差	不含税合同价(信息价、市场价)−定额材料费
2.3	施工机具使用费价差	2.3.1+2.3.2
2.3.1	机上人工费价差	合同价(信息价、市场价)−定额机上人工费
2.3.2	燃油动力费价差	不含税合同价(信息价、市场价)−定额燃油动力费
3	其他风险费	
4	综合单价	1+2+3

表6.6　综合单价计算程序表(二)

序　号	费用名称	简易计税法计算式
1	定额综合单价	1.1+1.2+1.3+1.4+1.5+1.6
1.1	定额人工费	
1.2	定额材料费	
1.2.1	其中:其他定额材料费	
1.3	定额施工机具使用费	
1.4	企业管理费	(1.1+1.3)×费率
1.5	利润	(1.1+1.3)×费率
1.6	一般风险费用	(1.1+1.3)×费率
2	人材机价差	2.1+2.2+2.3
2.1	人工费价差	合同价(信息价、市场价)−定额人工费
2.2	材料费价差	

续表

序 号	费用名称	简易计税法计算式
2.2.1	计价材料价差	含税合同价(信息价、市场价)-定额材料费
2.2.2	定额其他材料费进项税	1.2.1×材料进项税税率16%
2.3	施工机具使用费价差	2.3.1+2.3.2+2.3.3
2.3.1	机上人工费价差	合同价(信息价、市场价)-定额机上人工费
2.3.2	燃油动力费价差	含税合同价(信息价、市场价)-定额燃油动力费
2.3.3	施工机具进项税	2.3.3.1+2.3.3.2
2.3.3.1	机械进项税	按施工机械台班定额进项税额计算
2.3.3.2	定额其他施工机具使用费进项税	定额其他施工机具使用费×施工机具进项税税率16%
3	其他风险费	
4	综合单价	1+2+3

3)计算确定综合单价时的注意事项

（1）以项目特征为依据

确定分部分项工程和措施项目中的综合单价的最重要依据之一是该清单项目的特征描述，投标人投标报价时应根据招标文件和招标工程量清单中的项目特征描述计算确定综合单价。

当出现招标文件中分部分项清单项目特征描述与设计图纸不符时，投标人应以招标工程量清单的项目特征描述为准，确定投标报价的综合单价。当施工中施工图纸或设计变更与招标工程量清单的项目特征描述不一致时，发承包双方应按实际施工的项目特征根据合同约定重新确定综合单价。

工程量清单项目特征及主要工程内容中未描述的次要工程内容，其费用应按招标范围内设计图纸所示的工程内容确定并计入综合单价。

（2）材料、工程设备暂估价的处理

招标工程量清单中提供了暂估单价的材料、工程设备，按暂估的单价计入综合单价。

（3）合理分摊计价风险

在工程施工阶段，发承包双方都面临许多风险，但不是所有的风险以及无限度的风险都应由承包人承担，而是按风险共担的原则对风险进行合理的分摊。根据我国工程建设特点，投标人应完全承担的风险是技术风险和管理风险，如管理费和利润；应有限度承担的风险是市场风险，如材料价格、施工机械使用费；应完全不承担的是法律、法规、规章和政策变化的风险。

（4）正确计算工程数量的清单单位含量

现阶段工程定额规定的工程量计算规则与清单计量规则在一些项目上还存在差异。在计算确定综合单价时，如遇清单规则和定额规则不完全一致时，还需计算每一计量单位的清单项目所分摊的工程内容的工程数量，即"清单单位含量"。这个"清单单位含量"也称"清单系数"。

$$清单单位含量 = \frac{某工程内容的定额工程量}{清单工程量}$$

例如，某土方开挖清单的工程量是 240 m³，而按施工方案施工产生的挖方量为 300 m³，则相应的清单单位含量为：300/240＝1.25。此时，清单系数为 1.25。

清单单位含量是计算确定综合单价时使用的工程数量，必须正确合理地计算。

（5）仔细做好"捆绑报价"

清单项目以工程实体为计量对象，而不是分项工程。在为某清单项目计算填报综合单价时，一定要仔细分析该项目所包含的定额分项工程，分别计算它们的人、材、机、管、利等费用，然后汇总为综合单价。这被称为"捆绑报价"。

例如，某"屋面卷材防水"项目，按设计要求应包括：刷素水泥浆、炉渣混凝土找坡、水泥砂浆找平、冷贴满铺高分子防水卷材、着色剂保护层等工程内容。按照"18 定额"，它的综合单价就应该包括：刷素水泥浆、炉渣混凝土找坡、水泥砂浆找平、冷贴满铺防水卷材 4 个分项工程的费用。

4）综合单价计算实例

【例 6.3】 某高层公共建筑（27 层楼）"C30 商品混凝土矩形柱"分部分项工程量清单如表 6.7 所示。试分析计算其综合单价。人工综合工日结算价为 158 元/工日，商品混凝土市场价（不含税）为 310 元/m³，其他材料费及机械不做调整，一般风险费按费用定额规定计算。按一般计税法计算综合单价。

表 6.7　分部分项工程/施工技术措施项目量清单计价表

序号	项目编码	项目名称	项目特征及主要工程内容	计量单位	工程量	综合单价	合　价
1	010502001001	现浇矩形柱	项目特征：柱截面 800 mm×600 mm，C30 商品混凝土 主要工程内容：混凝土浇筑、振捣、养护	m³	120.00		

【解】

（1）直接套用《重庆市房屋建筑与装饰工程计价定额（第一册）》子目：AE0023，现浇矩形柱，商品混凝土。

人工费＝422.05 元/10 m³

材料费＝2 761.13 元/10 m³

机械费=0.00 元/10 m³

企业管理费=101.71 元/10 m³

利润=54.53 元/10 m³

一般风险费=6.33 元/10 m³

定额综合单价=3 345.75 元/10 m³

（2）计算价差

定额的人工消耗量为 3.670 工日，混凝土综合工单价 115.00 元/工日；商品混凝土消耗量为 9.847 m³，商品混凝土定额基价为 266.99 元/m³。

人工费价差=3.67×(158−115)= 157.81(元/10 m³)

材料费价差=9.847×(310−266.99)=423.52(元/10 m³)

价差小计=157.81+423.52=581.33(元/10 m³)

（3）合计

综合单价=3 345.75+581.33=3 927.08(元/10 m³)=392.71(元/m³)

《重庆市房屋建筑与装饰工程计价定额（第一册）》总说明第四条：本定额企业管理费、利润的费用标准是按公共建筑取定的，使用时应按实际工程和《重庆市建设工程费用定额》所对应的专业工程分类及费用标准进行调整。

现在，将【例 6.3】中的"公共建筑"更改为"住宅建筑"，成为一道新的例题。

【例 6.4】　某高层住宅建筑(27 层楼)"C30 商品混凝土矩形柱"分部分项工程量清单如表 6.8 所示。试分析计算其综合单价。人工综合工日结算价为 158 元/工日，商品混凝土市场价(不含税)为 310 元/m³，其他材料费及机械不做调整，一般风险费按费用定额规定计算。按一般计税法计算综合单价。

表 6.8　分部分项工程/施工技术措施项目量清单计价表

序号	项目编码	项目名称	项目特征及主要工程内容	计量单位	工程量	综合单价	合　价
1	010502001001	现浇矩形柱	项目特征：柱截面 800 mm×600 mm，C30 商品混凝土	m³	120.00		

【解】

仍然直接套用《重庆市房屋建筑与装饰工程计价定额（第一册）》子目：AE0023，现浇矩形柱，商品混凝土。

（1）人材机费用

人工费=422.05 元/10 m³

材料费=2 761.13 元/10 m³

机械费=0.00 元/10 m³

小计：422.05+2 761.13+0.00=3 183.18(元/10 m³)

（2）管理费、利润、规费

人工费+机械费=422.05 元+0.00=422.05（元/10 m³）

住宅工程的企业管理费、利润和一般风险费的费率分别是：25.6%，12.92%，1.5%。

企业管理费=422.05×25.6%=108.04（元/10 m³）

利润=422.05×12.92%=54.53（元/10 m³）

一般风险费=422.05×1.5%=6.33（元/10 m³）

小计：108.04+54.53+6.33=168.90（元/10 m³）

（3）价差计算

定额的人工消耗量为 3.670 工日，混凝土综合工单价 115.00 元/工日；商品混凝土消耗量为 9.847 m³，商品混凝土定额基价为 266.99 元/m³。

人工费价差=3.67×（158−115）=157.81（元/10 m³）

材料费价差=9.847×（310−266.99）=423.52（元/10 m³）

价差小计=157.81+423.52=581.33（元/10 m³）

（4）合计

综合单价=3 183.18+168.90+581.33=3 933.41（元/10 m³）=393.34（元/m³）

【例6.5】　表6.9是某公共建筑工程分部分项工程量清单中水泥砂浆地面项目，试按一般计税法分析计算该清单项目的综合单价。

招标文件规定：人工综合工日 150 元/工日，湿拌地面砂浆 350 元/m³，细石混凝土（商品混凝土）310 元/m³，一般风险费按费用定额规定计取，其他不作调整。

经计算，混凝土垫层工程量为 96 m³。

表6.9　分部分项工程/施工技术措施项目量清单计价表

序号	项目编码	项目名称	项目特征	计量单位	工程量	综合单价	合　价
1	011101001001	水泥砂浆地面	项目特征：120 厚混凝土垫层 30 厚细石混凝土找平层 20 厚 M15 湿拌商品砂浆面层	m²	800.00		

【解】　本例水泥砂浆地面项目包含"垫层、找平层、面层"三个分项工程内容，应综合考虑三个分项的费用，即应作"捆绑报价"。

本例综合单价分析计算过程见表6.10。

水泥砂浆地面清单项目的综合单价为：18.67+50.29+4.5+2.41+0.28+10.97=87.12（元/m²）。

表6.10　分部分项工程/施工技术措施项目清单综合单价分析表(一)

工程名称:××公共建筑工程　　　　　　　　　　　　　　　　　　　　　　第1页　共2页

| 项目编码 | 01110100001001 | 项目名称 | 水泥砂浆楼地面 | | | | 计量单位 | m² | | | | | | | |

定额编号	定额项目名称	单位	数量	定额人工费 1	定额材料费 2	定额施工机具使用费 3	企业管理费 费率(%) 4	(1+3)×(4) 5	利润 费率(%) 6	(1+3)×(6) 7	一般风险费用 费率(%) 8	(1+3)×(8) 9	人材机价差 10	其他风险费 11	合价 12
															1+2+3+5+7+9+10+11
AE0002	楼地面垫层 商品混凝土	10 m³	0.012	3.67	32.96	0	24.1	0.88	12.92	0.47	1.5	0.06	6.36	0	44.4
AI0011	细石混凝土找平层 厚度30mm 商品混凝土	100 m²	0.01	5.67	9.73	0	24.1	1.37	12.92	0.73	1.5	0.09	2.5	0	20.08
AI0016	楼地面面层 水泥砂浆 厚度20mm 湿拌商品砂浆	100 m²	0.01	9.33	7.6	0	24.1	2.25	12.92	1.21	1.5	0.14	2.12	0	22.64
合　计				18.67	50.29	0	—	4.5	—	2.41	—	0.28	10.97	0	87.12

人工 材料及机械名称	单位	数量	定额单价	市场单价	市场合价	价差合计	备注
1.人工							
抹灰综合工	工日	0.12	125	150	18	3	
混凝土综合工	工日	0.0319	115	150	4.79	1.12	

工程名称：××公共建筑工程

分部分项工程/施工技术措施项目清单综合单价分析表（一）

第 2 页 共 2 页

2. 材料						
（1）计价材料						
湿拌商品地面砂浆 M15	m³	0.0206	337.86	350	0.25	7.21
素水泥浆 普通水泥	m³	0.002	479.39	479.39	0	0.96
水泥 32.5R	kg	3.078	0.31	0.31	0	0.95
水	m³	0.0852	4.42	4.42	0	0.38
商品混凝土	m³	0.1536	266.99	310	6.61	47.62
电	kW·h	0.0277	0.7	0.7	0	0.02
（2）其他材料费						
其他材料费	元	—	—	1	—	0.96
3. 机械						
（1）机上人工						
（2）燃油动力费						

注：1. 此表适用于房屋建筑工程 仿古建筑工程 构筑物工程 市政工程 城市轨道交通的盾构工程及地下工程和轨道工程 爆破工程 机械土石方工程 房屋建筑修缮工程分部分项工程或技术措施项目清单综合单价分析。

2. 此表适用于清单措施项目费用分析。使用费之和为计税基础并按一般计税方法计算的工程使用。

3. 投标报价用工定额人工费与定额施工机具费以定额发布的依据，可不填定额编号等。

4. 招标文件提供了暂估单价的材料，按暂估价单价填入表内，并在备注栏中注明为"暂估价"。

5. 材料应注明名称 规格 型号。

5）分部分项工程费的计算

计算出综合单价以后，就可以根据分部分项工程量清单提供的工程量计算各项目的分部分项工程费，从而完成分部分项工程量清单计价表的编制。

【例6.3】、【例6.4】、【例6.5】 完整的分部分项工程量清单计价表见表6.11、表6.12、表6.13。

表6.11 分部分项工程/施工技术措施项目量清单计价表（公共建筑）

序号	项目编码	项目名称	项目特征及主要工程内容	计量单位	工程量	综合单价（元）	合价（元）
1	010502001001	现浇矩形柱	项目特征：柱截面 800 mm× 600 mm，C30 商品混凝土	m³	120.00	392.71	47 125.20

表6.12 分部分项工程/施工技术措施项目量清单计价表（住宅建筑）

序号	项目编码	项目名称	项目特征及主要工程内容	计量单位	工程量	综合单价（元）	合价（元）
1	010502001001	现浇矩形柱	项目特征：柱截面 800 mm× 600 mm，C30 商品混凝土	m³	120.00	393.34	47 200.80

表6.13 分部分项工程/施工技术措施项目量清单计价表

序号	项目编码	项目名称	项目特征及主要工程内容	计量单位	工程量	综合单价（元）	合价（元）
1	011101001001	水泥砂浆地面	项目特征：120 厚混凝土垫层，30 厚细石混凝土找平层，20 厚 M15 湿拌商品砂浆层面	m²	800.00	87.12	69 696.00

6.5.4 计算措施项目费用

编制内容主要是计算各项措施项目费。措施项目费应根据招标文件中的措施项目清单及投标时拟订的施工组织设计或施工方案由投标人自主确定。计算时应遵循以下原则：

①投标人可根据工程实际情况结合施工组织设计或施工方案，自主确定措施项目费。对招标人所列的措施项目可以进行增补。

由于各投标人拥有的施工装备、技术水平和采用的施工方法有所差异，招标人提出的措施项目清单是根据一般情况确定的，没有考虑不同投标人的"个性"，投标人投标时应根据自身编制的投标施工组织设计或施工方案确定措施项目，对投标人提供的措施项目进行调整。

投标人根据施工组织设计或施工方案调整和确定的措施项目应通过评标委员会的评审。

②措施项目清单计价应根据拟建工程的施工组织设计或施工方案采用不同方法。

a.技术措施项目，即单价措施项目清单计价。可以计算工程量的技术措施项目，应采用综合单价的方式计价。技术措施项目相应的综合单价计算方法与分部分项清单综合单价计算方法相同。

b.组织措施项目,即总价措施项目清单计价。组织措施项目不能计算工程量,只能以"项"计量,按费率的方式计算确定。按"项"计算的组织措施项目费,应包括除规费、税金以外的全部费用。

c.措施项目中的安全文明施工费,应按照国家或省级、行业建设主管部门的规定计算确定。

【例6.6】 ××住宅楼建筑工程措施项目清单计价。

本例住宅建筑建筑面积2 100 m²,按《重庆市房屋建筑与装饰工程计价定额》计算的人工费:360 000元,材料费1 200 000元,施工机具使用费200 000元;税前工程造价2 000 000元。各项费率按《重庆市建设工程费用定额》(CQFYDE—2018)中一般计税法确定。

(1)组织措施项目费计算(表6.14)

表6.14 施工组织措施项目清单计价表

工程名称:××住宅楼建筑工程
单位:元

序号	项目名称	计算基础	费率	金额（元）	调整费率（%）	调整后金额（元）	备注
1	组织措施费	定额人工费+定额施工机具使用费（560 000元）	6.88%	38 528.00			
2	安全文明施工费	（税前）工程造价（2 000 000元）	3.59%	71 800.00			
3	建设工程竣工档案编制费	定额人工费+定额施工机具使用费（560 000元）	0.56%	3 136.00			
4	住宅工程质量分户验收费	住宅单位工程建筑面积（2 100 m²）	1.32（元/m²）	2 772.00			
5							
6							
合　计				116 236.00			

(2)技术措施费计算

本例施工技术措施项目费计算过程及结果如表6.15所示。其中的综合单价直接套用计价定额,未做调整,实际工作中应根据工程具体情况使用定额,需要调整时应做相应调整计算。

工程名称：××住宅建筑工程

表 6.15 分部分项工程/施工技术措施项目清单计价表

单位：元

序号	项目编码	项目名称	项目特征	计量单位	工程量	综合单价	合价
1	011702001001	现浇基础模板	条形基础	m²	282.00	47.58	13 417.56
2	011702002001	现浇柱模板	矩形框架柱	m²	236.00	59.52	14 046.72
3	011702014001	现浇有梁板模板	有梁板	m²	220.00	56.41	12 410.20
4	011702024001	现浇楼梯模板	直形楼梯	m²	120.00	142.29	17 074.80
5	011701001001	综合脚手架	多层建筑物，檐高 50 m 以内	m²	4 500.00	38.86	174 870.00
6	011703001001	垂直运输	多层建筑物，檐高 50 m 以内	m²	4 500.00	30.08	135 360.00
7	011704001001	超高施工增加	多层建筑物，檐高 50 m 以内	m²	1 800.00	35.11	63 198.00
8	011705001001	大型机械设备基础	600 kN·m 自升式塔式起重机固定式基础	座	1	19 773.45	19 773.45
9	011705001002	大型机械设备安拆	600 kN·m 自升式塔式起重机	台次	1	16 238.96	16 238.96
10	011705001003	大型机械设备进出场	600 kN·m 自升式塔式起重机	台次	1	14 346.05	14 346.05
		合 计					480 735.74

（3）措施费汇总

汇总组织措施费、技术措施费即为措施项目清单费用，如表6.16所示。

表6.16　措施项目清单计价表

工程名称:××住宅楼建筑工程　　　　　　　　　　　　　　　　　　　　单位:元

序　号	项目名称	金额(元)	备　注
1	施工组织措施	116 236.00	
2	施工技术措施	480 735.74	
合　计		596 971.74	

6.5.5　计算其他项目费用

其他项目清单一般列项有暂列金额、暂估价、计日工、总承包服务费,结算时还可能有索赔与现场签证(表6.17)。

1)暂列金额

暂列金额的具体数值由招标人在招标工程量清单中列明,编制投标报价时无须计算,但必须将其列入报价中(表6.18)。

2)暂估价

暂估价包括材料(工程设备)暂估价和专业工程暂估价。

（1）材料（工程设备）暂估价

在招标工程量清单中,招标人填写"暂估单价",并在备注栏中说明暂估价的材料、工程设备拟用在哪些清单项目上,投标人应将这些材料、工程设备暂估单价计入工程量清单综合单价中。

（2）专业工程暂估价

在招标工程量清单中,招标人填写"专业工程暂估价"数值,投标人应将其计入投标总价中。结算时按合同约定结算金额结算(表6.19)。

3)计日工

计日工是指在施工过程中,承包人需要完成的发包人提出的施工图纸以外的零星项目或工作。在招标工程量清单中,招标人填写"名称""暂定数量",编制"招标控制价"时,单价由招标人按有关计价规定确定;投标时,单价由投标人自主报价,按暂定数量计算合价计入投标总价中。结算时,按发、承包双方确认的实际数量计算合价,如表6.20所示。

4)总承包服务费

在招标工程量清单中,招标人填写"名称""服务内容",编制"招标控制价"时,费率及金额由招标人按有关计价规定确定;投标时,费率及金额由投标人自主报价,计入投标总价中,如表6.21所示。

【例6.7】　某中学教师住宅工程的其他项目清单计价表编制。

【解】　编制结果见表6.17、表6.18、表6.19、表6.20、表6.21。

表6.17　其他项目清单计价表

工程名称:某中学教师住宅工程 　　　　　　　　　　　　　　　　　　　　　　　　　　单位:元

序　号	项 目 名 称	金　额(元)	备　注
1	暂列金额	300 000.00	明细详见表6.18
2	暂估价	100 000.00	
2.1	材料(工程设备)暂估价	—	
2.2	专业工程暂估价	100 000.00	明细详见表6.19
3	计日工	20 210.00	明细详见表6.20
4	总承包服务费	4 670.00	明细详见表6.21
5	索赔与现场签证		
	合　计	424 880.00	

表6.18　暂列金额明细表

工程名称:某中学教师住宅工程 　　　　　　　　　　　　　　　　　　　　　　　　　　单位:元

序　号	项 目 名 称	计量单位	暂定金额(元)	备　注
1	工程量清单中工程量偏差和设计变更	项	100 000.00	
2	政策性调整和材料价格风险	项	100 000.00	
3	其　他	项	100 000.00	
	合　计		300 000.00	

注:此表由招标人填写。如不能详列,也可以只暂列金额总额。投标人应将上述暂列金额计入投标价中。

表6.19　专业工程暂估价表

工程名称:某中学教师住宅工程 　　　　　　　　　　　　　　　　　　　　　　　　　　单位:元

序　号	工程名称	工程内容	金额(元)	备　注
1	入户防盗门	安装	100 000.00	
	合　计		100 000.00	—

注:此表由招标人填写。投标人应将上述专业工程暂估价计入投标价中。结算时按合同约定结算金额填写。

表6.20　计日工表

工程名称:某中学教师住宅工程 　　　　　　　　　　　　　　　　　　　　　　　　　　单位:元

编号	项 目 名 称	单　位	暂定数量	实际数量	综合单价(元)	合　价 暂　定	实　际
一	人工						
1	土石方人工	工日	200		100.00	20 000.00	

续表

编号	项目名称	单位	暂定数量	实际数量	综合单价（元）	合价	
						暂定	实际
2	土建用工	工日	50		115.00	5 750.00	
	人工小计					25 750.00	
二	材料						
1	钢筋（规格、型号综合）	t	1		5 500.00	5 500.00	
2	水泥42.5	t	2		571.00	1 141.00	
3	特细砂	t	20		63.11	1 262.20	
4	碎石（5~31.5 mm）	t	10		67.96	679.60	
5	页岩砖（240 mm×115 mm×53 mm）	千匹	1		422.33	422.33	
	材料小计					9 005.13	
三	施工机械						
1	自升式塔式起重机（1 000 kN·m）	台班	5		689.89	3 449.45	
2	灰浆搅拌机（400 L）	台班	2		193.72	387.44	
	施工机械小计					3 836.89	
	合　计					38 592.02	

注:此表项目名称、暂定数量由招标人填写。编制招标控制价时,单价由招标人按有关计价规定确定。投标时,单价由投标人自主报价,按暂定数量计算合价计入投标总价中。结算时,按发承包双方确认的实际数量计算合价。

表6.21　总承包服务费计价表

工程名称:某中学教师住宅工程　　　　　　　　　　　　　　　　　　　　　　　　　　单位:元

序　号	专业工程名称	项目价值	服务内容	计算基础	费率（%）	金　额
1	发包人发包专业工程	100 000.00	1.同期施工时,配合发包方进行现场协调、管理 2.提供必要的简易架料及垂直吊运等	100 000.00	3.00	3 000.00
2	发包人供应材料	100 000.00	对发包人供应的材料进行验收及保管和使用发放	100 000.00	1.67	1 670.00
	合　计					4 670.00

注:此表项目名称、服务内容由招标人填写,编制招标控制价时,费率及金额由招标人按有关计价规定确定;投标时,费率及金额由投标人自主报价,计入投标总价中。

6.5.6　计算规费、税金

规费、税金应按省级城乡建设主管部门发布的规定标准计算,不得作为竞争性费用。规费标准(部分)归纳入表6.22。

表6.22　规费费用标准表(部分)

专业工程	计算基础	费率(%)
房屋建筑工程		10.32
仿古建筑工程		7.2
构筑物工程		9.25
市政工程	定额人工费+定额施工机具使用费	11.46
机械(爆破)土石方工程		7.2
围墙工程		7.2
房屋建筑修缮工程		7.2

【例6.8】　市区某住宅建筑工程规费、税金项目清单计价表编制。

该住宅位于渝中区,建筑工程按计价定额计算的"定额人工费"与"定额施工机具使用费"之和为3 600 000.00元;根据计价规定计算的"分部分项工程费+措施项目费+其他项目费+规费-甲供材料费"共计5 112 000.00元。按一般计税法计取增值税,不计环境保护税。

【解】　本例为"房屋建筑工程",规费应以"定额人工费+定额施工机具使用费"为计算基础,费率10.32%;"增值税"的计算基础是"税前造价(即:分部分项工程费+措施项目费+其他项目费+规费-甲供材料费)",按一般计税法的税率为10%;"附加税"的计算基础是增值税,在市区的工程税率为12%。编制结果见表6.23。

表6.23　规费、税金项目清单计价表

工程名称:某住宅建筑工程　　　　　　　　　　　　　　　　　　　　单位:元

序　号	项目名称	计算基础	费　率	金　额
1	规　费	定额人工费+定额施工机具使用费 (3 600 000.00元)	10.32%	371 520.00
2	税金	2.1+2.2+2.3		572 544.00
2.1	增值税	分部分项工程费+措施项目费+ 其他项目费+规费-甲供材料费 (5 112 000.00元)	10%	511 200.00
2.2	附加税	增值税	12%	61 344.00
2.3	环境保护税	按实计算	—	—
合　计				944 064.00

6.5.7 确定投标报价的注意事项

完成"分部分项工程量清单计价表""措施项目清单计价表""其他项目清单计价表""规费、税金项目清单计价表"的计算编制后,结转至"单位工程费汇总表"或"单项工程费汇总表",汇总计算出单位工程或单项工程费以后,便可确定投标报价。确定投标报价时应注意下列事项:

(1)不能总价优惠(或降价、让利)

投标总价应当与分部分项工程费、措施项目费、其他项目费和规费、税金组成的合计金额一致。投标人在进行投标报价时,不能进行投标总价优惠(或降价、让利),投标人对投标价的任何优惠(或降价、让利)均应反映在相应清单项目的综合单价中。

(2)不能漏项

招标工程量清单中与计价表中列明的所有需要填写的单价和合价项目,投标人均应填写且只允许有一个报价。未填写单价与合价的项目,可视为此项费用已包含在已标价工程量清单中其他项目的单价与合价中。在办理进度款及竣工结算时,此项目不得重新组价予以调整。

(3)认真复核招标控制价

投标人编制、确定投标报价前,应当认真复核招标人公布的招标控制价。

投标人经复核认为招标人公布的招标控制价未按建设行政主管部门有关规定及规则编制的,可根据有关规定向城乡建设主管部门投诉。

【例6.9】 某中学教学楼建筑工程投标报价汇总表,见表6.24。

表6.24 单位工程招标控制价/投标报价汇总表

工程名称:某中学教学楼建筑工程   第1页 共1页

序 号	汇总内容	金额(元)	其中:暂估价
1	分部分项工程	6 134 749	845 000
2	措施项目	738 257	
2.1	其中:安全文明施工费	209 650	
3	其他项目	597 288	
4	规 费	239 001	
5	税 金	262 887	
投标报价合计=1+2+3+4+5		7 972 182	845 000

第 7 章　投标报价编制案例

投标报价编制案例PDF图纸

投标报价编制案例工程量计算表

投标报价编制案例清单子目表

表 1

红叶公寓楼　工程
投标总价

招　　标　　人：_____

投标总价（小写）：　1 310 225.34_____

　　　（大写）：　壹佰叁拾壹万零贰佰贰拾伍元叁角肆分_____

投　　标　　人：_____
　　　　　　　　　　　　　　（单位盖章）

法 定 代 表 人
或 其 授 权 人：_____
　　　　　　　　　　　　　　（签字或盖章）

编　　制　　人：_____
　　　　　　　　　　　　（造价人员签字盖专用章）

编制时间：　　　年　　月　　日

表2

工程计价总说明

工程名称:红叶公寓楼 　　　　　　　　　　　　　　　　　　　第 1 页 共 1 页

　　(1)工程概况

　　红叶公寓楼是一栋多层建筑物,建筑面积 656.5 m²,现浇钢筋混凝土框架结构,独立基础。地砖地面,外墙涂料,内墙涂料,顶棚涂料,木质套装门,塑钢窗,卷材防水屋面。施工场地无障碍,周围环境对施工过程无特别的环境保护要求。

　　(2)编制依据、计税方法

　　《重庆市房屋建筑与装饰工程计价定额》(CQJZZSDE—2018)第一册、第二册;

　　《重庆市建设工程费用定额》(CQFYDE—2018);

　　《重庆市建设工程混凝土及砂浆配合比表》(CQPHBB—2018);

　　《重庆市建设工程施工机械台班定额》(CQJXDE—2018);

　　《重庆市建设工程施工仪器仪表台班定额》(CQYQYBDE—2018)。

　　《建设工程工程量清单计价规范》(GB 50500—2013);

　　《房屋建筑与装饰工程工程量计算规范》(GB 50854—2013);

　　《重庆市建设工程工程量清单计价规则》(CQJJGZ—2013);

　　《重庆市建设工程工程量计算规则》(CQJLGZ—2013)。

　　按一般计税法计税。

　　(3)调差依据

　　人工:2021 年第一季度人工信息价(重庆);

　　材料:重庆工程造价信息 2021 年第五期(2021 年 4 月)。

表3

单位工程投标报价汇总表

工程名称:红叶公寓楼 　　　　　　　　　　　　　　　　　　　第1页 共1页

序号	汇总内容	金额/元	其中:暂估价(元)
1	分部分项工程费	1 015 245.11	
1.1	A.1 土石方工程	34 357.31	
1.2	A.4 砌筑工程	124 237.73	
1.3	A.5 混凝土及钢筋混凝土工程	437 898.63	
1.4	A.8 门窗工程	96 390.18	
1.5	A.9 屋面及防水工程	45 313.05	
1.6	A.10 保温、隔热、防腐工程	9 437.42	
1.7	A.11 楼地面装饰工程	71 649.19	
1.8	A.12 墙、柱面装饰与隔断、幕墙工程	108 001.43	
1.9	A.13 天棚工程	13 087.55	
1.10	A.14 油漆、涂料、裱糊工程	74 872.62	
2	措施项目费	91 846.23	
2.1	其中:安全文明施工费	41 249.07	
3	其他项目费	50 000	
4	规费	33 156.97	—
5	税金	119 977.03	—
	投标报价合计＝1+2+3+4+5	1 310 225.34	

注:1.本表适用于单位工程招标控制价或投标报价的汇总,如无单位工程划分,单项工程也使用本表汇总。

　　2.分部分项工程、措施项目中暂估价中应填写材料、工程设备暂估价,其他项目中暂估价应填写专业工程暂估价。

表4

措施项目汇总表

工程名称:红叶公寓楼   第1页 共1页

序号	项目名称	金额(元)	
		合价	其中:暂估价
1	施工技术措施项目	25 826.72	
2	施工组织措施项目	66 019.51	
2.1	其中:安全文明施工费	41 249.07	
2.2	建设工程竣工档案编制费	1 799.22	
2.3	住宅工程质量分户验收费	866.58	
	措施项目费合计=1+2	91 846.23	

表5

分部分项工程项目清单计价表

工程名称:红叶公寓楼

序号	项目编码	项目名称	项目特征	计量单位	工程量	综合单价	合价	其中:暂估价
	A.1	土石方工程						
1	010101001001	平整场地	1.土壤类别:综合	m²	208.52	4.56	950.85	
2	010101003001	挖沟槽土方	1.土壤类别:综合 2.开挖方式:人工开挖 3.挖土深度:1.285 m	m³	51.95	64.07	3 328.44	
3	010101004001	挖基坑土方	1.土壤类别:综合 2.开挖方式:人工开挖 3.挖土深度:1.485 m	m³	272.38	68.03	18 530.01	
4	010103001001	人工基础回填	1.密实度要求:满足设计和规范的要求	m³	220.78	40.53	8 948.21	
5	010103001002	人工室内回填	1.密实度要求:满足设计和规范的要求	m³	45.97	22.51	1 034.78	
6	010103002001	余方弃置	1.运距:1 km	m³	57.58	27.18	1 565.02	
	A.4	砌筑工程						
1	010401001001	砖基础	1.砖品种、规格、强度等级:MU10 烧结粉煤灰实心砖 2.基础类型:条形基础 3.砂浆强度等级:M7.5 水泥砂浆 4.防潮层材料种类:20 mm厚1:2防水砂浆	m³	29.93	494.58	14 802.78	
2	010401003001	实心砖墙	1.砖品种、规格、强度等级:120 mm 厚实心砖墙 2.砂浆强度等级、配合比:M7.5 现拌水泥砂浆	m³	6.78	548.31	3 717.54	

续表

序号	项目编码	项目名称	项目特征	计量单位	工程量	综合单价	金额（元）合价	其中：暂估价
3	010401012001	零星砌砖	1. 零星砌砖名称、部位：走廊栏板 2. 砖品种、规格、强度等级：标准砖 240 mm×115 mm×53 mm 3. 砂浆强度等级、配合比：M7.5 现拌水泥砂浆	m³	3.84	576.89	2 215.26	
4	010402001001	砌块墙	1. 砌块品种、规格、强度等级：200 mm 厚 MU10 蒸压加气混凝土砌块 B05 2. 砂浆强度等级：M7.5 现拌水泥砂浆	m³	163.72	632.19	103 502.15	
	A.5	混凝土及钢筋混凝土工程						
1	010501001001	垫层	1. 混凝土种类：商品混凝土 2. 混凝土强度等级：C10	m³	14.92	562.94	8 399.06	
2	010501001002	底层楼地面垫层	1. 混凝土种类：商品混凝土 2. 混凝土强度等级：C15	m³	12.4	453.73	5 626.25	
3	010501003001	独立基础	1. 混凝土种类：商品混凝土 2. 混凝土强度等级：C30	m³	60.29	588.29	35 468	
4	010502001001	矩形柱	1. 混凝土种类：商品混凝土 2. 混凝土强度等级：C30	m³	37.07	1 135.87	42 106.7	
5	010502002001	构造柱	1. 混凝土种类：商品混凝土 2. 混凝土强度等级：C20	m³	3.4	1 626.37	5 529.66	
6	010503001001	基础梁	1. 混凝土种类：商品混凝土 2. 混凝土强度等级：C30	m³	5.86	1 027.12	6 018.92	
7	010503005001	过梁	1. 混凝土种类：商品混凝土 2. 混凝土强度等级：C20	m³	1.58	1 805.55	2 852.77	

续表

序号	项目编码	项目名称	项目特征	计量单位	工程量	综合单价	金额（元） 合价	其中：暂估价
8	010505001001	有梁板	1.混凝土种类:商品混凝土 2.混凝土强度等级:C30	m³	107.28	1 046.94	112 315.72	
9	010505007001	天沟(檐沟)、挑檐板	1.混凝土种类:商品混凝土 2.混凝土强度等级:C30	m³	9.99	1 595.75	15 941.54	
10	010506001001	直形楼梯	1.混凝土种类:商品混凝土 2.混凝土强度等级:C30	m²	64.61	298.85	19 308.7	
11	010507001001	散水、坡道	1.面层:20 mm厚1:2水泥砂浆面层 2.混凝土厚度:60 mm厚 3.混凝土种类:商品混凝土 4.混凝土强度等级:C20 5.垫层材料种类、厚度:150 mm厚5~32 mm卵石灌M2.5混合砂浆,宽出面层100 mm 6.变形缝填塞材料种类:油膏散缝	m²	40.16	189.8	7 622.37	
12	010507001002	散水、坡道	1.垫层材料种类、厚度:150 mm厚3:7灰土;20 mm厚粗砂垫层 2.面层厚度:60 mm 3.混凝土种类:商品混凝土 4.混凝土强度等级:C20	m²	9.53	151.82	1 446.84	
13	010507005001	窗台、女儿端压顶	1.断面尺寸:200 mm×80 mm 2.混凝土种类:商品混凝土 3.混凝土强度等级:C20	m³	2.31	1 675.63	3 870.71	

续表

序号	项目编码	项目名称	项目特征	计量单位	工程量	综合单价	金额（元）合价	其中：暂估价
14	010507005002	走廊栏板压顶	1. 断面尺寸:200 mm×100 mm 2. 混凝土种类:商品混凝土 3. 混凝土强度等级:C20	m³	0.77	1 675.63	1 290.24	
15	010507007001	其他构件	1. 混凝土种类:商品混凝土 2. 混凝土强度等级:C30	m³	0.36	1 695.65	610.43	
16	010515001001	现浇构件钢筋	1. 钢筋种类、规格:Φ6	t	0.396	6 864.98	2 718.53	
17	010515001002	现浇构件钢筋	1. 钢筋种类、规格:Φ10	t	0.137	6 596.25	903.69	
18	010515001003	现浇构件钢筋	1. 钢筋种类、规格:Φ6	t	1.843	6 955.62	12 819.21	
19	010515001004	现浇构件钢筋	1. 钢筋种类、规格:Φ8	t	8.136	6 773.32	55 107.73	
20	010515001005	现浇构件钢筋	1. 钢筋种类、规格:Φ10	t	0.569	6 641.37	3 778.94	
21	010515001006	现浇构件钢筋	1. 钢筋种类、规格:Φ12	t	1.77	6 085.96	10 772.15	
22	010515001007	现浇构件钢筋	1. 钢筋种类、规格:Φ14	t	1.857	6 085.96	11 301.63	
23	010515001008	现浇构件钢筋	1. 钢筋种类、规格:Φ16	t	3.121	6 013.03	18 766.67	
24	010515001009	现浇构件钢筋	1. 钢筋种类、规格:Φ18	t	5.258	6 013.03	31 616.51	
25	010515001010	现浇构件钢筋	1. 钢筋种类、规格:Φ20	t	1.159	6 013.03	6 969.1	
26	010515001011	现浇构件钢筋	1. 钢筋种类、规格:Φ22	t	0.32	6 013.03	1 924.17	
27	010515001012	现浇构件钢筋	1. 钢筋种类、规格:Φ25	t	0.03	6 013.03	180.39	
28	010516003001	机械连接	1. 连接方式:直螺纹连接	个	800	15.79	12 632	

续表

序号	项目编码	项目名称	项目特征	计量单位	工程量	综合单价	合价	其中：暂估价
A.8		门窗工程						
1	010801002001	木质门带套	1.门代号及洞口尺寸:M1,1 000 mm×2 200 mm	樘	5	600.03	3 000.15	
2	010801002002	木质门带套	1.门代号及洞口尺寸:M2,1 000 mm×2 100 mm	樘	10	599.49	5 994.9	
3	010801002003	木质门带套	1.门代号及洞口尺寸:M3,900 mm×2 200 mm	樘	16	599.76	9 596.16	
4	010801002004	木质门带套	1.门代号及洞口尺寸:M4,1 500 mm×2 100 mm	樘	2	1 152.01	2 304.02	
5	010801002005	木质门带套	1.门代号及洞口尺寸:M6,900 mm×2 200 mm	樘	2	599.76	1 199.52	
6	010801002006	木质门带套	1.门代号及洞口尺寸:M7,800 mm×2 200 mm	樘	2	599.49	1 198.98	
7	010801002007	木质门带套	1.门代号及洞口尺寸:M8,900 mm×2 000 mm	樘	1	598.69	598.69	
8	010801003001	木质连窗门	1.门代号及洞口尺寸:MC1,1 725 mm×2 770 mm	樘	2	7 210.7	14 421.4	
9	010801003002	木质连窗门	1.门代号及洞口尺寸:MC2,1 725 mm×2 770 mm	樘	2	7 210.7	14 421.4	
10	010801003003	木质连窗门	1.门代号及洞口尺寸:MC3,1 725 mm×2 470 mm	樘	4	961.1	3 844.4	
11	010801003004	木质连窗门	1.门代号及洞口尺寸:MC4,1 725 mm×2 470 mm	樘	6	961.32	5 767.92	
12	010801004001	木质防火门	1.门代号及洞口尺寸:M5,1 500 mm×2 100 mm	樘	4	1 017.18	4 068.72	
13	010801006001	门锁安装	1.锁品种:L形执手锁	个	56	75.25	4 214	
14	010807001001	金属（塑钢、断桥）窗	1.窗代号及洞口尺寸:C1,1 200 mm×1 500 mm	樘	4	475.07	1 900.28	
15	010807001002	金属（塑钢、断桥）窗	1.窗代号及洞口尺寸:C2,900 mm×870 mm	樘	20	208.83	4 176.6	

续表

序号	项目编码	项目名称	项目特征	计量单位	工程量	综合单价	金额（元）合价	其中：暂估价
16	010807001003	金属（塑钢、断桥）窗	1. 窗代号及洞口尺寸：C3,1 500 mm×1 770 mm	樘	3	698.06	2 094.18	
17	010807001004	金属（塑钢、断桥）窗	1. 窗代号及洞口尺寸：C4,900 mm×600 mm	樘	2	144.76	289.52	
18	010807001005	金属（塑钢、断桥）窗	1. 窗代号及洞口尺寸：C5,1 725 mm×1 670 mm	樘	4	755.66	3 022.64	
19	010807001006	金属（塑钢、断桥）窗	1. 窗代号及洞口尺寸：C6,1 725 mm×1 370 mm	樘	10	620.84	6 208.4	
20	010807001007	金属（塑钢、断桥）窗	1. 窗代号及洞口尺寸：C7,1 500 mm×1 570 mm	樘	5	619.5	3 097.5	
21	010807001008	金属（塑钢、断桥）窗	1. 窗代号及洞口尺寸：C8,1 200 mm×1 570 mm	樘	10	497.08	4 970.8	
A.9		屋面及防水工程						
1	010902001001	屋面卷材防水	1. 卷材品种、规格、厚度：4 mm 厚 SBS 防水卷材	m²	203.9	50.93	10 384.63	
2	010902003001	屋面刚性层	1. 刚性层厚度：40 mm 厚 2. 混凝土种类：商品混凝土 3. 混凝土强度等级：C20 4. 钢筋规格、型号：A6@150 双向	m²	188.88	51.5	9 727.32	
3	010902007001	屋面天沟、檐沟防水	1. 材料品种、规格：4 mm 厚 SBS 防水卷材；4 mm 厚 SBS 防水附加	m²	116.55	93.31	10 875.28	

续表

序号	项目编码	项目名称	项目特征	计量单位	工程量	综合单价	合价	其中:暂估价
							金额(元)	
4	010903002001	墙面涂膜防水	1. 防水膜品种:聚合物水泥基复合防水涂料 2. 涂膜厚度,遍数:1.5 mm厚	m²	222.66	54.21	12 070.4	
5	010904002001	楼(地)面涂膜防水	1. 防水膜品种:聚氨酯防水层 2. 涂膜厚度,遍数:1.5 mm厚 3. 反边高度:150 mm	m²	83.72	26.94	2 255.42	
A.10		保温,隔热,防腐工程						
1	011001001001	保温隔热屋面	保温隔热材料品种,规格,厚度:50 mm厚挤塑型聚苯乙烯板保温层	m²	188.88	30.93	5 842.06	
2	011001005001	保温隔热楼地面	1. 保温隔热部位:地面 2. 保温隔热材料品种,规格,厚度:50 mm厚聚苯乙烯泡沫板	m²	121.26	29.65	3 595.36	
A.11		楼地面装饰工程						
1	011101003001	细石混凝土楼地面	1. 找平层厚度、砂浆配合比:20 mm厚1:3水泥砂浆 2. 面层厚度,混凝土强度等级:40 mm厚 C20细石混凝土	m²	121.26	55.14	6 686.28	
2	011101006001	平面砂浆找平层	1. 找平层厚度:20 mm厚 2. 砂浆种类及配合比:1:3水泥砂浆	m²	188.88	18	3 399.84	
3	011101006002	平面砂浆找平层	1. 找平层厚度:20 mm厚 2. 砂浆种类及配合比:1:3水泥砂浆	m²	44.4	18	799.2	
4	011101006003	轻集料混凝土找平层	1. 找平层厚度:30 mm厚 2. 砂浆种类及配合比:轻集料混凝土找平层	m²	44.4	20.67	917.75	

续表

序号	项目编码	项目名称	项目特征	计量单位	工程量	综合单价	金额（元） 合价	其中：暂估价
5	011102003001	块料楼地面	1. 结合层厚度、砂浆配合比:20 mm 厚 1:3 干硬性水泥砂浆 2. 面层材料品种、规格、颜色:8~10 mm 厚地砖	m²	493.89	75.73	37 402.29	
6	011102003002	卫生间块料楼地面	1. 找平层厚度、砂浆配合比:30 mm 厚 1:3 水泥砂浆 2. 结合层厚度、砂浆配合比:20 mm 厚 1:3 干硬性水泥砂浆 3. 面层材料品种、规格、颜色:8~10 mm 厚地砖	m²	65.16	99.78	6 501.66	
7	011105001001	水泥砂浆踢脚线	1. 踢脚线高度:150 mm 2. 底层厚度、砂浆配合比:5~7 mm 厚 1:1:6水泥石灰膏砂浆打底划出纹道 3. 面层厚度、砂浆配合比:6 mm 厚 1:2.5 水泥砂浆抹面压实赶光	m	571.32	8.44	4 821.94	
8	011106002001	块料楼梯面层	1. 粘结层厚度、材料种类:20 mm 厚 1:3 干硬性水泥砂浆 2. 面层材料品种、规格、颜色:8~10 mm 厚地砖	m²	64.26	120.89	7 768.39	
9	011107002001	块料台阶面	1. 面层材料品种、规格、颜色:30 mm 厚花岗岩石板 2. 粘结材料种类:20 mm 厚 1:3 干硬性水泥砂浆 3. 垫层:60 mm 厚 C15 混凝土	m²	12.83	261.25	3 351.84	

续表

序号	项目编码	项目名称	项目特征	计量单位	工程量	综合单价	合价	其中:暂估价
	A.12	墙、柱面装饰与隔断、幕墙工程						
1	011201001001	墙面一般抹灰	1. 墙体类型:蒸压加气混凝土砌块 2. 底层厚度、砂浆配合比:12 mm 厚粉刷石膏砂浆打底分层抹平	m²	1 441.85	23.44	33 796.96	
2	011201001002	外墙面抹灰	1. 底层厚度,砂浆配合比:5 mm 厚 1:3 水泥砂浆打底扫毛或划出纹道;12 mm 厚 1:2.5 水泥砂浆	m²	581.48	31.04	18 049.14	
3	011201004001	立面砂浆找平层	1. 基层类型:蒸压加气混凝土砌块 2. 找平层砂浆厚度,配合比:9 mm 厚 1:3 水泥砂浆	m²	359.28	24.03	8 633.5	
4	011203001001	零星项目一般抹灰(檐沟)	1. 基层类型、部位:钢筋混凝土,檐沟 2. 底层厚度,砂浆配合比:5 mm 厚 1:3 水泥砂浆打底扫毛或划出纹道;12 mm 厚 1:2.5 水泥砂浆	m²	132.82	49.72	6 603.81	
5	011203001002	零星项目一般抹灰(压顶)	1. 基层类型、部位:钢筋混凝土,压顶 2. 底层厚度,砂浆配合比:5 mm 厚 1:3 水泥砂浆打底扫毛或划出纹道;12 mm 厚 1:2.5 水泥砂浆	m²	34.73	73.33	2 546.75	
6	011204003001	块料墙面	1. 安装方式:专用胶泥粘贴 2. 面层材料品种、规格、颜色:墙面砖	m²	358.61	107	3 8371.27	
	A.13	天棚工程						
1	011301001001	天棚抹灰	1. 基层类型:混凝土 2. 抹灰厚度、材料种类:5 mm 厚水泥石灰膏砂浆 3. 砂浆配合比:1:0.5:3水泥石灰	m²	676.01	19.36	13 087.55	

续表

序号	项目编码	项目名称	项目特征	计量单位	工程量	综合单价	金额(元) 合价	其中:暂估价
	A.14	油漆、涂料、裱糊工程						
1	011407001001	墙面喷刷涂料	1. 腻子种类:耐水腻子 2. 刮腻子要求:2 mm厚面层耐水腻子分遍刮平 3. 涂料品种、喷刷遍数:无机内墙涂料,底层涂料、面层涂料,第二层面层涂料	m²	1 441.85	30.09	43 385.27	
2	011407001002	檐沟喷刷涂料	1. 基层类型:钢筋混凝土 2. 喷刷涂料部位:檐沟 3. 刮腻子要求:找平腻子层两遍,每遍均打磨 4. 涂料品种、喷刷遍数:双组分聚氨酯罩面涂料两遍	m²	132.82	24.81	3 295.26	
3	011407001003	墙面喷刷涂料	1. 喷刷涂料部位:外墙 2. 刮腻子要求:找平腻子层两遍,每遍均打磨 3. 涂料品种、喷刷遍数:双组分聚氨酯罩面涂料两遍	m²	581.48	21.02	12 222.71	
4	011407002001	天棚喷刷涂料	1. 喷刷涂料部位:天棚 2. 腻子种类:耐水腻子;防裂腻子 3. 刮腻子要求:2 mm厚面层耐水腻子刮平;3～5 mm厚底基防裂腻子分遍找平两遍	m²	676.01	22.28	15 061.5	
5	011407004001	线条刷涂料	1. 线条宽度:380 mm 2. 刮腻子遍数:找平腻子层两遍,每遍均打磨 3. 刷防护材料,油漆:双组分聚氨酯罩面涂料两遍	m	51.45	9.97	512.96	
6	011407004002	线条刷涂料	1. 线条宽度:420 mm 2. 刮腻子遍数:找平腻子层两遍,每遍均打磨 3. 刷防护材料,油漆:双组分聚氨酯罩面涂料两遍	m	36	10.97	394.92	
		合 计					1 015 245.11	

第 1 页 共 1 页

表6

施工技术措施项目清单计价表

工程名称:红叶公寓楼

序号	项目编码	项目名称	项目特征	计量单位	工程量	综合单价	合价	其中:暂估价
一		施工技术措施项目					25 826.72	
1	011701001001	综合脚手架	1. 建筑结构形式:框架结构 2. 檐口高度:9.705	m²	656.5	27.91	18 322.92	
2	011703001001	垂直运输	1. 建筑物建筑类型及结构形式:多层建筑,框架结构 2. 地下室建筑面积:无 3. 建筑物檐口高度、层数:9.705 m,3层	m²	656.5	11.43	7 503.8	
			本页小计				25 826.72	
			合 计				25 826.72	

表7

分部分项工程项目清单综合单价分析表（一）

工程名称：红叶公寓楼

项目编码	01040100101	项目名称	砖基础	计量单位	m³	综合单价	494.58

定额编号	定额项目名称	数量		定额综合单价										综合单价		合价
		单位	数量	定额人工费	定额材料费	定额施工机具使用费	企业管理费		利润		一般风险费用		人材机价差	其他风险费	合价
				1	2	3	费率(%)	(1+3)×(4)	费率(%)	(1+3)×(6)	费率(%)	(1+3)×(8)	10	11	12
							4	5	6	7	8	9			1+2+3+5+ 7+9+10+11
AD0004换	砖基础 200砖 水泥砂浆 现拌砂浆 M5 换为[水泥砂浆（特细砂）稠度70~90mm M7.5]	10 m³	0.1	129.25	272.2	7.69	25.6	35.06	12.92	17.69	1.5	2.05	12.36	0	476.31
AJ0087	楼地面防水、防潮砂浆	100 m²	0.008 5	8.6	4.81	0.48	25.6	2.32	12.92	1.17	1.5	0.14	0.76	0	18.27
合　计				137.85	277.01	8.17	—	37.38	—	18.86	—	2.19	13.12	0	494.58

人工、材料及机械名称	单位	数量	定额单价	市场单价	市场合价	价差合计	备注
1.人工							
砌筑综合工	工日	1.123 9	115	126	141.61	12.36	
抹灰综合工	工日	0.068 8	125	136	9.36	0.76	

工程名称：红叶公寓楼

人工、材料及机械名称	单位	数量	定额单价	市场单价	价差合计	市场合价	备注
2. 材料							
(1)计价材料							
水	m³	0.205 2	4.42	4.42	0	0.91	
水泥32.5R	kg	96.139	0.31	0.31	0	29.8	
特细砂	t	0.338 7	63.11	63.11	0	21.38	
标准砖200 mm×95 mm×53 mm	千块	0.771	291.26	291.26	0	224.56	
水泥砂浆（特细砂）稠度70～90 mm M7.5	m³	0.241	195.56	195.56	0	47.13	
水泥砂浆（特细砂）1:2	m³	0.017 3	256.68	256.68	0	4.44	
防水粉	kg	0.466 9	0.68	0.68	0	0.32	
(2)其他材料费							
其他材料费	元	—	—	1	—	0.05	
3. 机械							
(1)机上人工							
机上人工	工日	0.060 5	120	120	0	7.26	
(2)燃油动力费							
电	kW·h	0.374 5	0.7	0.7	0	0.26	

表8

分部分项工程项目清单综合单价分析表（一）

工程名称:公寓楼

项目编码	01050200 1001	项目名称		矩形柱		计量单位		m³			综合单价			1 135.87
定额编号	定额项目名称	单位	数量	定额综合单价										
				定额人工费	定额材料费	定额施工机具使用费	企业管理费		利润		一般风险费用		人材机价差	其他风险费	合 价
				1	2	3	费率(%) 4	(1+3)×(4) 5	费率(%) 6	(1+3)×(6) 7	费率(%) 8	(1+3)×(8) 9	10	11	12
AE0023	矩形柱 商品混凝土	10 m³	0.1	42.21	276.11	0	25.6	10.8	12.92	5.45	1.5	0.63	152.89	0	488.1
AE0136	现浇混凝土模板 矩形柱	100 m²	0.103 2	286.95	198.59	13.36	25.6	76.88	12.92	38.8	1.5	4.5	28.69	0	647.77
合 计				329.15	474.7	13.36	—	87.68	—	44.25	—	5.14	181.58	0	1 135.87
人工、材料及机械名称		单位	数量	定额单价		市场单价		价差合计		市场合价		1+2+3+5+ 7+9+10+11	备注		
1.人工															
混凝土综合工		工日	0.367	115		127		4.4		46.61					
模板综合工		工日	2.391 2	120		132		28.69		315.64					

工程名称：公寓楼

人工、材料及机械名称	单位	数量	定额单价	市场单价	价差合计	市场合价	备注
2. 材料							
(1)计价材料							
水	m³	0.0911	4.42	4.42	0	0.4	
电	kW·h	0.375	0.7	0.7	0	0.26	
木材锯材	m³	0.0572	1 547.01	1 547.01	0	88.49	
复合模板	m²	2.5476	23.93	23.93	0	60.96	
商品混凝土 C30	m³	0.9847	266.99	417.78	148.48	411.39	
预拌水泥砂浆 1:2	m³	0.0303	398.06	398.06	0	12.06	
支撑钢管及扣件	kg	4.6961	3.68	3.68	0	17.28	
(2)其他材料费							
其他材料费	元	—	—	1	—	32.34	
3. 机械							
(1)机上人工							
机上人工	工日	0.0336	120	120	0	4.03	
(2)燃油动力费							
电	kW·h	0.1368	0.7	0.7	0	0.1	
柴油	kg	0.595	5.64	5.64	0	3.36	
汽油	kg	0.2796	6.75	6.75	0	1.89	

表9

分部分项工程项目清单综合单价分析表（一）

工程名称：红叶公寓楼　　　　　　　　　　　　　　　　　　　　　　　　第××页　共××页

项目编码	010505001001		项目名称	有梁板				计量单位	m³			综合单价		1 046.94
定额编号	定额项目名称	单位	数量	定额人工费	定额材料费	定额施工机具使用费	企业管理费		利润		一般风险费用		人材机价差	其他风险费	合 价
				1	2	3	费率(%) 4	(1+3)×(4) 5	费率(%) 6	(1+3)×(6) 7	费率(%) 8	(1+3)×(8) 9	10	11	12
															1+2+3+5+7+9+10+11
AE0073	有梁板 商品混凝土	10 m³	0.1	34.85	277.28	0.26	25.6	8.99	12.92	4.54	1.5	0.53	156.69	0	483.11
AE0157	现浇混凝土模板 有梁板	100 m²	0.095	239.25	183.12	15.57	25.6	65.23	12.92	32.92	1.5	3.82	23.92	0	563.83
合 计				274.09	460.39	15.83	—	74.22	—	37.46	—	4.35	180.61	0	1 046.94
人工、材料及机械名称		单位	数量	定额单价	市场单价	价差合计	市场合价								备注
1.人工															
混凝土综合工		工日	0.303	115	127	3.64	38.48								
模板综合工		工日	1.993 7	120	132	23.92	263.17								

工程名称：红叶公寓楼

人工,材料及机械名称	单位	数量	定额单价	市场单价	价差合计	市场合价	备注
2. 材料							
(1) 计价材料							
水	m³	0.259 5	4.42	4.42	0	1.15	
电	kW·h	0.378	0.7	0.7	0	0.26	
木材锯材	m³	0.061 3	1 547.01	1 547.01	0	94.83	
复合模板	m²	2.344 8	23.93	23.93	0	56.11	
商品混凝土C30	m³	1.015	266.99	417.78	153.05	424.05	
支撑钢管及扣件	kg	5.515 5	3.68	3.68	0	20.3	
(2) 其他材料费							
其他材料费	元	—	—	1	—	16.76	
3. 机械							
(1) 机上人工							
机上人工	工日	0.039 3	120	120	0	4.72	
(2) 燃油动力费							
电	kW·h	0.338 5	0.7	0.7	0	0.24	
柴油	kg	0.698	5.64	5.64	0	3.94	
汽油	kg	0.326 2	6.75	6.75	0	2.2	

表 10

施工组织措施项目清单计价表

工程名称:红叶公寓楼　　　　　　　　　　　　　　　　　　　　　第1页 共1页

序号	项目编码	项目名称	计算基础	费率(%)	金额(元)	调整费率(%)	调整后金额(元)	备注
1	011707B16001	组织措施费	分部分项人工费+分部分项机械费+技术措施人工费+技术措施机械费	6.88	22 104.64			
2	011707001001	安全文明施工费	税前合计	3.59	41 249.07			
3	011707B15001	建设工程竣工档案编制费	分部分项人工费+分部分项机械费+技术措施人工费+技术措施机械费	0.56	1 799.22			
4	011707B14001	住宅工程质量分户验收费	建筑面积	132	866.58			
		合　计			66 019.51			

注:1.计算基础和费用标准按本市有关费用定额或文件执行。

　　2.根据施工方案计算的措施费,可不填写"计算基础"和"费率"的数值,只填写"金额"数值,但应在备注栏说明施工方案出处或计算方法。

表11

其他项目清单计价汇总表

工程名称:红叶公寓楼

序号	项目名称	计量单位	金额(元)	备注
1	暂列金额	项	50 000	明细详见表-11-1
2	暂估价	项		
2.1	材料(工程设备)暂估价	项	—	明细详见表-11-2
2.2	专业工程暂估价	项		明细详见表-11-3
3	计日工	项		明细详见表-11-4
4	总承包服务费	项		明细详见表-11-5
5	索赔与现场签证	项		明细详见表-11-6
	合 计		50 000	

注:材料、设备暂估单价进入清单项目综合单价,此处不汇总。

表 12

暂列金额明细表

工程名称:红叶公寓楼

序号	项目名称	计量单位	暂定金额(元)	备注
1	暂列金额	项	50 000	
	合　计		50 000	—

注:此表由招标人填写,如不能详列,也可只列暂列金额总额,投标人应将上述暂列金额计入投标总价中。

表 13

材料(工程设备)暂估单价及调整表

工程名称:红叶公寓楼 　　　　　　　　　　　　　　　　　　　　　　　第 1 页 共 1 页

序号	材料(工程设备)名称、规格、型号	计量单位	数　量		暂估价(元)		调整价(元)		差额±(元)		备注
			暂估数量	实际数量	单价	合价	单价	合价	单价	合价	
1											

注:1.此表由招标人填写"暂估单价",并在备注栏说明暂估价的材料、工程设备拟用在哪些清单项目上,投标人应将上述
　　材料、工程设备暂估单价计入工程量清单综合单价报价中。

　　2.材料包括原材料、燃料、构配件以及按规定应计入建筑安装工程造价的设备。

表 14

专业工程暂估价及结算价表

工程名称:红叶公寓楼   第 1 页 共 1 页

序号	专业工程名称	工程内容	暂估金额（元）	结算金额（元）	差额±（元）	备 注
1						
合 计			0			—

注：此表由招标人填写，投标人应将上述专业工程暂估价计入投标总价中。结算时按合同约定结算金额填写。

表 15

计 日 工 表

工程名称:红叶公寓楼　　　　　　　　　　　　　　　　　　　　　　　第 1 页 共 1 页

编号	项目名称	单位	暂定数量	实际数量	综合单价（元）	合价(元)	
						暂　定	实　际
1	人工						
1.1							
	人工小计		—		—		
2	材料						
2.1							
	材料小计		—		—		
3	机械						
3.1							
	施工机械小计		—		—		
	合　　计						

注:此表项目名称、暂定数量由招标人填写,编制招标控制价时,单价由招标人按有关计价规定确定;投标时,单价由投标
　人自助报价,按暂定数量计算合价计入投标总价中。结算时,按发承包双方确认的实际数量计算合价。

表 16

总承包服务费计价表

工程名称:红叶公寓楼

序号	项目名称	项目价值（元）	服务内容	计算基础	费率（%）	金额（元）
1	发包人发包专业工程					
2	发包人供应材料					
	合　计					

注:此表项目名称、服务内容由招标人填写,编制招标控制价时,费率及金额由招标人按有关计价规定确定;投标时,费率及金额由投标人自主报价,计入投标总价中。

表 17

索赔与现场签证计价汇总表

工程名称:红叶公寓楼　　　　　　　　　　　　　　　　　　　　　第 1 页 共 1 页

序号	索赔项目名称	计量单位	数量	单价(元)	合价(元)	索赔依据
1						
	本页小计					—
	合　计					—

注:签证及索赔依据是指经双方认可的签证单和索赔依据的编号。

表 18

规费、税金项目计价表

工程名称:红叶公寓楼

序号	项目名称	计算基础	费率(%)	金额(元)
1	规费	分部分项人工费+分部分项机械费+技术措施项目人工费+技术措施项目机械费	10.32	33 156.97
2	税金	2.1+2.2+2.3		119 977.03
2.1	增值税	分部分项工程费+措施项目费+其他项目费+规费−甲供材料费	9	107 122.35
2.2	附加税	增值税	12	12 854.68
2.3	环境保护税	按实计算		
合计				153 134

表 19

发包人提供材料和工程设备一览表

工程名称:红叶公寓楼

序号	名称、规格、型号	单位	数量	单价(元)	交货方式	送达地点	备注

注:此表由招标人填写,供投标人在投标报价、确定总承包服务费时参考。

表20

承包人提供主要材料和工程设备一览表
（适用于价格指数差额调整法）

工程名称:红叶公寓楼　　　　　　　　　　　　　　　　　　　　第1页 共1页

序号	名称、规格、型号	变值权重 B	基本价格指数 F_0	现行价格指数 F_t	备注
	定值权重 A				
	合计	1			

注:1."名称、规格、型号""基本价格指数"由招标人填写,基本价格指数应首先采用工程造价管理机构发布的价格指数,没有时,可采用发布的价格代替,如人工、施工机具使用费也采用本法调整,由招标人在"名称"栏填写。

2."变值权重"由投标人根据该项人工、施工机具使用费和材料设备价值在投标总报价中所占的比例填写,1减去其比例为定值权重。

3."现行价格指数"按约定的付款证书相关周期最后一天的前42天的各项价格指数填写,该指数应首先采用工程造价管理机构发布的价格指数,没有时,可采用发布的价格代替。

表21

承包人提供主要材料和工程设备一览表
（适用于造价信息差额调整法）

工程名称:红叶公寓楼　　　　　　　　　　　　　　　　　　　　第1页 共1页

序号	名称、规格、型号	单位	数量	风险系数（%）	基准单价（元）	投标单价（元）	发承包人确认单价(元)	备注

注:1.此表由招标人填写除"投标单价"栏的内容,投标人在投标时自主确定投标单价。

2.招标人应优先采用工程造价管理机构发布的单价作为基准单价,未发布的,通过市场调查确定其基准单价。

表 22

人材机价差表

工程名称：红叶公寓楼   第××页 共××页

序号	编码	材料名称	规格	单位	数量	预算价（元）	市场价（元）	价差（元）	价差合计（元）	备注
1	000300010	建筑综合工		工日	4.075 7	115	129	14	57.06	
2	000300020	装饰综合工		工日	47.922 6	125	138	13	622.99	
3	000300040	土石方综合工		工日	258.875 7	100	113	13	3 365.38	
4	000300050	木工综合工		工日	27.221 3	125	137	12	326.66	
5	000300060	模板综合工		工日	472.414 7	120	132	12	5 668.98	
6	000300070	钢筋综合工		工日	255.019 9	120	132	12	3 060.24	
7	000300080	混凝土综合工		工日	127.928 2	115	127	12	1 535.14	
8	000300090	架子综合工		工日	68.853 7	120	132	12	826.24	
9	000300100	砌筑综合工		工日	270.712 3	115	126	11	2 977.84	
10	000300110	抹灰综合工		工日	402.643 7	125	136	11	4 429.08	
11	000300120	镶贴综合工		工日	262.775 9	130	143	13	3 416.09	
12	000300130	防水综合工		工日	31.167 1	115	127	12	374.01	
13	000300140	油漆综合工		工日	315.354 8	125	137	12	3 784.26	
14	000300160	金属制安综合工		工日	34.376 6	120	132	12	412.52	

序号	编码	材料名称	规格	单位	数量	预算价（元）	市场价（元）	价差（元）	价差合计（元）	备注
15	010100013@1	钢筋	A6	t	0.089 6	3 070.18	4 929.2	1 859.02	166.57	
16	010100013@2	钢筋	C6	t	0.971 3	3 070.18	4 929.2	1 859.02	1 805.67	
17	010100013@3	钢筋	C8	t	4.555 7	3 070.18	4 743.36	1 673.18	7 622.51	
18	010100013@4	钢筋	C10	t	0.068	3 070.18	4 743.36	1 673.18	113.78	
19	010100300@1	钢筋	A6	t	0.318 3	2 905.98	4 929.2	2 023.22	643.99	
20	010100300@2	钢筋	A10	t	0.141 1	2 905.98	4 734.51	1 828.53	258.01	
21	010100300@3	钢筋	C6	t	0.927	2 905.98	4 929.2	2 023.22	1 875.52	
22	010100300@4	钢筋	C8	t	3.823 4	2 905.98	4 743.36	1 837.38	7 025.04	
23	010100300@5	钢筋	C10	t	0.518 1	2 905.98	4 743.36	1 837.38	951.95	
24	010100315@1	钢筋	C12	t	1.823 1	2 960	4 637.17	1 677.17	3 057.65	
25	010100315@2	钢筋	C14	t	1.912 7	2 960	4 637.17	1 677.17	3 207.92	
26	010100315@3	钢筋	C16	t	3.214 6	2 960	4 566.37	1 606.37	5 163.84	
27	010100315@4	钢筋	C18	t	5.415 7	2 960	4 566.37	1 606.37	8 699.62	
28	010100315@5	钢筋	C20	t	1.193 8	2 960	4 566.37	1 606.37	1 917.68	
29	010100315@6	钢筋	C22	t	0.329 6	2 960	4 566.37	1 606.37	529.46	
30	010100315@7	钢筋	C25	t	0.030 9	2 960	4 566.37	1 606.37	49.64	
31	840201140@1	商品混凝土	C10	m³	15.143 8	266.99	398.06	131.07	1 984.9	
32	840201140@2	商品混凝土	C30	m³	238.481 4	266.99	417.78	150.79	35 960.61	
33	840201140@3	商品混凝土	C20	m³	25.314 1	266.99	398.06	131.07	3 317.92	
34	840201140@4	商品混凝土	C15	m³	12.586	266.99	398.06	131.07	1 649.65	

表 23

未计价材料表

工程名称:红叶公寓楼

序号	材料名称	数量	单位	市场价	市场价合价	备注
合　计						

第 8 章　施工预算

8.1　施工预算的作用与内容

8.1.1　施工预算的概念

施工单位为了加强对单位工程施工成本的管理而编制施工预算。

施工预算是指为了适应施工企业内部管理的需要,按照队、组核算的要求,根据施工图纸、施工定额(或劳动定额)、施工组织设计,考虑挖掘内部潜力,在工程开工前由施工单位编制的技术经济文件。它具体规定了单位或分部、分层、分段工程的人工、材料、施工机械台班消耗量和工程直接费的消耗量,是施工企业加强管理、控制成本的重要手段。

施工预算一般是在施工图预算的控制下编制、修订的。

8.1.2　施工预算的作用

施工预算有以下几个方面的作用:

①施工预算是编制施工计划的依据。施工计划部门根据施工预算提供的材料、构配件和劳动力的数量,进行备料,并根据合同工期的要求编出施工计划,按时组织材料进场,安排各工种施工等活动。

②施工预算是向班组签发施工任务单和限额领料单的依据。施工任务单是将施工计划落实到班组的计划文件,也是记录班组完成任务情况和结算工资的依据。

施工任务单的内容可分为两部分:一部分是下达给班组的工程内容,包括工程名称、计量单位、工程量、定额指标、平均技术等级、质量要求以及施工期限等;另一部分是班组实际完成工程任务情况的记载及工人工资结算,包括实际完成的工程量、实用工日数、实际平均技术等级、工人完成工程的工资额以及实际施工日期等。

③施工预算是计算计件工资、超额奖金,贯彻按劳分配的依据。施工预算把工人的劳动成果和应得报酬的多少直接联系起来,很好地体现了按劳分配、多劳多得的原则。

④施工预算是开展经济活动分析,进行"两算"对比的依据。将施工预算的人工、材料、机械台班消耗数量及直接费与施工图预算的相应项目进行对比,可以分析超支或节约的原因,改进操作和管理,有效地控制施工中的人力、物力消耗,节约工程成本开支。

⑤施工预算是促进和推广先进技术、节约措施的有效办法。

8.1.3　施工预算的主要内容

施工预算一般以单位工程为对象,分部、分层、分段编制。施工预算通常由文字说明、计算表格两部分组成。

1)文字说明部分

①工程概况。简要说明拟建工程建筑面积、层数、结构形式、施工要求等概况。

②图纸审查意见。说明采用图纸的名称及标准图集的编号,介绍图纸会审后的变动情况。

③采用的施工定额、人工工资标准、主要材料价格、机械台班单价。在全国尚无统一的施工定额的情况下,应执行本地区或本企业施工定额或劳动定额。人、材、机"三价"的确定,不论采用哪种方式,一定要合理。

④施工部署及施工期限:根据总工期的要求安排各分部、分段工程的施工进度和施工期限。

⑤各种施工措施,如安全施工、文明施工、冬季施工、雨季施工、夜间施工、降低成本,使用新工艺、新材料、新设备等措施。

⑥其他需要说明的问题,如暂估项目、遗留项目、存在的问题及以后处理的方法等。

2)表格部分

编制施工预算所使用的表格,目前尚无统一的形式,比较通行的主要有以下几种:

①工程量计算表格,如表8.1所示。

表8.1　施工预算工程量计算表

序号	分部分项工程名称	计量单位	数　量	计算式	备　注

②施工预算表,也称施工预算工料分析表,如表8.2所示。

③施工预算人、材、机汇总表,如表8.3、表8.4、表8.5所示。

④"两算"对比表,如表8.6、表8.7、表8.8所示。

⑤其他表格,例如,门窗加工表、钢筋混凝土预制构件加工表、钢筋加工表、五金明细表等。

表 8.2　施工预算表

工程名称＿＿＿＿＿＿＿＿＿＿＿＿＿＿＿＿　　　　　　　　　　　　　　　　年　月　日

序　号	定额编号	分部分项工程名称	计量单位	工程数量	人工工日			主要材料用量			
					综合	技工	普工				

表 8.3　施工预算人工汇总表

工程名称＿＿＿＿＿＿＿＿＿＿＿＿＿＿＿＿　　　　　　　　　　　　　　　　年　月　日

序　号	分部工程名称	人工工日数量及人工费用									分部工程人工费小计
		综　合			技　工			普　工			
		单价	工日	合价	单价	工日	合价	单价	工日	合价	
单位工程合计											

表 8.4　施工预算材料汇总表

工程名称＿＿＿＿＿＿＿＿＿＿＿＿＿＿＿＿　　　　　　　　　　　　　　　　年　月　日

序　号	材料名称	规　格	计量单位	数量	单价（元）	材料费（元）	备　注
单位工程合计（元）							

表 8.5　施工预算机械汇总表

工程名称_____　　　　　　　　　　　　　　年　月　日

序号	施工机械名称	型号	台班数量（台班）	台班单价（元）	机械费（元）	备　注
单位工程合计(元)						

表 8.6　人工工日两算对比表

工程名称_____　　　　　　　　　　　　　　年　月　日

序号	分部工程名称	施工预算（工日）	施工图预算		对比分析			
			工日	占单位工程百分比(%)	节约（工日）	超支（工日）	节约或超支占本分部百分比（%）	节约或超支占本单位工程百分比(%)
小　计								

表 8.7　主要材料两算对比表

工程名称_____　　　　　　　　　　　　　　年　月　日

序号	材料名称	单位	施工预算			施工图预算			对比分析					
			数量	单价	金额	数量	单价	金额	数量差			金额差		
									节约	超支	%	节约	超支	%
小　计														

表8.8　直接费两算对比表

工程名称_____　　　　　　　　　　　　　　　　　年　月　日

序号	项　目	施工图预算（元）	施工预算（元）	对比结果		
				节约	超支	%
一	单位工程直接费					
	其中：人工费					
	材料费					
	机械费					
二	土石方分部工程直接费					
	其中：人工费					
	材料费					
	机械费					
三	砌筑分部工程直接费					
	其中：人工费					
	材料费					
	机械费					
⋮	⋮					

8.2　施工预算的编制

8.2.1　施工预算编制的依据

编制施工预算的依据主要有：

①会审后的施工图纸和设计说明书。编制施工预算，应使用经过会审后的施工图和相应的设计说明书以及会审纪要，这样才能使编制出的施工预算更符合实际情况，它所提供的各种数据资料才能在施工中起到保证和限制作用。

②施工组织设计（或施工方案）。施工组织设计（或施工方案）中确定的施工方法、施工

顺序、施工机械、技术组织措施、施工现场平面布置等内容,都是编制施工预算的依据。例如:开挖土方采用人工还是机械,运距的远近;垂直运输机械是使用塔吊,还是使用卷扬机;脚手架采用什么材料、何种方式;预制混凝土构件是委托加工,还是现场制作;现浇混凝土使用何种模板,等等,这些因素与编制施工预算时的定额选项及工料分析都有密切的关系。

③已经审定的施工图预算书。正常情况下,施工预算是受施工图预算控制的。施工图预算书中的各种数据,如工程量、定额直接费、"三量"(人工量、材料量、机械量)、"三费"(人工费、材料费、机械费)等,为施工预算的编制提供有利条件和可比数据。

④现行施工定额、劳动定额、材料预算价格、人工工资标准、机械台班单价及相关文件。

⑤施工现场情况。例如:工程地质报告、控制测量资料、地物地貌、水文地质资料等。

⑥其他有关费用规定。其他有关费用包括气候影响、停水停电、机具维修、待料窝工、设计变更窝工等以及不可预见的零星用工等费用,企业可以通过测算,确定一个综合系数来计算。此项费用应该多不退、少不补,一次包死。这个综合系数的测定是一个非常严肃的基础工作,必须通过大量、认真、细致的工作才能确定,且须"与时俱进"。

⑦计算手册及有关工具性资料。如建筑材料手册、五金手册及常用的计算工具用书等。

此外,施工企业应积极创造条件,推广计算机在施工预算编制中的应用。

8.2.2　施工预算的编制方法

施工预算的编制方法一般有实物法、实物金额法和单位计价法,与施工图预算的编制方法大致相同。

(1)实物法

这种方法是计算出工程量后,套用施工定额,分析计算人工和各种材料消耗数量,然后汇总,不进行价格计算。由于这种方法是只计算实物的消耗量,故称为实物法。

(2)实物金额法

这种方法是在实物法算出人工和各种材料消耗量后,再分别乘上所在地区的人工单价和材料预算价格,求出人工费、材料费和直接费。这种方法不仅计算各种实物消耗量,而且计算出各项费用的金额,故称实物金额法。

(3)单位计价法

这种方法与施工图预算的编制方法大体相同。所不同的是施工预算的划分内容与分析计算都比施工图预算更为详细、更为具体。

上述3种方法的主要区别在于计价方式的不同。实物法只计算实物的消耗量,并据此向施工班组签发施工任务书和限额领料单,还可以与施工图预算的人工、材料消耗数量进行对比分析;实物金额法是通过工料分析,汇总人工、材料消耗数量,再进行计价;单位计价法则是按分部分项工程项目分别进行计价。对施工机械台班使用数量和机械费,3种方法都是按施工组织设计或施工方案确定的施工机械的种类、型号、台数及台班费用定额进行计算。这是施工预算与施工图预算在编制依据与编制方法上的一个不同点。

8.2.3　施工预算的编制步骤

以实物金额法为例,简述施工预算的编制步骤。

①收集熟悉有关资料,了解施工现场情况。

编制以前应将有关资料收集齐全,如施工图纸和会审记录、施工组织设计(或施工方案)、施工定额及工程量计算规则等。同时,还要深入施工现场,了解现场情况和施工条件,如施工环境、地质条件、道路、施工现场平面布置等。收集资料和了解情况是编制施工预算的必备前提条件和基本准备工作。

②计算工程量。施工预算的工程量计算规则与施工图预算的工程量计算规则既相同又有区别,计算前应该熟悉规则。为了较好地发挥施工预算指导施工的作用,配合签发施工任务单、限额领料单等管理措施的实施,施工预算计算工程量时,往往按施工顺序的分层、分段、分部位列工程项目。我们在编制施工预算时,一定要依据施工定额所规定的计算规则认真、仔细地进行列项和计算工程量。

③套用定额,按层、段、部位计算直接费及工料分析,汇总。

④进行"两算"对比。

⑤编写编制说明。

8.3　"两算"对比

施工预算与施工图预算之间的对照比较,称为"两算"对比。

施工图预算确定企业工程收入的预算成本,施工预算确定企业控制各项支出的计划成本,在正常情况下,计划成本应小于预算成本,否则将因超支而亏损。

"两算"对比应在工程开工前进行。

8.3.1　"两算"对比的目的

通过"两算"对比,找出节约和超支的原因,研究制订解决措施,防止因人工、材料和机械台班及相应费用的超支而导致工程亏损,并为编制降低成本计划、确定降低成本额度提供依据。因此,"两算"对比对建筑企业自觉运用经济规律,改进和加强施工组织管理,提高劳动生产率,降低工程成本,提高经济效益有着重要的实际意义。

8.3.2　施工预算和施工图预算的区别

(1)使用定额不同

施工预算使用施工定额,施工图预算使用预算定额,两者的水平有差异,项目划分也有差异。

(2)作用不同

施工图预算是确定工程造价、确定企业工程收入的主要依据;施工预算是企业进行施工管理、控制施工成本支出的依据。

(3)工程项目划分的粗细程度不同

施工预算比施工图预算项目多、划分细。施工预算分层、分段、分部位、分工种计算工程量,其项目要比施工图预算多,施工定额的项目的综合性小于预算定额。例如,现浇钢筋混凝土工程,施工定额划分为模板、钢筋、混凝土3个分项来计算,而预算定额则合为一项计算。

(4)计算范围不同

施工预算仅供内部使用,如向班组签发施工任务书和限额领料单,所以它一般只计算直接费。施工图预算却要计算包括直接费、间接费、利润、税金等在内的整个工程造价。

(5)考虑施工组织的因素的多少不同

施工预算考虑的施工组织方面的因素要比施工图预算细很多。例如垂直运输机械,施工预算要分井架、塔吊或其他机械来考虑,而施工图预算不考虑具体的机械形式,是按一般情况综合考虑的。又如砂浆搅拌,施工预算要考虑是机械搅拌还是人工搅拌,而施工图预算统一按机械搅拌考虑。

(6)计量单位不同

如门窗工程量,施工预算按橙数计算,施工图预算按面积计算;单个体积小于 $0.07 \ m^3$ 的过梁安装工程量,施工预算以根数计算,施工图预算以体积计算。

8.3.3 "两算"对比的方法

(1)("三量")实物对比法

这种方法是将施工预算中各分部工程的人工、主要材料、机械台班量与施工图预算的人工、主要材料、机械台班消耗量分别进行比较。

(2)("三费")金额对比法

这种方法是将施工预算的人工费、材料费、机械费与施工图预算的人工费、材料费、机械费分别进行比较。

此外,也可将"三量""三费"同时进行比较。

具体对比的内容,可根据实际情况具体确定。

第9章 工程结算与竣工决算

9.1 建筑工程结算

9.1.1 工程结算的概念

对工程结算这个概念有两种理解：

第一种理解，工程结算是一种活动。工程结算指施工单位依据承包合同中关于付款的规定和已经完成的工程量，以预付备料款和工程进度款的方式，按照规定的程序向建设单位收取工程价款的一项经济活动。

第二种理解，工程结算是一份文件，是上述活动的结果。工程结算是指施工企业按照合同的规定向建设单位办理已完工程价款清算的经济文件，也称为工程结算书。

9.1.2 工程结算的主要方式

1）按月结算

按月结算即实行旬末或月中预支，月终结算，竣工后清算的方法。跨年度竣工的工程，在年终进行工程盘点，办理年度结算。我国现行的工程价款结算中，相当一部分是实行这种按月结算的方式。

2）竣工后一次结算

建设项目或单项工程全部建设期在 12 个月以内，或者工程承包合同价值在 100 万元以下的，可以实行工程价款每月月中预支，竣工后一次结算的方式。

3）分段结算

分段结算即当年开工，而当年不能竣工的单项工程或单位工程按照工程形象进度，划分不同的施工段进行结算。分段结算可以按月预支工程款。施工段的划分标准由各部门或省、自治区、直辖市、计划单列市规定。

4）目标结算

目标结算即在工程合同中，将承包工程的内容分解成不同的控制界面，以业主验收控制界面作为支付工程价款的前提条件。也就是说，将合同中的工程内容分解成不同的验收单元，当承包商完成单元工程内容并经业主（或其委托人）验收后，业主支付该单元工程内容的工程价款。

5)其他结算方式

结算双方可根据具体情况协商确定其他结算方式。

9.1.3　按月结算的工程价款计算

1)工程备料款

备料款是根据形成工程实体所需材料的多少、储备时间长短而计算的资金占用额。

施工企业承包工程一般都实行包工包料,这就需要一定数量的备料周转金。在工程承包合同中一般都要明文规定发包方(甲方)在开工前拨付给承包单位(乙方)一定限额的工程预付备料款。此预付款构成施工企业为该承包工程项目储备主要材料、结构构件所需的流动资金。

(1)工程备料款的收取

备料款限额由主要材料(包括外购构件)所占工程造价的比重、材料储备期和施工工期等因素测算确定。具体数额计算可以采用数学计算法和百分比法。

①数学计算法

计算公式如下:

$$工程备料款数额 = \frac{年度计划完成合同价款 \times 主要材料比例}{年度施工日历天数} \times 材料储备天数$$

式中,年度施工日历天数按365天计算,材料储备天数可根据当地材料供应情况确定。

对于工期不足一年的工程,可按下式计算:

$$工程备料款数额 = \frac{工程合同价款 \times 主要材料比例}{工程计划工期} \times 材料储备天数$$

②百分比法

通常把备料款数额与合同价款的百分比称为工程备料款额度,即:

$$工程备料款额度 = \frac{工程备料款数额}{年度计划完成合同价款} \times 100\%$$

或

$$工程备料款额度 = \frac{工程备料款数额}{工程合同价款} \times 100\%$$

为了便于操作,通常在工程合同中规定一个工程备料款百分比额度,由此,可以比较简便地计算工程备料款数额。即:

$$工程备料款数额 = 工程备料款额度 \times 年度计划完成合同价款$$

或

$$工程备料款数额 = 工程备料款额度 \times 工程合同价款$$

这个百分比,一般建筑工程不超过30%,安装工程不超过10%。但材料比重大的安装工程也可按15%左右计算。

(2)工程备料款的抵扣

由于备料款是按承包工程所需储备的材料计算的,随着工程不断的进行,材料储备随之不断减少,当其减少到一定的程度时,预收备料款应当陆续扣还,并在工程全部竣工前扣完。

确定预收备料款开始扣还的起扣点,应以未完工程所需主材及结构构件的价值正好同备料款相等为原则。

预收备料款起扣点可以按下式计算:

$$起扣点 = 承包工程合同价款 - \frac{工程备料款数额}{主要材料费比例}$$

按这个公式计算出来的是备料款开始抵扣时工程进度的绝对值,即工程款额多少万元。而按下式计算出来的起扣点则为开始抵扣时工程进度的相对数值:

$$起扣点 = 1 - \frac{工程备料款额度}{主要材料费比例} \times 100\%$$

实际工作中,一般在合同中规定,当已完工程进度为 65% ~ 70% 时,开始起扣工程备料款。

2)工程进度款的结算

工程进度款是指为了保证工程施工的正常进行,发包人(甲方)根据合同的约定和有关规定按工程的形象进度按时支付的工程款。

工程进度款的支付通常按图 9.1 所示的步骤进行。

图9.1　工程进度款支付步骤

工程进度款的结算分两种情况,即未达到预收备料款起扣点的进度款结算和已达到预收备料款起扣点的进度款结算。

①未达到预收备料款起扣点的进度款结算

应收取的工程进度款 =(本期已完工程量 × 预算单价)+ 相应该收取的其他费用

②已达到预收备料款起扣点的进度款结算

应收取的工程进度款 =[(本期已完工程量 × 预算单价)+
相应该收取的其他费用]×(1 - 主要材料费比例)

【例 9.1】　某施工企业承包一项建筑工程,合同价款为 800 万元。合同约定工程备料款额度为 18% ,工程进度达到 68% 时开始起扣备料款。经测算,主要材料费比例为 56% 。该公司在累计完成工程进度 64% 的当月完成工程价款为 80 万元。试计算该月应收取的工程进度款及应扣还的工程备料款。

【解】　(1)该公司在未达到起扣点时应收取的工程进度款应为:

$$800 \times (68\% - 64\%) = 32(万元)$$

(2)该公司在达到起扣点后应收取的进度款应为:

$$(80 - 32) \times (1 - 56\%) = 21.12(万元)$$

(3)该公司当月应收取的工程进度款为:

$$32 + 21.12 = 53.12(万元)$$

(4)当月应扣还的工程备料款为:

$$80 - 53.12 = 26.88(万元)$$

或

$$48 - 21.12 = 26.88(万元)$$

【例 9.2】　某总承包建筑安装工程,承包合同总造价为 2 000 万元,工期为 1 年。合同规定:

①业主应向承包商支付合同价25%的工程备料款。

②工程备料款应从未施工工程尚需的主要材料及构配件价值相当于工程备料款时起扣，每月以抵充进度款的方式陆续收回。主要材料及构件费比例按60%考虑。

③工程质量保修金为合同总价的3%。经双方协商，业主从每月进度款中按3%的比例扣留。保修期满后，保修金及保修金利息扣除已支出费用后的剩余部分退换给承包商。

④除设计变更和其他不可抗力因素以外，合同总价不做调整。

⑤由业主提供的材料和设备费用应在当月进度款中扣回。

经业主的工程师代表签认的承包商各月计划和实际完成的建安工作量以及业主直接提供的材料、设备价值见表9.1。

表9.1　工程结算数据表

月　　份	1—6	7	8	9	10	11	12
计划完成建安工作量（万元）	900	200	200	200	190	190	120
实际完成建安工作量（万元）	900	180	220	205	195	180	120
业主直供材料设备价值（万元）	90	35	24	10	20	10	5

根据上述资料，回答下列问题：

（1）本工程的工程备料款应为多少？

（2）工程备料款从哪个月份开始起扣？

（3）1—6月份以及其他各月工程师代表应签证的进度款是多少？应签发的付款凭证金额是多少？

【解】

（1）本工程备料款应为：
$$工程备料款 = 2\ 000 \times 25\% = 500（万元）$$

（2）起扣点计算：
$$起扣点（绝对值） = 2\ 000 - 500 \div 60\% = 1\ 166.7（万元）$$

或
$$起扣点（相对值） = 1 - 25\% \div 60\% = 58.33\%$$

那么，起扣备料款的时间为8月份。因为，8月份累计完成的工程量为：
$$900\ 万元 + 180\ 万元 + 220\ 万元 = 1\ 300\ 万元 > 1\ 166.7\ 万元$$

（3）1—6月份以及其他各月份的进度款、付款凭证金额分别为：

1—6月份：
$$应签证的进度款 = 900 \times (1 - 3\%) = 873（万元）$$
应签发付款凭证金额 = 873 - 90 = 783（万元）

7月份：
应签证的进度款 = 180 × (1 - 3%) = 174.6（万元）
应签发付款凭证金额 = 174.6 - 35 = 139.6（万元）

8月份：
应签证的进度款 = 220 × (1 - 3%) = 213.4（万元）
应扣工程备料款金额 = (1 300 - 1 166.7) × 60% = 79.98（万元）

应签发付款凭证金额=213.4-79.98-24=109.42(万元)

9月份：

应签证的进度款=205×(1-3%)=198.85(万元)

应扣工程备料款金额=205×60%=123(万元)

应签发付款凭证金额=198.85-123-10=65.85(万元)

10月份：

应签证的进度款=195×(1-3%)=189.15(万元)

应扣工程备料款金额=195×60%=117(万元)

应签发付款凭证金额=189.15-117-20=52.15(万元)

11月份：

应签证的进度款=180×(1-3%)=174.6(万元)

应扣工程备料款金额=180×60%=108(万元)

应签发付款凭证金额=174.6-108-10=56.6(万元)

12月份：

应签证的进度款=120×(1-3%)=116.4(万元)

应扣工程备料款金额=120×60%=72(万元)

应签发付款凭证金额=116.4-72-5=39.4(万元)

9.1.4 竣工结算

上面所述施工企业按逐月完成的工程量计算各项费用，向建设单位办理工程价款结算手续，是在施工过程中发生的，因此也称为中间结算。竣工结算是指施工企业按照合同规定全部完成所承包的工程，经验收质量合格，并符合合同要求之后，向发包单位进行的最终工程价款结算。

在实际工作中，当年开工、当年竣工的工程，只需办理一次性结算。跨年度的工程，在年终办理一次年终结算，将未完工程结转到下一年度，此时竣工结算等于各年度结算的总和。

1）竣工结算的原则

①任何工程的竣工结算，必须在工程全部完工，并经竣工验收合格以后方能进行。

②工程竣工结算的各方，应共同遵守国家有关法律、法规、政策方针和各项规定，严禁高估冒算，严禁套用国家和集体资金，严禁在结算时挪用资金和谋取私利。

③坚持实事求是，针对具体情况处理遇到的复杂问题。

④强调合同的严肃性，依据合同约定进行结算。

⑤办理竣工结算，必须依据充分，基础资料齐全。

2）竣工结算的程序

①对确定为结算对象的工程项目全面清点，备齐结算依据和资料。

②以单位工程为基础对施工图预算、报价内容进行检查核对。

③对发包人要求扩大的施工范围和由于设计修改、工程变更、现场签证引起的增减预算进行检查、核对，如无误，则分别归入相应的单位工程结算书中。

④将各单位工程结算书汇总成单项工程的竣工结算书。

⑤将各单项工程结算书汇总成整个建设项目的竣工结算书。

⑥编写竣工结算说明,内容主要为工程范围、结算内容、存在的问题、其他必须说明的问题。

⑦汇集、校核、装订竣工结算书,经相关部门批准后,送发包人审查签认。

3)竣工结算的编制依据

工程竣工结算应根据下列依据编制和复核:

①现行国家有关计量计价的规范。

②工程合同。

③发承包双方实施过程中已确认的工程量及其结算的合同价款。

④发承包双方实施过程中已确认调整后追加(减)的合同价款。

⑤建设工程设计文件及相关资料。

⑥投标文件。

⑦其他依据。

4)竣工结算的内容

工程竣工结算一般是在施工图预算的基础上,结合施工中的实际情况编制的。其内容与施工图预算基本相同,只是在施工图预算的基础上作部分增减调整。

竣工结算的一般公式为:

$$\frac{竣工结算}{工程价款} = \frac{预算(或结算)}{或合同价款} + \frac{施工过程中预算或}{合同价款调整数额} - \frac{预付及已结}{算工程价款} - 保修金$$

其中"调整数额"包含:工程量差的调整、材料价差的调整、费用调整。

(1)工程量差的调整

工程量差的调整是指施工图预算的工程数量与实际完成的工程数量之间的差异。这项差异是竣工结算调整的主要部分。工程量差主要由以下原因造成:

①设计修改和设计漏项。这部分需要增减的工程量,根据设计修改通知单进行调整。

②现场施工更改。包括施工中难以预见的工程(如基础开挖中遇到流沙、溶洞、古墓、阴河等)和施工方法改变(如钢筋混凝土构件由预制改为现浇、基础开挖用挡土板、构件采用双机吊装等)等原因造成的工程量及单价的改变。这部分应根据现场签证记录,按合同或协议约定进行调整。

(2)材料价差调整

结算中材料价差的调整范围应严格按照当地造价部门的相关规定办理,允许调整则调整,不允许调整不得调整。

(3)费用调整

综合费是以基价直接费(或基价人工费)为基数计算出来的,工程量的调整必然引起基价直接费发生变化,因此综合费也应作相应调整。属其他费用的结算,如窝工费、现场签证人工费等,应一次结清。施工单位在施工现场使用建设单位的水、电费用,也应按规定在结算时结清,付给建设方,做到工完账清。

9.2 竣工决算

广义的竣工决算,分为由建设单位进行的建设项目竣工决算和由施工单位内部进行的单位工程竣工决算。

9.2.1 建设项目竣工决算

1)建设项目竣工决算的概念

建设项目竣工决算是指在工程竣工后,由建设单位编制的综合反映竣工项目从筹建开始到竣工交付使用为止全过程的全部实际支出费用的经济文件。它是建设单位反映建设项目实际造价和投资效果的文件,是竣工验收报告的重要组成部分。

2)建设项目竣工决算的作用

①建设项目竣工决算综合、全面反映竣工项目建设成果及财务情况。

②建设项目竣工决算是办理交付使用资产的依据。

③建设项目竣工决算是分析和检查设计概算的执行情况、考核投资效果的依据。

3)建设项目竣工决算的内容

其主要内容包括以下4个方面:

(1)竣工决算报告情况说明书

该说明书主要反映竣工工程建设成果和经验,是对竣工决算报表进行分析和补充说明的文件,是全面考核分析工程投资与造价的书面总结。主要有:建设项目概况、对工程总的评价;资金来源及运用等财务分析;基本建设收入、投资包干结余、竣工结余资金的上缴情况;各项经济技术指标的分析。

(2)竣工决算财务报表

建设项目竣工决算财务报表要根据大、中型建设项目及小型建设项目分别制定。大、中型建设项目竣工决算财务报表包括:建设项目竣工决算财务审批表,大、中型建设项目概况表,大、中型建设项目竣工决算财务表,大、中型建设项目交付使用资产总表。小型建设项目竣工决算财务报表包括:建设项目竣工决算财务审批表、竣工决算财务总表、建设项目交付使用资产明细表。

(3)建设工程竣工图

建设工程竣工图是真实地记录各种地上、地下建筑物、构筑物等情况的技术文件,是工程进行交工验收、维护改建和扩建的依据,是国家的重要技术档案。

(4)工程造价比较分析

在实际工作中主要比较分析以下内容:主要实物工作量、主要材料消耗量、建设单位管理费。

4)建设项目竣工决算编制步骤

①收集、整理和分析各有关依据资料。

②清理各项财务、债务和结余物资。

③填写竣工决算报表。

④编写建设项目竣工决算说明。

⑤工程造价对比分析。

⑥清理、装订竣工图。

⑦上报主管部门审查。

9.2.2 单位工程竣工成本结算

单位工程竣工成本结算是指单位工程竣工后,施工企业内部对单位工程的预算成本、实际成本和成本降低额进行核算对比的技术文件。竣工成本决算是以单位工程的竣工结算为依据进行编制的,目的在于进行实际成本分析,反映经营效果,总结经验教训,提高企业的管理水平。

竣工成本决算表见表9.2。

表9.2 竣工成本决算表

建设单位： 开工日期 年 月 日
工程名称： 竣工日期 年 月 日

成本项目	预算成本(元)	实际成本(元)	降低额(元)	降低率(%)	人工材料机械使用分析	预算用量	实际用量	实际用量与预算用量比较	
								节约或超支	节约或超支率(%)
人工费					一、材料				
材料费					钢 材				
机械费					木 材				
其他直接费					水 泥				
直接成本					…				
施管费					…				
其他间接费					…				
资金									
总计									

预算总造价： 单方造价： 单位工程预算成本： 实际成本：		
二、人工		
三、机械		

9.3　工程计价资料与档案

　　施工合同实施过程中,随着工程施工的不断进行会产生大量与工程计量计价相关的工程计价资料,收集和保存这些资料是现场造价人员非常重要的日常工作之一。

　　负责造价管理的工程造价相关人员必须做好这些资料的收集、保存、整理归档工作。收集应严格做到及时、合格、不遗漏;保存应保证完好、齐全、不轻易外传;整理归档应规范、完备,需要移交时应程序清楚、手续完整。

9.3.1　计价资料

　　①发承包双方应当在合同中约定各自在合同工程中现场管理人员的职责范围,双方现场管理人员在职责范围内签字确认的书面文件是工程计价的有效凭证,但如有其他有效证据或经实证证明其是虚假的除外。

　　②发承包双方不论在何种场合对与工程计价有关的事项所给予的批准、证明、同意、指令、商定、确定、确认、通知和请求,或表示同意、否定、提出要求和意见等,均应采用书面形式,口头指令不得作为计价凭证。

　　③任何书面文件送达时,应由对方签收,通过邮寄应采用挂号、特快专递传送,或以发承包双方商定的电子传输方式发送,交付、传送或传输至指定的接收人的地址。如接收人通知了另外地址时,随后通信信息应按新地址发送。

　　④发承包双方分别向对方发出的任何书面文件,均应抄送至现场管理人员,如系复印件应加盖合同工程管理机构印章,注明与原件相同。双方现场管理人员向对方所发任何书面文件,也应将其复印件发送给发承包双方,复印件应加盖合同工程管理机构印章,证明与原件相同。

　　⑤发承包双方均应当及时签收另一方送达其指定接收地点的来往信函,拒不签收的,送达信函的一方可以采用特快专递或者公证方送达,所造成的费用增加(包括被迫采用特殊送达方式所发生的费用)和延误的工期由拒绝签收一方承担。

　　⑥书面文件和通知不得扣压,一方能够提供证据证明另一方拒绝签收或已送达的,应视为对方已签收并应承担相应责任。

9.3.2　计价档案

　　①发承包双方以及工程造价咨询人对具有保存价值的各种载体的计价文件,均应收集齐全,整理立卷后归档。

　　②发承包双方和工程造价咨询人应建立完善的工程计价档案管理制度,并应符合国家和有关部门发布的档案管理相关规定。

　　③工程造价咨询人归档的计价文件,保存期不宜少于 5 年。

　　④归档的工程计价成果文件应包括纸质原件和电子文件,其他归档文件及依据可为纸质原件、复印件或电子文件。

　　⑤归档文件应经过分类整理,并应组成符合要求的案卷。

　　⑥归档可以分阶段进行,也可以在项目竣工结算完成后进行。

　　⑦向接受单位移交档案时,应编制移交清单,双方签字、盖章后方可交接。

第 10 章　练习题

一、单项选择题

【基本知识类题】

1. 施工图设计完成后, 根据施工图纸编制的预算称为(　　　)。
   A. 施工图预算　　　B. 设计概算　　　C. 投资估算　　　D. 施工预算

2. 单位工程的造价一般是通过编制(　　　)施工图预算来计算确定的。
   A. 单位工程　　B. 单项工程　　C. 分部工程　　D. 建设项目

3. 平时所说的"预算", 如果没有特别说明, 一般是指(　　　), 它是使用最为广泛、编制最为复杂的。
   A. 设计概算　　　B. 投资估算　　　C. 施工预算　　　D. 施工图预算

4. 专门为建筑产品生产而制定的一种定额, 它是生产定额的一种, 这种定额是(　　　)。
   A. 施工定额　　　B. 建筑工程定额　　C. 安装工程定额　　D. 工程定额

5. 将工程定额划分为劳动定额、材料定额和机械台班定额, 这种划分的依据是按(　　　)。
   A. 生产要素　　B. 编制程序　　C. 适用专业　　D. 管理权限

6. 下列关于定额水平的描述, 错误的是(　　　)。
   A. 消耗量越少, 定额水平越高
   B. 消耗量越高, 定额水平越高
   C. 预算定额的水平是平均水平
   D. 施工定额的水平是平均先进水平

7. 下列有关定额材料量的说法中, 错误的是(　　　)。
   A. 材料消耗量＝材料净用量＋材料损耗量
   B. 材料净用量＝材料消耗量＋材料损耗量
   C. 材料消耗量＝材料净用量(1＋材料损耗率)
   D. 材料损耗量＝材料净用量×材料损耗率

8. 完成单位合格产品所需的主要用工量, 称为(　　　)。
   A. 基本用工　　B. 辅助用工　　C. 人工幅度差用工　　D. 超运距用工

9. 预算定额中的(　　　)是指构成工程实体的材料。
   A. 主要材料　　B. 辅助材料　　C. 周转性材料　　D. 次要材料

10. 预算定额中的(　　　)是指用量很小、价值不大、不便计算的零星用料。
    A. 主要材料　　B. 辅助材料　　C. 周转性材料　　D. 次要材料

11. 构成工程实体, 但使用比重较小的材料称为预算定额中的(　　　)。
    A. 主要材料　　B. 辅助材料　　C. 周转性材料　　D. 次要材料

12.( )又称工具性材料,指施工中多次周转使用但不构成工程实体的材料。

　　A. 主要材料　　　　B. 辅助材料　　　　C. 周转性材料　　　　D. 次要材料

13. 以货币形式表现预算定额中一定计量单位的分项工程或结构构件基价的计算表,称作( )。

　　A. 预算定额　　　　B. 计量定额　　　　C. 计价定额　　　　D. 工程定额

14. 下列计算式中,错误的是( )。

　　A. 基价=人工费+材料费+施工机具使用费

　　B. 人工费=$\sum$(工日消耗量×日工资单价)

　　C. 材料费=$\sum$(材料消耗量×材料价格)

　　D. 施工机具使用费=机械台班消耗量÷机械台班单价

15. 当工程项目的设计要求、材料规格及做法、技术特征与定额项目的工作内容、统一规定相一致时,可( )。

　　A. 直接套用定额　　B. 进行定额的换算　　C. 编制补充定额　　　D. 应用定额

16. 当分项工程的设计要求与定额的内容和使用条件不完全一致时,如果定额允许,则应该( )。

　　A. 直接套用定额　　B. 进行定额的换算　　C. 编制补充定额　　　D. 应用定额

17. 定额条目是否可以换算,怎样换算,必须按( )的规定执行。

　　A. 项目经理　　　　B. 工程监理　　　　C. 甲方代表　　　　D. 定额

18. 定额换算有许多类型,其基本思路是一致的,这个基本思路可以表达为( )。

　　A. 换算后的基价=原定额基价+换入费用−换出费用

　　B. 换算后的基价=原定额基价+换出费用−换入费用

　　C. 换算后的基价=原定额基价+市场单价−定额单价

　　D. 换算后的基价=原定额基价+材料调整价−材料基价

19. 当分项工程的设计要求与定额规定完全不相符;或者设计采用新结构、新材料、新工艺,在定额中没有这类项目时,应( )。

　　A. 直接套用定额　　B. 进行定额的换算　　C. 编制补充定额　　　D. 应用定额

20. 工程量计算是编制工程预算中非常重要的环节,下列关于工程量计算的叙述中( )是正确的。

　　A. 工程量计算是简单的数学计算

　　B. 准确、及时地计算工程量是预算员必备的基本功

　　C. 定额预算和清单预算的计量规则是完全一致的

　　D. 工程量是用物理计量单位表示的实物数量

21. 每一个预算人员必须以高度的责任感,严肃认真、耐心细致地按照( )进行工程量计算。

　　A. 数学公式　　　　　　　　　　　B. 项目经理的要求

　　C. 工程量计算规则　　　　　　　　D. 监理工程师的指令

22. 某工程需要水泥1 000 t。甲厂供应400 t,原价270 元/t;乙厂供应400 t,原价280 元/t;丙厂供应200 t,原价290 元/t。该工程所用水泥的原价应为( )元/t。

  A. 280   B. 278   C. 270   D. 290

23. 某工程需要水泥 1 000 t。甲厂供应 400 t,原价 300 元/t;乙厂供应 400 t,原价 310 元/t;丙厂供应 200 t,原价 320 元/t。该工程所用水泥的原价应为( )元/t。

  A. 308   B. 310   C. 300   D. 320

24. 某工地某种材料有甲、乙两个来源地,甲地供应 70%,原价 1 200 元/t;乙地供应 30%,原价 1 300 元/t。该种材料的原价应为( )元/t。

  A. 1 200   B. 1 300   C. 1 230   D. 1 250

25. 某工程需砌筑 180 m^3 的一砖基础,计划每天投入 28 名工人参加施工,如果时间定额为 0.89 工日/m^3,则完成该项任务所需的定额施工天数为( )。

  A. 5 天   B. 6 天   C. 7 天   D. 8 天

26. 某工程需砌筑 120 m^3 的一砖基础,计划每天投入 22 名工人参加施工,如果时间定额为 0.89 工日/m^3,则完成该项任务所需的定额施工天数为( )。

  A. 5 天   B. 6 天   C. 7 天   D. 8 天

27. 某抹灰班有 12 名工人,进行某住宅楼墙面砂浆,25 天完成任务。如果产量定额为 10.20 m^2/工日,该班组完成了( )的抹灰。

  A. 3 315 m^2 B. 3 060 m^2 C. 300 m^2 D. 255 m^2

28. 构成工程实体的材料称作( )。

  A. 主要材料   B. 次要材料   C. 辅助材料   D. 周转性材料

29. 也是构成工程实体,但使用比重较小的材料称作( )。

  A. 主要材料   B. 次要材料   C. 辅助材料   D. 周转性材料

30. 工具性材料是指施工中周转使用,但不构成工程实体的材料,一般称作( )。

  A. 主要材料   B. 次要材料   C. 辅助材料   D. 周转性材料

31. ( )定额材料中那些用量很小、价值不大、不便计算的零星材料以"其他材料费"的形式列入定额,这种材料称作( )。

  A. 主要材料   B. 次要材料   C. 辅助材料   D. 周转性材料

【下列题目(32~60)按建标[2013]44 号文的规定作答】

32. 建筑安装工程按照( )由分部分项工程费、措施项目费、其他项目费、规费、税金组成。

  A. 工程造价形成 B. 国家规定   C. 费用构成要素   D. 合同规定

33. 按计时工资标准和工作时间或对已做工作按计件单价支付给个人的劳动报酬称作( )。

  A. 人工费   B. 计时工资或计件工资

  C. 人工工资   D. 特殊情况下支付的工资

34. 按工资总额构成,支付给从事建筑安装工程施工的生产工人和附属生产单位的工人的各项费用称作( )。

  A. 人工费   B. 计时工资   C. 计件工资   D. 津贴补贴

35. 构成或计划构成永久工程一部分的机电设备、金属结构设备、仪器装置及其他类似的设备和装置称作( )。

A. 施工机械   B. 工程设备   C. 施工机具   D. 仪器仪表

36. 企业按规定发放的劳动保护用品的支出是(   )。

    A. 津贴补贴   B. 劳动保护费   C. 劳动保险费   D. 职工福利费

37. 按规定支付的在法定节假日工作的加班工资和在法定日工作时间外延时工作的加点工资称为(   )。

    A. 津贴补贴   B. 奖金   C. 加班加点工资   D. 计时工资或计件工资

38. 为完成建设工程施工,发生于该工程施工前和施工过程中的技术、生活、安全、环境保护等方面的费用称作(   )。

    A. 规费   B. 安全文明施工费   C. 措施项目费   D. 临时设施费

39. 下列各项中,属于特殊情况下支付的工资是(   )。

    A. 探亲假工资   B. 特殊地区施工津贴

    C. 高空津贴   D. 节约奖

40. 施工过程中耗费的原材料、辅助材料、构配件、零件、半成品或成品、工程设备的费用是(   )。

    A. 材料原价   B. 材料价格   C. 材料费   D. 材料单价

41. 施工作业所发生施工机械、仪器仪表使用费或其租赁费称为(   )。

    A. 施工机械使用费   B. 机械费

    C. 施工机具使用费   D. 仪器仪表使用费

42. 以施工机械台班耗用量乘以施工机械台班单价计算而得的费用是(   )。

    A. 施工机械使用费   B. 施工机具使用费

    C. 仪器仪表使用费   D. 工程设备费

43. 按现行国家计量规范对各专业工程划分的项目是(   )。

    A. 专业工程   B. 分部分项工程   C. 措施项目   D. 其他项目

44. 指建设单位在工程量清单中暂定并包括在工程价款中的一笔款项是(   )。

    A. 暂列金额   B. 暂估价   C. 规费   D. 措施费

45. 施工过程中,施工企业完成建设单位提出的施工图纸以外的零星项目或工作所需的费用称为(   )。

    A. 零星工作项目   B. 计日工   C. 计件工   D. 协议工

46. 指总承包人为配合、协调建设单位进行的专业工程发包,对建设单位自行采购的材料、工程设备等进行保管以及施工现场管理、竣工资料汇总整理等服务所需的费用是(   )。

    A. 规费   B. 其他项目费   C. 专业工程   D. 总承包服务费

47. 施工企业平均技术熟练程度的生产工人在每工作日(国家法定工作时间内)按规定从事施工作业应得的日工资总额是(   )。

    A. 人工费   B. 日工资单价   C. 管理费   D. 定额人工费

48. 下列说法中错误的是(   )。

    A. 材料、工程设备的出厂价或商家供应价称作材料原价

    B. 材料、工程设备自来源地运至工地仓库或指定堆放地点所发生的全部费用称作运杂费

    C. 工程设备是指施工中使用的施工机械及各种加工机械

D. 材料在运输装卸过程中不可避免的损耗称作运输损耗费

49. 各专业工程计价定额的使用周期原则上为( )。

A. 3 年　　　　B. 4 年　　　　C. 5 年　　　　D. 6 年

50. 计日工由建设单位和施工企业按施工过程中的( )计价。

A. 实际发生　　B. 协议　　　　C. 定额单价　　D. 签证

51. 建筑安装工程费按( )划分,由人工费、材料费、施工机具使用费、企业管理费、利润、规费和税金组成。

A. 费用构成要素　B. 繁简程度　　　C. 市场要素　　　D. 计算方式

52. 建设单位和施工企业均应按省、自治区、直辖市或行业建设主管部门发布标准计算规费和税金,( )。

A. 能够作为竞争性费用　　　　B. 可以优惠少计

C. 可以多计算以获得更好效益　　D. 不得作为竞争性费用

53. 施工企业在使用计价定额时,除不可竞争费用外,( ),由施工企业投标时自主报价。

A. 其余仅作参考　　　　　　　B. 其余必须严格执行

C. 其他由双方协调决定　　　　D. 其余由建设行政主管部门规定

54. 由建设单位在招标控制价中根据总承包服务范围和有关计价规定编制,施工企业投标时自主报价,施工过程中按签约合同价执行的费用称作( )。

A. 规费　　　　B. 措施项目费　　C. 总承包服务费　D. 其他项目费

55. 总承包服务费由建设单位在招标控制价中根据总承包服务范围和有关计价规定编制,施工企业投标时( ),施工过程中按签约合同价执行。

A. 自主报价　　　　　　　　　B. 按规定报价

C. 按招标控制价报价　　　　　D. 按行业规定报价

56. 施工机械在运转作业中所消耗的各种燃料及水、电等称作( )。

A. 材料费　　　B. 其他材料费　　C. 大修理费　　　D. 燃料动力费

57. 材料、工程设备自来源地运至工地仓库或指定堆放地点所发生的全部费用是( )。

A. 材料原价　　B. 运杂费　　　　C. 运输损耗费　　D. 采购及保管费

58. 构成或计划构成永久工程一部分的机电设备、金属结构设备、仪器装置及其他类似的设备或装置是( )。

A. 辅助材料　　B. 工程设备　　　C. 半成品或成品　D. 零件

59. 下列各项中,属于劳动保护费的是( )。

A. 加班费　　　B. 病假工资　　　C. 防暑降温饮料费　D. 现场临时宿舍取暖费

60. 施工管理用财产、车辆等的保险费用是( )。

A. 工会经费　　B. 社会保险费　　C. 保险费　　　　D. 财产保险费

【下列题目(61~145)根据《房屋建筑与装饰工程工程量计算规范》(GB 50854—2013)、《建设工程工程量清单计价规范》(GB 50500—2013)、《重庆市房屋建筑及装饰工程计价定额》(CQJZZSDE—2018)、《重庆市建设工程费用定额》(CQFYDE—2018)的规定作答】

61. 平整场地是指平整至设计标高后,在( )的就地挖、填、运、找平工作。

　　A. <300 mm　　　　B. ≤300 mm　　　　C. ≤±300 mm　　　　D. ≤±500 mm

62. 下列各项中,应执行沟槽项目的是(　　　)。

　　A. 宽度≤7 m　　　　　　　　　　　　B. 底宽≤7 m,底长>3 倍底宽

　　C. 宽度≥7 m　　　　　　　　　　　　D. 底宽≤7 m,底长≤3 倍底宽

63. 下列各项中,应执行基坑项目的是(　　　)。

　　A. 底面积≤50 m² ,长度<3 倍宽度

　　B. 底宽≤5 m,长度≥3 倍底宽

　　C. 底面积≤150 m² ,长度≤3 倍底宽

　　D. 底面积≤150 m² ,长度>3 倍底宽

64. 为施工而搭设的上料、堆料与施工作业用的临时平台是(　　　)。

　　A. 脚手架　　　　B. 支架　　　　C. 综合脚手架　　　　D. 单项脚手架

65. 凡能够按"建筑工程建筑面积计算规则"计算建筑面积的建筑工程脚手架称作(　　　)。

　　A. 综合脚手架　　　B. 单项脚手架　　　C. 立体脚手架　　　D. 建筑脚手架

66. 回填方量按设计图示尺寸以体积计算,(　　　)工程量等于回填面积乘以平均回填厚度。

　　A. 场地回填　　　B. 室内回填　　　C. 基础回填　　　D. 管沟回填

67. 工程量按主墙间面积乘以回填厚度以"m³"计算的是(　　　)。

　　A. 室内回填　　　B. 场地回填　　　C. 基础回填　　　D. 管沟回填

68. 工程量按挖方体积减去自然地坪以下埋设的基础体积计算的是(　　　)。

　　A. 场地回填　　　B. 室内回填　　　C. 管沟回填　　　D. 基础回填

69. 人工挖孔桩土(石)方工程量按设计图示尺寸(　　　)截面积乘以挖孔深度以"m³"计算。

　　A. 不含护壁　　　B. 含护壁　　　C. 净　　　　D. 含部分护壁

70. 基础与墙(柱)身使用同一种材料时,以(　　　)为界,以下为基础,以上为墙(柱)身。

　　A. 材料分界线　　B. 设计室内地坪　　C. 设计室外地坪　　D. 基础顶面

71. 计算砖墙工程量时,外墙长度按(　　　)计算;内墙长度按内墙净长度计算。

　　A. 外墙长度　　B. 外墙净长　　C. 外墙中心线长度　　D. 内墙中心线长度

72. 实心砖墙工程量按设计图示尺寸以体积计算,外墙长度按外墙中心线长度计算,内墙长度按(　　　)计算。

　　A. 内墙长度　　　B. 内墙净长　　　C. 外墙中心线长度　　D. 内墙中心线长度

73. 实心砖墙工程量按设计图示尺寸以体积计算,平屋顶建筑物的外墙高度算至(　　　)。

　　A. 钢筋混凝土顶板面　　　　　　　　B. 钢筋混凝土顶板底

　　C. 钢筋混凝土底板面　　　　　　　　D. 钢筋混凝土顶板中

74. 实心砖柱按设计图示尺寸以体积计算,应扣除混凝土及钢筋混凝土(　　　)所占体积。

　　A. 墙　　　　B. 楼梯　　　　C. 梁垫　　　　D. 雨篷

75. 零星砌筑,按(　　　)截面积乘以长度按立方米计算。

　　A. 实际尺寸　　　B. 图示尺寸　　　C. 理想尺寸　　　D. 期望尺寸

76. 砖围墙以(　　　)为界,以下为基础,以上为墙身。

　　A. 自然地坪　　　B. 设计室内地坪　　C. 设计室外地坪　　D. 基础顶面

77. 框架间墙,不分内墙、外墙,按(　　)计算。

    A. 墙体净尺寸以面积 　　　　　　　　B. 墙体净尺寸以体积

    C. 墙体净尺寸以长度 　　　　　　　　D. 墙体设计尺寸以面积

78. 钢筋工程量按设计图示长度乘单位理论质量以(　　)计算。

    A. 长度 m 　　　　B. 体积 m³ 　　　　C. 面积 m² 　　　　D. 吨 t

79. 计算钢筋工程量时,箍筋长度(含平直段 10d)按箍筋中轴线周长加(　　)计算。

    A. 11.9d 　　　　B. 19.8d 　　　　C. 23.8d 　　　　D. 27.8d

80. 计算墙体工程量时,不扣除单个面积≤(　　)的孔洞所占面积。

    A. 0.2 m² 　　　　B. 0.3 m² 　　　　C. 0.4 m² 　　　　D. 0.5 m²

81. 某墙体长 12 m,高 3 m,厚度 240 mm,无孔无洞,该墙的工程量应为(　　)。

    A. 864 m³ 　　　　B. 86.4 m³ 　　　　C. 8.64 m³ 　　　　D. 0.864 m³

82. 某墙体长 12 m,高 3 m,厚度 240 mm,墙上开有面积 0.25 m² 的孔 2 个,面积 0.3 m² 的孔 2 个,面积 0.40 m² 的孔 1 个,则该墙的工程量应为(　　)。

    A. 8.64 m³ 　　　　B. 8.28 m³ 　　　　C. 8.04 m³ 　　　　D. 8.54 m³

83. 某墙体长 12 m,高 3 m,设计厚度 120 mm,无孔无洞,则该墙的工程量应为(　　)。

    A. 4.32 m³ 　　　　B. 4.14 m³ 　　　　C. 432 m³ 　　　　D. 43.2 m³

84. 某墙体长 12 m,高 3 m,设计厚度 120 mm,面积 0.3 m² 的孔两个,面积 0.40 m² 的孔 1 个,则该墙的工程量应为(　　)。

    A. 3.14 m³ 　　　　B. 4.20 m³ 　　　　C. 4.03 m³ 　　　　D. 4.09 m³

85. 某墙体长 12 m,高 3 m,设计厚度 370 mm,面积 0.40 m² 的孔 1 个,则该墙的工程量应为(　　)。

    A. 12.99 m³ 　　　　B. 13.32 m³ 　　　　C. 13.17 m³ 　　　　D. 13.14 m³

86. 现浇混凝土基础按设计图示尺寸以体积计算,(　　)伸入承台基础的桩头所占体积。

    A. 扣除 　　　　B. 不扣除 　　　　C. 部分扣除 　　　　D. 扣除 1/2

87. 现浇柱的混凝土工程量按设计断面乘以柱高以"m³"计算。有梁板的柱高应以(　　)高度计算。

    A. 柱基底面至上一层楼板上表面

    B. 柱基上表面至上一层楼板下表面

    C. 柱基上表面至上一层楼板上表面

    D. 柱基垫层底面至上一层楼板上表面

88. 现浇柱的混凝土工程量按设计断面乘以柱高以"m³"计算。无梁板的柱高应以(　　)高度计算。

    A. 柱基底面(或楼板底面)至柱帽上表面

    B. 柱基上表面(或楼板上表面)至柱帽上表面

    C. 柱基上表面(或楼板上表面)至柱帽下表面

    D. 柱基垫层底面至柱帽下表面

89. 计算构造柱(抗震柱)混凝土工程量时,应(　　),以"m³"计算。

    A. 不包括"马牙槎"体积在内 　　　　B. 包括"马牙槎"体积在内

    C. 包括部分"马牙槎"体积在内 　　　　D. 忽略"马牙槎"体积

90.现浇梁的混凝土工程量按设计断面尺寸乘以梁长以"m³"计算。下列有关梁长度的说法中(　　　)是错误的。

    A.梁与柱(墙)连接时,梁长算至柱侧面

    B.次梁与主梁连接时,次梁长算至主梁侧面

    C.伸入墙内的梁头、梁垫体积并入梁体积内计算

    D.梁的高度算至梁底,扣除板的厚度

91.现浇有梁板系指梁、板构成整体,(　　　)计算。

    A.其梁、板体积合并   B.其梁、板面积合并

    C.其梁、板体积分开   D.按板面积乘以厚度以"m³"

92.与圈梁连接的现浇平板,计算其混凝土工程量时,(　　　)。

    A.应包括圈梁体积在内   B.应包括圈梁面积在内

    C.不应包括圈梁体积   D.应包括部分圈梁体积

93.图10.1是某现浇钢筋混凝土雨篷示意图,其混凝土工程量应为(　　　)。

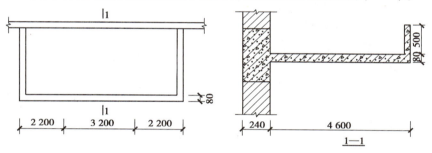

图 10.1　某现浇雨篷示意图

    A.2.80 m³   B.0.67 m³   C.3.46 m³   D.34.96 m²

94.图10.2是某条形基础断面示意图。基础总长度80 m,C15混凝土垫层厚度100 mm,宽度1 200 mm。该基础混凝土垫层工程量应为(　　　)。

    A.80.00 m

    B.96.00 m²

    C.9.60 m³

    D.105.60 m³

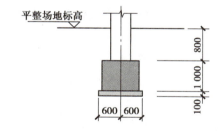

图 10.2　某条形基础断面示意图

95.图10.2是某条形基础示意图,该条形基础开挖的基槽的深度为(　　　) m。

    A.0.80 m   B.1.80 m   C.1.90 m   D.1.10 m

96.图10.2是某条形基础示意图。基础总长度80 m,C15混凝土垫层厚度100 mm,宽度1 200 mm。按"垫层面积乘以开挖深度"(即不留工作面、不计放坡)计算基槽开挖土石方量应为(　　　)。

    A.182.40 m³   B.172.80 m³   C.163.20 m³   D.105.60 m³

97.图10.2是某条形基础示意图,基础总长度80 m。每侧预留工作面宽度300 mm,两边均按1:0.3放坡。则基槽开挖土石方量应为(　　　) m³。

　　A.182.40　　　　　　B.360.24　　　　　　C.336.96　　　　　　D.314.16

98.图10.3为某四坡水瓦屋面示意图,已知屋面坡度 $\alpha=33°40'$。该瓦屋面定额工程量应为(　　) m^2。

　　A.448　　　　　　B.493　　　　　　C.592.35　　　　　　D.538.28

99.图10.4为某四坡水瓦屋面示意图,已知屋面坡度 $\alpha=33°01'$。该瓦屋面定额工程量应为(　　) m^2。

　　A.480.61　　　　　　B.429.33　　　　　　C.360　　　　　　D.403

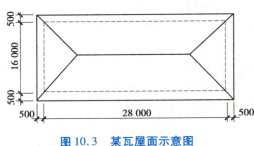

图10.3　某瓦屋面示意图

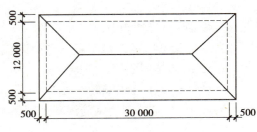

图10.4　某瓦屋面示意图

100.某独立柱基础垫层设计为 4 000 mm×3 600 mm×250 mm,基坑深度2.5 m。如果不留工作面,不放坡,基坑开挖土石方量应为(　　)。

　　A.36 m^3　　　　　　B.3.6 m^3　　　　　　C.39.6 m^3　　　　　　D.32.4 m^3

101.某独立柱基础垫层设计为 4 000 mm×3 600 mm×250 mm,基坑深度2.5 m。施工组织设计规定四边放坡,放坡系数为 1∶0.30,每边增加工作面 300 mm,该基坑开挖工程量(　　)。

　　A.48.30 m^3　　　　　B.39.60 m^3　　　　　C.36.00 m^3　　　　　D.66.68 m^3

102.某条形基础断面 1 000 mm×800 mm,垫层宽度 1.20 m,长度85 m,开挖深度 1.20 m,不留工作面,不放坡,则基槽开挖工程量应为(　　) m^3。

　　A.34.00　　　　　　B.40.80　　　　　　C.122.40　　　　　　D.81.60

103.某条形基础断面 1 000 mm×800 mm,垫层宽度 1.20 m,长度85 m,开挖深度 1.20 m,两侧各留工作面 300 mm,不放坡,则基槽开挖工程量应为(　　) m^3。

　　A.112.20　　　　　　B.183.60　　　　　　C.122.40　　　　　　D.142.80

104.某条形基础断面 1 000 m×800 mm,垫层宽度 1.20 m,长度85 m,开挖深度 1.80 m,两侧各留工作面 300 mm,放坡1∶0.3,则基槽开挖工程量应为(　　) m^3。

　　A.327.42　　　　　　B.296.82　　　　　　C.358.02　　　　　　D.312.12

105.某房屋的底层有 8 根独立钢筋混凝土矩形柱,截面为 800 mm×750 mm,高度为 4 800 mm。设计装饰方案:15 mm 厚1∶3水泥砂浆打底;10 mm 厚1∶2.5 水泥砂浆罩面;乳胶漆两遍。这8根柱面水泥砂浆抹灰工程量应为(　　)。

　　A.119.04 m^2　　　　　B.23.04 m^3　　　　　C.126.72 m^2　　　　　D.26.11 m^3

106.某房屋的底层有 12 根独立钢筋混凝土矩形柱,截面为 800 mm×750 mm,高度为 4 800 mm。设计装饰方案:20 mm 厚1∶3水泥砂浆找平;10 mm 厚1∶1水泥砂浆贴面砖(350 mm×250 mm×10 mm)。这12根矩形柱面水泥砂浆贴面砖工程量应为(　　)。

　　A.178.56 m^2　　　　　B.34.56 m^3　　　　　C.42.07 m^3　　　　　D.196.99 m^2

107.某房屋的底层有 10 根钢筋混凝土圆柱,直径 800 mm,高度为 4 800 mm。设计装饰方案:15 mm 厚 1:3 水泥砂浆打底;10 mm 厚 1:2.5 水泥砂浆罩面;乳胶漆两遍。这 10 根圆柱面水泥砂浆抹灰工程量应为(　　)。

    A.128.11 m^2 B.27.22 m^3 C.120.58 m^2 D.24.11m^3

108.某房屋的底层有 10 根钢筋混凝土圆形柱,直径 800 mm,高度为 4 800 mm。设计装饰方案:20 mm 厚 1:3 水泥砂浆找平;10 mm 厚 1:1 水泥砂浆贴面砖(350 mm×250 mm×10 mm)。这 10 根圆形柱面水泥砂浆贴面砖工程量应为(　　)。

    A.120.58 m^2 B.132.63 m^2 C.27.22 m^3 D.24.11 m^3

109.图 10.5 是某建筑物屋顶平面示意图,该屋面设计采用现浇水泥珍珠岩作保温层兼找坡,最薄处 100 mm。该屋面保温层工程量应为(　　)。

    A.189.92 m^3 B.93.94 m^3 C.92.40 m^3 D.193.12 m^3

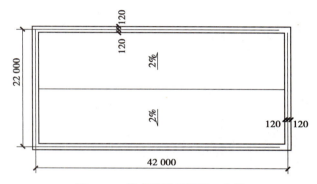

图 10.5　某房屋屋顶平面示意图

110.图 10.5 是某建筑物屋顶平面示意图,该屋面设计采用现浇水泥珍珠岩作保温层兼找坡,平均厚度 100 mm。该屋面保温层工程量应为(　　)。

    A.90.87 m^3 B.93.94 m^3 C.92.40 m^3 D.193.12 m^3

111.图 10.5 是某建筑物屋顶平面示意图,该屋面净面积应为(　　)。

    A.924.00 m^2 B.939.42 m^2 C.908.70 m^2 D.189.92 m^2

112.图 10.5 是某建筑物屋顶平面示意图,该屋面防水卷材工程量应为(　　)。

    A.940.70 m^2 B.940.46 m^2 C.940.94 m^2 D.972.22 m^2

113.图 10.5 是某建筑物屋顶平面示意图,如果设计卷材上翻高度 500 mm,该屋面防水卷材工程量应为(　　)。

    A.940.70 m^2 B.940.46 m^2 C.940.94 m^2 D.972.22 m^2

114.计算砌筑墙体工程量时,应扣除单个面积在(　　)以上的孔洞所占体积。

    A.0.1 m^2 B.0.2 m^2 C.0.3 m^2 D.0.4 m^2

115.图 10.6 是一段 240 mm 砖墙的示意图,这段墙的砌筑工程量是(　　)m^3。

    A.7.99   B.7.93   C.9.22   D.8.03

116.图 10.6 是一段 120 mm 砖墙的示意图,这段墙的砌筑工程量是(　　)m^3。

    A.4.00   B.3.83   C.3.98   D.3.81

117.图 10.6 是一段 100 mm 砖墙的示意图,这段墙的砌筑工程量是(　　)m^3。

    A.3.35   B.3.18   C.3.16   D.3.33

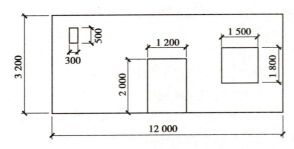

图 10.6　某墙段示意图

118.图 10.6 是一段 370 mm 砖墙的示意图,这段墙的砌筑工程量是(　　) m³。

A.12.21　　　　B.12.38　　　　C.12.32　　　　D.12.15

119.图 10.6 是一段外墙的外墙面示意图,墙厚 240 mm。这段墙面的抹灰工程量是(　　)m²。

A.36.13　　　　B.33.30　　　　C.38.40　　　　D.35.99

120.某建筑物门窗统计表见表 10.1,数量经核对无误。该建筑物门工程量应为(　　)。

表 10.1　门窗统计表

名　称	编　号	洞口尺寸(mm)		数　量	备　注
		宽	高		
门	M—1	1 000	2 000	12	单扇塑钢全玻平开门
	M—2	1 200	2 000	1	双扇塑钢全玻平开门
	M—3	1 800	2 700	1	三扇塑钢带上亮推拉门
窗	C—1	1 800	1 800	42	双扇塑钢推拉窗
	C—2	1 500	1 800	6	双扇塑钢推拉窗

A.24.00 m²　　　B.2.40 m²　　　C.4.86 m²　　　D.31.26 m²

121.某建筑物门窗统计表见表 10.1,数量经核对无误。该建筑物窗工程量应为(　　)。

A.152.28 m²　　　B.31.26 m²　　　C.16.20 m²　　　D.136.08 m²

122.下列关于梁平法施工图 10.7 中 KL1(3)说法正确的是(　　)。

A.有 2 跨

B.梁箍筋均为 A10@100/200(2)

C.该梁两端有悬挑

D.当梁上部纵筋多于一排时,用"/"将各排纵筋自上而下分开

123.阅读楼梯平面图 10.8,其中 AT3 表示含义有误的是(　　)。

A.梯段高 1 800 mm　　　　B.踏步高 150 mm

C.梯段有 11 级踏步　　　　D.h＝120 指梯板厚度为 120 mm

124.关于图 10.9 灌注桩的描述有误的是(　　)。

A.桩直径为 800　　　　B.桩纵向钢筋是 10⊕18

C.箍筋是螺旋箍　　　　D.桩底标高是−3.400

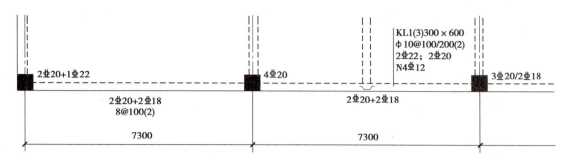

图10.7 梁平法示意图

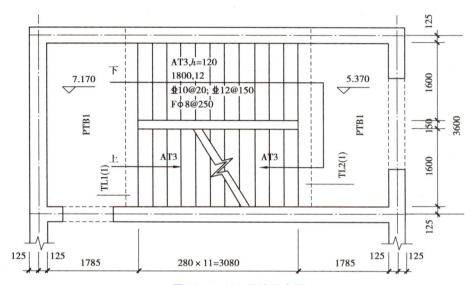

图10.8 AT3平法示意图

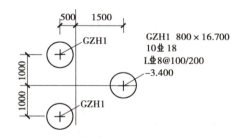

图10.9 灌注桩示意图

125. 使用国有资金投资的建设工程承发包,必须采用( )。

　　A. 工程定额计价　　B. 工程量清单计价　　C. 计算机软件计价　　D. 统一计价

126. 工程量清单应采用( )计价。

　　A. 工料单价　　　　B. 消耗量定额　　　　C. 综合单价　　　　　　D. 人工方式

127. 措施项目中的安全文明施工费必须按国家或省级、行业建设主管部门的规定计算,( )。

　　A. 不得作为竞争性费用　　　　　　　B. 可以部分作为竞争性费用

　　C. 完全可以作为竞争性费用　　　　　D. 投标人可适当下浮

128.构成合同文件组成部分的投标文件中已标明价格,经算术性错误修正且承包人已确认的工程量清单称作(　　)。

    A.工程量清单

    B.招标工程量清单

    C.投标报价表

    D.已标价工程量清单

129.编制工程量清单时,分部分项工程和措施项目清单名称的阿拉伯数字标识是(　　)。

    A.序号   B.项目编码   C.清单编码   D.定额编号

130.构成分部分项工程项目、措施项目自身价值的本质特征是(　　)。

    A.项目编码   B.项目特征   C.主要工作内容   D.计量单位

131.总承包人为配合协调发包人进行的专业工程发包,对发包人自行采购的材料、工程设备等进行保管以及施工现场管理、竣工资料汇总整理等服务所需的费用称为(　　)。

    A.总承包服务费   B.按实计算费用   C.措施项目费   D.暂估价

132.发包人现场代表与承包人现场代表就施工过程中涉及的责任时间所作的签认证明,称为(　　)。

    A.协议书   B.合同补充条款   C.现场签证   D.索赔

133.招标工程量清单必须作为(　　)的组成部分,其正确性和完整性应由招标人负责。

    A.招标文件   B.投标文件   C.施工图预算   D.合同文件

134.招标工程量清单必须作为招标文件的组成部分,其正确性和完整性应由(　　)。

    A.投标报价人   B.设计人员   C.造价事务所   D.招标人负责

135.国有资金投资的建设工程招标,招标人必须(　　)。

    A.编制工程量清单

    B.编制招标文件

    C.编制招标控制价

    D.编制计价定额

136.措施项目清单必须根据相关工程(　　)的规定编制。

    A.现行国家计量规范

    B.现行行业计量规范

    C.企业定额计量规范

    D.投标企业计量规范

137.招标控制价应按照《建设工程工程量清单计价规范》的规定编制,(　　)。

    A.可适量上调   B.可适量下浮   C.不应上调或下浮   D.视市场调整

138.综合单价中(　　)招标文件中划分的应由投标人承担的风险范围及其费用。

    A.不应包括   B.可部分包括   C.应包括   D.应按一定比例包括

139.按照《建设工程工程量清单计价规范》的规定,投标人经复核认为招标人公布的招标控制价未按计价规范的规定进行编制的,应在招标控制价公布后(　　)向招投标监督机构和工程造价管理机构投诉。

    A.2天内   B.3天内   C.4天内   D.5天内

140.投标人编制投标报价时,投标报价(　　)工程成本。

    A.不得等于   B.不得低于   C.不得高于   D.不得多于

141.投标人必须按招标工程量清单填报价格。项目编码、项目名称、项目特征、计量单位、工程量(　　)。

    A.可以根据实际情况适当调整

    B.宜与招标工程量清单一致

    C.严禁与招标工程量清单完全一致

    D.必须与招标工程量清单一致

142. 投标人的投标报价高于招标控制价的( )。

    A. 应予适当扣分   B. 应予鼓励   C. 应予废标   D. 不应废标

143. 投标总价应当与分部分项工程费、措施项目费、其他项目费和规费、税金的合计金额( )。

    A. 有差价   B. 一致   C. 有上调   D. 有下浮

144. 实行招标的工程合同价款应在中标通知书发出之日起( )，由发承包双方依据招标文件和中标人的投标文件在书面合同中约定。

    A. 20 天内   B. 20 天后   C. 30 天内   D. 30 天后

145. 单价合同的工程量必须以( )工程量确定。

    A. 承包人完成合同工程应予计量的

    B. 招标文件中，招标工程量清单中标定的

    C. 投标报价中，已标价工程量清单中认定的

    D. 编制招标控制价时使用的

146. 计算土方放坡时，在交接处所产生的重复工程量( )。

    A. 不予扣除   B. 扣除一半   C. 重复计算   D. 视具体情况而定

147. 土石方的开挖、运输，均按( )以"m^3"计算。

    A. 虚方体积   B. 松填体积   C. 夯实后体积   D. 天然密实体积

148. 挖淤泥、流砂工程量按设计图示位置、界限以( )计算。

    A. m   B. m^2 C. m^3 D. kg

149. 开挖深度按图示槽、坑底面至自然地面高度计算。自然地面高度是指( )。

    A. 场地平整前的地面自然标高   B. 设计室外地坪标高

    C. 设计室内地面标高   D. 场地平整后的标高

150. 计算土石方工程量时，沟槽、基坑工作面宽度按设计规定计算，如设计无规定时建筑工程的混凝土基础支模板的工作面宽度按( )mm 计。

    A. 200   B. 250   C. 300   D. 400

151. 下列有关地基处理和边坡支护工程量计算的描述中，错误的是( )。

    A. 强夯地基按设计图示处理范围以"m^2"计算

    B. 土钉按设计图示尺寸以"m^3"计算

    C. 喷射混凝土按设计图示面积以"m^2"计算

    D. 挡土板按槽、坑垂直的支撑面积以"m^2"计算

152. 旋挖机械钻孔灌注桩土石方工程量( )。

    A. 按设计图示钻孔深度以"m"计算

    B. 按设计图示桩的截面积以"m^2"计算

    C. 按设计图示钻孔桩的数量以"根"计算

    D. 按设计图示桩的截面积乘以桩孔中心线深度以"m^3"计算

153. 下列关于砌筑工程量计算的叙述中，正确的是( )。

    A. 基础工程量按设计图示体积以"m^3"计算

    B. 外墙长度按外墙外边线计算

    C. 框架间墙，不分内外墙均按净面积以"m^2"计算

D. 空花墙按设计图示尺寸以外形体积计算,应扣除空花部分体积

154. 在计算实心砖墙工程量时,应扣除的是( )。

A. 梁头体积　　　B. 门窗洞口体积　　　C. 钢管所占体积　　　D. 板头所占体积

155. 计算钢筋工程量时,设计图未标明根数,以间距布置的钢筋根数按( )的原则计算。

A. "四舍五入"　　　　　　　　　　B. "单进双不进"

C. 以向上取整加 1　　　　　　　　D. 有利施工

156. 计算钢筋工程量时,水平钢筋直径 $\phi 10$ 以内按每( )m 计算一个搭接(接头)。

A. 10　　　　　B. 12　　　　　C. 14　　　　　D. 16

157. 计算钢筋工程量时,水平钢筋直径 $\phi 10$ 以上按每( )m 计算一个搭接(接头)。

A. 6　　　　　B. 7　　　　　C. 8　　　　　D. 9

158. 计算钢筋工程量时,竖向钢筋的接头按( )计算。

A. 每 5 m 一个　　　B. 每 9 m 一个　　　C. 按自然层　　　D. 具体情况

159. 混凝土的工程量按设计图示体积以"m^3"计算,不扣除( )孔洞所占体积。

A. 单个面积 0.3 m^2 以内　　　　　B. 单个体积 0.3 m^3 以内

C. 面积 0.3 m^2 以内　　　　　　　D. 体积 0.3 m^3 以内

160. 下列关于钢筋工程量计算的说法中,正确的是( )。

A. 植筋连接按长度以"m"计算

B. 声测管长度按设计桩长另加 900 mm 计算

C. 预制构件的吊钩不计入钢筋工程量

D. 机械连接的钢筋接头工程量按增加 10d 长度计算

161. 计算混凝土承台工程量时,伸入承台基础的桩头所占体积( )。

A. 不予扣除　　　B. 应予扣除　　　C. 扣除 1/2　　　D. 增加 1/2

162. 计算墙的混凝土工程量时,( )并入墙体工程量内计算。

A. 墙垛与突出部分<墙厚的 1.0 倍者

B. 墙垛与突出部分<墙厚的 1.5 倍者

C. 墙垛与突出部分<墙厚的 2.0 倍者

D. 墙垛与突出部分<墙厚的 2.5 倍者

163. 整体楼梯的混凝土工程量按水平投影面积以"m^2"计算,不扣除宽度( )mm 的楼梯井。

A. <300　　　　　B. <400　　　　　C. <500　　　　　D. <600

164. 原槽(坑)浇筑混凝土垫层、满堂基础时,混凝土工程量按设计周边尺寸(长、宽)尺寸每边增加( )mm 计算。

A. 10　　　　　B. 15　　　　　C. 20　　　　　D. 25

165. 原槽(坑)浇筑混凝土带形基础、独立基础时,混凝土工程量按设计周边尺寸(长、宽)尺寸每边增加( )mm 计算。

A. 50　　　　　B. 40　　　　　C. 30　　　　　D. 20

166. 现浇混凝土构件模板工程量的计算,除另有规定者外,均按( )计算。

A. 构件的实体体积　　　　　　　　B. 构件的设计图示体积

C. 构件的表面面积　　　　　　　　　D. 模板与混凝土的接触面积

167. 预制混凝土构件模板工程量除地模外,其余均按(　　　)计算。

A. 构件混凝土体积　　　　　　　　　B. 构件的设计图示长度

C. 构件的表面面积　　　　　　　　　D. 模板与混凝土的接触面积

168. 下列有关现浇混凝土构件模板工程量计算的说法中,错误的是(　　　)。

A. 地下室底板按无梁式满堂基础模板计算

B. 混凝土台阶按设计图示体积以"m^3"计算

C. 零星构件按设计图示体积以"m^3"计算

D. 空心楼板筒芯安装和箱体安装按设计图示体积以"m^3"计算

169. 构造柱均应按图示外露部分计算模板面积,构造柱与墙接触面不计算模板面积。带马牙槎构造柱的宽度按设计宽度每边增加(　　　)mm 计算。

A. 50　　　　　　　　B. 100　　　　　　　　C. 150　　　　　　　　D. 200

170. 计算钢板楼板工程量时,不扣除单个面积≤0.3 m^2 的柱、垛及孔洞,按(　　　)。

A. 设计图示尺寸的理论质量以"t"计算

B. 设计图示尺寸的体积以"m^3"计算

C. 设计图示铺设面积以"m^2"计算

D. 设计图示尺寸的理论质量以"kg"计算

171. 钢构件的运输、安装工程量(　　　)。

A. 按构件数量以"套(个)"计算

B. 等于制作工程量

C. 按运输距离与构件质量乘积以"t·km"计算

D. 等于钢构件的实际数量

172. 下列有关木结构工程量计算的说法中,正确的是(　　　)。

A. 木柱、木梁按设计图示体积以"m^3"计算

B. 木屋架按设计图示长度体积以"m"计算

C. 屋面木基层按设计图示水平投影面积以"m^2"计算

D. 木地楞按设计图示长度体积以"m"计算

173. 下列有关门窗工程量计算规则的说法中,正确的是(　　　)。

A. 制作、安装有框木门窗工程量,按扇外围面积以"m^2"计算

B. 制作、安装无框木门窗工程量,按门窗洞口设计图示面积以"m^2"计算

C. 门窗贴脸按设计图示尺寸以中心线延长米计算

D. 门锁安装按"套"计算

174. 卷材防水屋面按设计图示面积以"m^2"计算,(　　　)。

A. 斜屋面按水平投影面积计算

B. 斜屋面按斜面积计算

C. 斜屋面计算规则与平屋面一致

D. 斜屋面按屋面的长度乘以高度垂直投影面积计算

175. 计算楼地面防水工程量时,与墙面连接处上卷高度在(　　　)mm 以内按展开面积以"m^2"计算,执行楼地面防水定额子目。

A. 100   B. 200   C. 300   D. 400

176. 计算楼地面防水工程量时,与墙面连接处上卷高度在(　　)mm 以上时,按展开面积以"m²"计算,执行墙面防水定额子目。

     A. 200   B. 300   C. 400   D. 500

177. 混凝土面及抹灰面防腐工程量按设计图示(　　)。

     A. 面积以"m²"计算

     B. 长度以"延长米"计算

     C. 面积乘以延长米以"m³"计算

     D. 面积乘以厚度以"m³"计算

178. 计算楼地面工程量时,台阶面层按设计图示尺寸水平投影面积计算,包括最上层踏步沿加(　　)mm。

     A. 100   B. 200   C. 300   D. 400

179. 外墙抹灰工程量按设计结构尺寸面积以"m²"计算,门窗洞口及孔洞的侧壁、顶面(底面)面积(　　)。

     A. 并入外墙面   B. 计算 1/2,并入外墙面

     C. 门洞侧壁并入   D. 不增加

180. 脚手架是措施项目之一。综合脚手架面积按(　　)计算。

     A. 建筑面积   B. 首层建筑面积

     C. 建筑面积及附加面积之和   D. 搭设面积乘以搭设高度

181. 单层建筑物计算超高施工增加时,檐高(　　)。

     A. >20 m   B. >30 m   C. ≥20 m   D. ≥30 m

182. 多层建筑物计算超高施工增加时,檐高(　　)。

     A. >20 m   B. ≥20 m   C. >30 m   D. ≥30 m

183. 多层建筑物计算超高施工增加时,层数(　　)。

     A. >5 层   B. ≥5 层   C. >6 层   D. ≥6 层

184. 超高施工增加工程量应分不同檐高,按(　　)计算。

     A. 建筑物综合脚手架面积

     B. 建筑物建筑面积计算

     C. 建筑面积及附加面积之和

     D. 建筑物超高部分的综合脚手架面积

185. 下列有关脚手架计算规则的说法中,正确的是(　　)。

     A. 双排脚手架按其服务的垂直投影面积计算

     B. 里脚手架按建筑物建筑面积计算

     C. 悬空脚手架按搭设长度乘以搭设层数以延长米计算

     D. 安全过道按搭设的垂直投影面积计算

186. 计价定额已包含施工中消耗的主要材料、辅助材料和零星材料,其中合并为其他材料费的是(　　)。

     A. 主要材料   B. 主要材料和辅助材料

     C. 主要材料和零星材料   D. 辅助材料和零星材料

187. 计价定额已包括工程施工的周转性材料(　　),从甲工地至乙工地的搬迁运输费和场内运输费。

    A. 30 km 以内　　　　　　　　　　B. 30 km 以外

    C. 40 km 以内　　　　　　　　　　D. 40 km 以外

188. 计价定额已包括材料、成品、半成品从工地仓库、现场堆放地点至操作或安装地点的(　　)。

    A. 全部运输　　　　　　　　　　　B. 水平运输

    C. 垂直运输　　　　　　　　　　　D. 人工运输

189. 计价定额中所采用的水泥强度等级是根据市场生产与供应情况和施工操作规程考虑的,施工中实际采用水泥强度等级不同时(　　)。

    A. 按规定调整　　　　　　　　　　B. 按实际情况进行调整

    C. 不作调整　　　　　　　　　　　D. 按高标号调整

190. 计价定额企业管理费、利润的费用标准是按(　　)取定的。

    A. 公共建筑工程　　　　　　　　　B. 住宅建筑工程

    C. 工业建筑工程　　　　　　　　　D. 一般建筑工程

191. 风险费包括一般风险费和其他风险费。工程施工期间因停水、停电,材料设备供应,材料代用等不可预见的因素影响正常施工而不便计算的损失费用称作(　　)。

    A. 风险费　　　　　　　　　　　　B. 一般风险费

    C. 其他风险费　　　　　　　　　　D. 停工窝工费

192. 风险费包括一般风险费和其他风险费。招标人根据相关规定,在招标文件中要求投标人承担的人工、材料、机械价格及工程量变化导致的风险费用称作(　　)。

    A. 风险费　　　　　　　　　　　　B. 一般风险费

    C. 其他风险费　　　　　　　　　　D. 停工窝工费

193. 施工企业根据建设工程档案管理的有关规定,在建设工程施工过程中收集、整理、制作、装订、归档具有保存价值的文字、图纸、图表、声像、电子文档等各种建设工程档案资料所发生的费用称作(　　)。

    A. 技术措施费　　　　　　　　　　B. 组织措施费

    C. 按实计算费用　　　　　　　　　D. 竣工档案编制费

194. 施工企业根据有关规定,进行住宅工程分户验收工作发生的人工、材料、检测工具、档案资料等费用称作(　　)。

    A. 技术措施费　　　　　　　　　　B. 住宅工程质量分户验收费

    C. 按实计算费用　　　　　　　　　D. 竣工档案编制费

195. 房屋建筑工程"企业管理费、组织措施费、利润、规费和风险费"的费用计算基础是(　　)。

    A. 定额人工费与定额材料费之和

    B. 定额直接工程费

    C. 定额人工费与定额施工机具使用费之和

    D. 定额人工费

196. 房屋建筑工程按一般计税法和简易计税方法计算相关费用时,费率相同的是（　　　）。

  A. 企业管理费   B. 组织措施费

  C. 利润   D. 夜间施工增加费

197. 装饰工程计算企业管理费、组织措施费、利润、规费和风险费的费用计算基础是（　　　）。

  A. 定额人工费

  B. 定额直接工程费

  C. 定额人工费与定额施工机具使用费之和

  D. 定额人工费与定额材料费之和

198. 在计算各项工程费用时,房屋建筑修缮工程不计算（　　　）。

  A. 组织措施费   B. 一般风险费

  C. 规费   D. 企业管理费

199. 房屋建筑工程"安全文明施工费"的计算基础是（　　　）。

  A. 定额人工费   B. 定额人工费与定额施工机具使用费之和

  C. 税前工程造价   D. 建筑面积

200. 房屋建筑工程"建设工程竣工档案编制费"的费用计算基础是（　　　）。

  A. 定额人工费   B. 定额人工费与定额材料费之和

  C. 建筑面积   D. 定额人工费与定额施工机具使用费之和

201. 下列各个专业工程中,费用计算基础是"定额人工费与定额施工机具使用费之和"的是（　　　）。

  A. 房屋建筑工程   B. 装饰工程

  C. 通用安装工程   D. 人工土石方工程

202. 下列各个专业工程中,费用计算基础是"定额人工费"的是（　　　）。

  A. 房屋建筑工程   B. 装饰工程

  C. 市政工程   D. 机械（爆破）土石方工程

203. 人工、机械（爆破）土石方工程"安全文明施工费"的计算基础是（　　　）。

  A. 税前工程造价   B. 建筑面积

  C. 定额人工费   D. 开挖工程量

204. 房屋建筑工程"建设工程竣工档案编制费"的费用计算基础是（　　　）。

  A. 定额人工费与定额材料费之和 B. 定额人工费

  C. 建筑面积   D. 定额人工费与定额施工机具使用费之和

205. "住宅工程质量分户验收费"的计算基础是（　　　）。

  A. 住宅工程税前造价   B. 定额人工费与定额施工机具使用费之和

  C. 定额人工费   D. 住宅单位工程建筑面积

206. 房屋建筑工程"住宅工程质量分户验收费"的计算基础是（　　　）。

  A. 住宅工程税前造价   B. 住宅单位工程建筑面积

  C. 定额人工费   D. 定额人工费与定额施工机具使用费之和

207. 房屋建筑工程"总承包服务费"的计算基础是（　　　）。

  A. 税前工程造价   B. 分包工程人工费

C. 分包工程造价　　　　　　　　　D. 定额人工费

208. 房屋建筑工程"总承包服务费"的计算基础是(　　)。

A. 分包工程造价　　　　　　　　　B. 分包工程人工费

C. 税前工程造价　　　　　　　　　D. 定额人工费

209. 承包人采购材料的采购及保管费率为(　　)。

A. 2%　　　　B. 0.8%　　　　C. 0.6%　　　　D. 0.5%

210. 承包人采购预拌商品混凝土及商品湿拌砂浆的采购及保管费率为(　　)。

A. 2%　　　　B. 0.8%　　　　C. 0.6%　　　　D. 0.5%

211. 发包人提供的预拌商品混凝土及商品湿拌砂浆等的采购及保管费率为(　　)。

A. 0.00　　　　B. 0.8%　　　　C. 0.6%　　　　D. 0.5%

212. 增值税的计算基础是(　　)。

A. 定额直接工程费　　　　　　　　B. 定额人工费与定额施工机具使用费之和

C. 增值税税额　　　　　　　　　　D. 税前造价

213. 城市维护建设税、教育费附加、地方教育附加合称(　　)。

A. 增值税　　　　B. 营业税　　　　C. 附加税　　　　D. 附加费

214. 附加税的计算基础是(　　)。

A. 定额直接工程费　　　　　　　　B. 定额人工费与定额施工机具使用费之和

C. 增值税税额　　　　　　　　　　D. 税前造价

215. 环境保护税的计算方法是(　　)。

A. 按实计算　　　　　　　　　　　B. 按施工合同规定计算

C. 按规定的税率计算　　　　　　　D. 按单位工程建筑面积计算

216. 计算工程费用时,无论按"一般计税法"还是按"简易计税方法"计算税金,税费标准不因工程所在地不同而发生变化的是(　　)。

A. 增值税　　　　B. 附加税　　　　C. 营业税　　　　D. 环境保护税

217. 单栋或群体房屋建筑具有不同使用功能时,按照主要使用功能(　　)确定工程费用标准。

A. 工程造价高者　　　　　　　　　B. 建筑面积大者

C. 施工难度大者　　　　　　　　　D. 建筑工期长者

218. 工业建筑相连的附属生活间、办公室等,按(　　)确定工程费用标准。

A. 工程造价高者　　　　　　　　　B. 建筑面积大者

C. 房屋建筑工程　　　　　　　　　D. 该工业建筑

219. 使用计价定额,如果执行本专业工程计价定额时缺项需要借用其他专业定额子目时,借用定额综合单价(　　)。

A. 不作调整　　　　　　　　　　　B. 按借用专业工程费用标准调整

C. 人工调整,其他不变　　　　　　D. 人工、机械调整,其他不变

220. 组织措施费、安全文明施工费、建设工程竣工档案编制费、规费以(　　)为对象确定工程费用标准。

A. 建设项目　　B. 单项工程　　C. 单位工程　　D. 分部工程

221. 本专业工程借用其他专业工程定额子目,计算"组织措施费"时,按(　　)的原则纳

入本专业工程进行取费。

    A.分别计算   B.以主代次

    C.借用专业工程费用标准为主   D.按施工合同约定

222.受委托编制的工程量清单,其封面应有造价工程师签字、盖章以及(   )盖章。

    A.监理人   B.造价签订机构

    C.委托单位   D.工程造价咨询人

223.其他项目清单应包括下列中的(   )。

    A.夜间施工增加   B.安全文明施工费

    C.计日工   D.其他风险费

224.由暂列金额、暂估价、计日工和总承包服务费组成的其他项目费不包括下列中的(   )。

    A.二次搬运费   B.人工费   C.企业管理费   D.利润

225.市政安装工程计算企业管理费、组织措施费、利润、规费和风险费的费用计算基础是(   )。

    A.定额人工费

    B.定额直接工程费

    C.定额人工费与定额材料费之和

    D.定额人工费与定额施工机具使用费之和

226.下列专业工程中,以"定额人工费与定额施工机具使用费之和"作为"建设工程竣工档案编制费"计算基础的是(   )。

    A.幕墙工程   B.园林绿化工程

    C.构筑物工程   D.房屋单拆除工程

227.下列专业工程中,以"定额人工费"作为"建设工程竣工档案编制费"计算基础的是(   )。

    A.幕墙工程   B.房屋建筑工程

    C.构筑物工程   D.房屋建筑修缮工程

228.生产工人停工、窝工按相应专业综合单价计算,综合费用按(   )计算,除税金外不再计取其他费用,人工费市场价差单调。

    A.5%   B.10%   C.15%   D.20%

229.施工单位为了加强对单位工程施工成本的管理而编制(   )。

    A.概算   B.预算   C.施工图预算   D.施工预算

230.施工预算一般以(   )为对象,分部、分层、分段编制。

    A.单位工程   B.单项工程   C.施工班组   D.分部工程

231.施工预算与施工图预算之间的对照比较,称作(   )。

    A.指标分析   B."两算"对比   C.成本核算   D.考核

232.施工单位依据承包合同和已完工程量,按照规定的程序向建设单位计取工程价款的经济活动是下列各项中的(   )。

    A.工程结算   B.进度结算   C.竣工决算   D.决算

233.在开工以前,发包人按照合同约定,预先支付给承包人用于购买合同工程施工所需的材料、工程设备,以及组织施工机械和人员进场等的款项,称作(　　　)。

    A.进度款　　　　　　B.预付款　　　　　　C.工程款　　　　　　D.合同款

234.为了保证工程施工的正常进行,发包人(甲方)根据合同的约定和有关规定,按工程的形象进度按时支付的工程款是(　　　)。

    A.预付款　　　　　　B.工程进度款　　　　C.决算款　　　　　　D.备料款

235.下列各式中,预付款的起扣点的计算公式是(　　　)。

    A.起扣点=工程备料款额度×工程合同价款

    B.起扣点=承包工程合同价款-工程备料款数额/主要材料费比例

    C.起扣点=承包工程合同价款-工程备料款额度/主要材料费比例

    D.起扣点=1-(工程备料款数额/主要材料费比例)×100%

236.(　　　)是指施工企业按照合同规定全部完成所承包的工程,经质量验收合格,并符合合同要求之后,向发包单位进行的最终工程价款结算。

    A.进度结算　　　　　B.竣工决算　　　　　C.合同结算　　　　　D.竣工结算

237.(　　　)是指工程竣工后,由建设单位编制的综合反映竣工项目从筹建开始到竣工交付使用为止全过程的全部实际支出费用的经济文件。

    A.建设项目竣工决算　　　　　　　　　B.建设项目竣工结算

    C.竣工验收价格　　　　　　　　　　　D.单位工程竣工成本结算

【下列题目(238~273)按《建筑工程建筑面积计算规范》(GB/T 50353—2013)的规定作答】

238.建筑面积应按建筑物(　　　)计算。

    A.外墙边线　　　　　　　　　　　　　B.外墙中心线

    C.外墙结构外边线　　　　　　　　　　D.内墙外边线

239.建筑物各层平面中直接为生产或生活使用的面积之和,称为(　　　)。

    A.建筑面积　　　　　B.使用面积　　　　　C.辅助面积　　　　　D.结构面积

240.建筑物各层平面中直接为辅助生产或辅助生活所占净面积之和,称为(　　　)。

    A.辅助面积　　　　　B.使用面积　　　　　C.建筑面积　　　　　D.结构面积

241.建筑物各层平面中的墙、柱等结构所占面积的总和,称为(　　　)。

    A.辅助面积　　　　　B.使用面积　　　　　C.结构面积　　　　　D.建筑面积

242.单层建筑物的建筑面积,应按其外墙勒脚以上(　　　)水平面积计算。

    A.结构外围　　　　　B.构造外围　　　　　C.装饰外围　　　　　D.墙砖外围

243.建筑物结构层高度为(　　　),应计算全面积。

    A.2.1 m　　　　　　B.2.1 m 及以上　　　C.2.2 m　　　　　　D.2.2 m 及以上

244.建筑物结构层高在(　　　)以下的,应计算1/2 面积。

    A.2.1 m　　　　　　B.2.2 m　　　　　　C.2.3 m　　　　　　D.2.4 m

245.形成建筑空间的坡屋顶,结构净高(　　　)的部位应计算全面积。

    A.在 2.10 m 及以上　　　　　　　　　B.在 2.10 m 以下

    C.在 2.20 m 及以上　　　　　　　　　D.在 2.20 m 以下

246.形成建筑空间的坡屋顶,结构净高(　　　)的部位不应计算面积。

A. 在 1.20 m 及以上 　　　　　　　　B. 在 1.20 m 以下

C. 在 2.10 m 及以上 　　　　　　　　D. 在 2.10 m 以下

247. 多层建筑物各层结构层高(　　)应计算全面积。

A. 2.10 m 者 　　　　　　　　　　　B. 在 2.10 m 及以上者

C. 2.20 m 者 　　　　　　　　　　　D. 在 2.20 m 及以上者

248. 多层建筑物内结构层高(　　)应计算 1/2 面积。

A. 在 2.00 m 以下者 　　　　　　　　B. 在 2.10 m 以下者

C. 在 2.20 m 以下者 　　　　　　　　D. 在 2.30 m 以下者

249. 下列中应计算 1/2 面积的是(　　)。

A. 结构层高在 2.20 m 及以上的单层建筑物

B. 设计加以利用,结构净高在 2.1 m 及以上的坡屋顶内空间

C. 结构净高在 1.20 m 以下的坡屋顶内空间

D. 结构层高在 2.20 m 以下的单层建筑物

250. 下列中不计算建筑面积的是(　　)。

A. 结构净高在 1.2 m 及以上的坡屋顶内空间

B. 结构层高不足 2.2 m 的单层建筑物

C. 挑出墙外宽度不足 2.1 m 无柱雨篷

D. 设有局部楼层的建筑物其局部楼层的第二层

251. 围护结构不垂直于水平面的楼层,应按(　　)计算。

A. 其顶板面的外墙外围水平面积

B. 其底板面的外墙外围水平面积

C. 其顶、底板外墙的平均中线所围成的水平面积

D. 1/2 外围水平面积

252. 建筑物的(　　)应并入建筑物的自然层计算建筑面积。

A. 雨篷 　　　　B. 室外楼梯 　　　　C. 电梯井 　　　　　　D. 车棚

253. 建筑物的(　　)应按其水平投影面积的 1/2 计算。

A. 在主体结构内的阳台 　　　　　　B. 在主体结构外的阳台

C. 雨篷 　　　　　　　　　　　　　D. 全部阳台

254. 无柱雨篷的结构外边线至外墙结构外边线的宽度在(　　)者,应按雨篷结构板的水平投影面积的 1/2 计算建筑面积。

A. 1.90 m 及以上 　　　　　　　　　B. 2.00 m 及以上

C. 2.20 m 及以上 　　　　　　　　　D. 2.30 m 及以上

255. 建筑物的(　　)应按其水平投影面积的 1/2 计算。

A. 装饰性阳台 　　B. 装饰性幕墙 　　C. 雨篷 　　　　　　D. 室外楼梯

256. 无围护结构的车棚、货棚、站台、加油站、收费站等,按其顶盖水平投影面积的 1/2 计算建筑面积的先决条件是(　　)。

A. 有顶盖 　　　　B. 无顶盖 　　　　C. 有围护设施 　　　　D. 无围护设施

257. 有顶盖无围护结构的车棚、货棚、站台、加油站、收费站等,应按其(　　)水平投影面积的 1/2 计算。

A. 顶盖   B. 底板   C. 围护结构   D. 外墙

258. 以幕墙作为( )的建筑物,应按幕墙外边线计算建筑面积。

    A. 装饰结构   B. 结构   C. 围护结构   D. 外边线

259. 建筑物外墙外保温层,应按其( )水平截面积计算,并入自然层建筑面积。

    A. 装饰层   B. 抹灰层   C. 保温材料   D. 保护层

260. 与室内相通的变形缝,应按其( )合并在建筑物建筑面积内计算。

    A. 自然宽度   B. 自然厚度   C. 自然层   D. 自然长度

261. 下列中应计算建筑面积的是( )。

    A. 2.20 m 高的上料平台   B. 台阶

    C. 屋顶水箱   D. 屋顶水箱间

262. 下列中按 1/2 计算建筑面积的是( )。

    A. 高度 2.2 m 的单层建筑物   B. 屋顶有围护结构的水箱间

    C. 挑出墙面宽度 1.2 m 的无柱雨篷   D. 门廊

263. 下面各项中不计算建筑面积的是( )。

    A. 室外爬梯   B. 与室内相通的变形缝

    C. 室外楼梯   D. 有围护结构的落地橱窗

264. 下面各项中应计算全面积的是( )。

    A. 建筑物之间有围护结构的架空走廊

    B. 有顶盖无围护结构的场馆看台

    C. 层高 2.0 m 的保温门斗

    D. 建筑物内分隔的单层房间、舞台及后台悬挂幕布的挑台

265. 图 10.10 是某车站单排柱站台示意图,其建筑面积应为( ) m²。

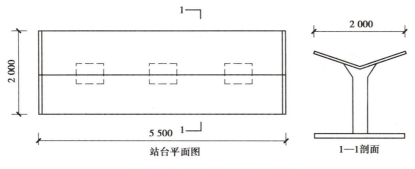

图 10.10 某单排柱站台示意图

    A. 22.00   B. 11.00   C. 5.50   D. 0.00

266. 图 10.10 是某车站单排柱站台示意图,关于其建筑面积正确的说法是( )。

    A. 不计算建筑面积

    B. 按其底板面积的 1/2 计算

    C. 按其顶盖水平投影面积的 1/2 计算

    D. 按其顶盖水平投影面积计算

267. 某 6 层房屋的标准层平面图如图 10.11 所示,墙体厚度均为 240 mm。该房屋主体部分的建筑面积应为( ) m²。

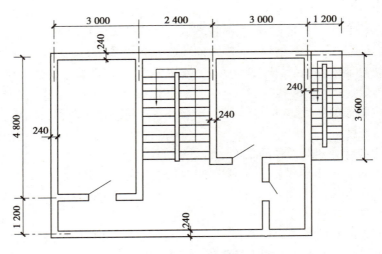

图 10.11　某多层房屋平面示意图

  A. 53. 91　　　　　B. 323. 48　　　　　C. 331. 52　　　　　D. 368. 41

  268. 某6层房屋的标准层平面图如图10.11所示,墙体厚度均为240 mm。室外楼梯附于建筑物的1~5层,该房屋室外楼梯的建筑面积应为(　　)m^2。

  A. 4. 02　　　　　B. 12. 05　　　　　C. 10. 04　　　　　D. 8. 04

  269. 图10.12是某商场门斗、橱窗示意图,如果它们的高度均为3.200 m,则它们的建筑面积之和应为(　　)m^2。

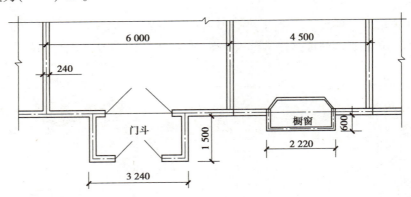

图 10.12　某商场门斗、橱窗示意图

  A. 6. 19　　　　　B. 3. 10　　　　　C. 3. 76　　　　　D. 5. 53

  270. 图10.12是某商场门斗、橱窗示意图,如果它们的高度均为2.00 m,则它们的建筑面积之和应为(　　)m^2。

  A. 6. 19　　　　　B. 3. 10　　　　　C. 3. 76　　　　　D. 5. 53

  271. 图10.12是某商场门斗、橱窗示意图,如果门斗高度2.00 m,橱窗高度2.60 m,则它们的建筑面积之和应为(　　)m^2。

  A. 6. 19　　　　　B. 3. 10　　　　　C. 3. 76　　　　　D. 5. 53

  272. 图10.12是某商场门斗、橱窗示意图,如果门斗高度2.60 m,橱窗高度2.00 m,则它们的建筑面积之和应为(　　)m^2。

A. 6.19　　　　　B. 3.10　　　　　C. 3.76　　　　　D. 5.53

273. 下列有关建筑面积计算规则的叙述中,(　　)是正确的。

A. 建筑物的阳台均应按其水平投影面积的 1/2 计算

B. 建筑物内的设备管道夹层不计算建筑面积

C. 建筑物内的电梯井应按一层计算建筑面积

D. 高度不足 2.2 m 的单层建筑物应计算 1/2 面积

二、判断题

【下列题目(1~22)按建标[2013]44 号文的规定作答】

(　　)1. 建筑安装工程费用项目按费用构成要素划分为人工费、材料费、施工机具使用费、企业管理费、利润、规费和税金。

(　　)2. 建筑安装工程费用项目按造价形成划分为人工费、材料费、施工机具使用费、企业管理费、利润、规费和税金。

(　　)3. 建筑安装工程费按照工程造价形成由分部分项工程费、措施项目费、其他项目费、规费、税金组成。

(　　)4. 奖金是指对超额劳动和增收节支支付给个人的劳动报酬。

(　　)5. 人工费应包括计时工资或计件工资。

(　　)6. 特殊情况下支付的工资应包括因病、工伤、产假、婚丧假、事假、探亲假等支付的工资。

(　　)7. 材料费是指施工过程中耗费的原材料、辅助材料、构配件、零件、半成品或成品、工程设备的费用。

(　　)8. 材料费中所包含的"工程设备",是指施工过程中使用的各种机器、设备。

(　　)9. 运杂费是指材料在运输装卸过程中不可避免的损耗。

(　　)10. 施工机具使用费是指施工作业所发生的施工机械、仪器仪表使用费或其租赁费。

(　　)11. 施工机具使用费是指施工作业所发生的施工机械使用费。

(　　)12. 仪器仪表使用费是指工程施工所使用仪器仪表的摊销及维修费用。

(　　)13. 管理人员工资是指按规定支付给管理人员的计时工资和奖金。

(　　)14. 利润是指施工企业完成所承包工程所获得的盈利。

(　　)15. 税金是指按国家税法规定的应计入建筑安装工程造价的营业税、城市维护建设税、教育费附加。

(　　)16. 分部分项工程费是指各专业工程的分部分项工程应予以列支的各项费用。

(　　)17. 各类专业的分部分项工程划分见现行国家或行业计量规范。

(　　)18. 其他项目费包括暂列金额、计日工和总承包服务费。

(　　)19. 分部分项工程费 = $\sum$(分部分项工程量×综合单价)

(　　)20. 各专业工程计价定额的使用周期原则上为 5 年。

(　　)21. 规费中的社会保险费应包括:养老保险费、失业保险费、医疗保险费、生育保险费、工伤保险费。

(　　)22. 施工企业投标时,可以在建设行政主管部门发布标准的基础上下浮规费和税金,从而使报价更具竞争力。

【下列 23 ~ 78 题为基本知识题】

( )23. 概(预)算的目的是确定和控制工程造价,为了进行人力、物力、财力上的准备工作,以保证工程项目的顺利建成。

( )24. 预算就是施工预算。

( )25. 投资估算是指建设项目在投资决策过程中,对投资数额进行的粗略估算。

( )26. 设计概算是设计文件的重要组成部分,是选择设计方案的重要依据。

( )27. 施工图预算是指施工图设计完成以后,根据图纸、定额编制的确定建筑安装工程造价的经济文件。

( )28. 施工图预算是一般意义上的预算,又称设计预算、工程预算等。

( )29. 施工图预算实质上就是建筑安装工程的最终价格。

( )30. 施工图预算是编制招标标底和投标报价的依据。

( )31. 施工预算是施工前,由施工单位内部在施工图预算控制下编制的预算。

( )32. 施工预算是施工单位编制进度计划、实行内部定额管理、班组核算的依据。

( )33. 竣工结算和竣工决算实质上是同一回事。

( )34. 工程结算是指施工单位依据合同的规定,向建设单位计算和收取工程价款的一项经济活动。

( )35. 单位工程是单项工程的组成部分,是由若干个分部工程组成的。

( )36. 工程竣工后,由建设单位编制的体现建筑安装工程造价的经济文件称为竣工决算。

( )37. 竣工决算是建设单位反映建设项目实际造价和投资效果的文件。

( )38. 竣工决算是由建设与施工单位共同编制完成的经济文件。

( )39. 一个分部工程是由若干个分项工程组成的。

( )40. 工程完工后,发承包双方必须在合同约定的时间内办理工程竣工结算。

( )41. 备料款是施工单位自己筹备的准备购买工程材料和设备的资金。

( )42. 工程备料款 = 工程备料款额度×工程合同价款。

( )43. 随着工程不断进行,材料储备随之不断减少,当其减少到一定的程度时,预收备料款应当陆续扣还,并在工程全部竣工前扣完。

( )44. 分部工程是单项工程的组成部分,是由若干个单位工程组成的。

( )45. 按生产要素可以将预算定额划分为建筑工程定额、安装工程定额、装饰工程定额等六大类。

( )46. 按管理权限可以将工程定额划分为全国统一定额、行业统一定额、地区统一定额、企业定额、补充定额。

( )47. 基础定额包括劳动定额、材料定额和机械台班定额。

( )48. 工程定额是指在正常施工条件下,完成一定计量单位的合格产品所必须消耗的劳动力、材料、机械台班的数量标准。

( )49. 工程定额具有稳定性和时效性。

( )50. 工程定额的稳定性是绝对的。

( )51. 工程定额是确定工程投资、工程造价和选择及优化设计方案的依据。

（　　）52. 工程定额是编制施工图预算的唯一依据。

（　　）53. 工程定额从内容表现形式上，可分为计量定额和计价定额。

（　　）54. 施工定额是施工企业直接用于施工管理的一种定额，是施工企业进行内部经济核算，控制成本与原材料消耗的依据。

（　　）55. 施工定额的水平是平均先进水平。

（　　）56. 施工定额属于企业定额，因此它的水平是平均水平。

（　　）57. 劳动定额有两种基本表现形式：时间定额和产量定额。

（　　）58. 砌筑 1 m^3 一砖墙的时间定额是 1.04 工日／m^3，则产量定额为 0.962 m^3／工日。

（　　）59. 材料消耗量＝材料净用量×（1－材料损耗率）。

（　　）60. 时间定额与产量定额在数值上互为倒数。

（　　）61. 安装刀型开关的时间定额是 2 套／工日，产量定额是 0.5 工日／套。

（　　）62. 预算定额的水平是平均先进水平。

（　　）63. 预算定额包括了为完成某分项工程或结构构件的全部工序内容。

（　　）64. 预算定额中的基本用工包括完成单位合格产品所需要的主要用工量。

（　　）65. 国家现行定额规定的人工幅度差系数为 15%～20%。

（　　）66. 主要材料指构成工程实体的材料。

（　　）67. 构成工程实体，但使用比例较小的材料称为次要（零星）材料。

（　　）68. 周转性材料是按多次使用，分次摊销的方式计入预算定额的。

（　　）69. 预算定额的基价＝人工费＋材料费＋机械费

（　　）70. 预算定额材料费＝$\sum$（材料消耗量×材料原价）

（　　）71. 计价定额是编制和审查建筑工程概、预算，确定工程造价的依据。

（　　）72. 预算定额的关键内容是定额表格的内容，而说明与工作内容是无关紧要的形式。

（　　）73. 无论什么条件，工程定额的应用可以统一为：工程量×定额单价。

（　　）74. 预算定额换算的基本思路可以概括为：换算后的基价＝原定额基价＋换入费用－换出费用。

（　　）75. 计算工程量时，工作内容、范围必须与计价定额中相应的规定一致。

（　　）76. 计算工程量必须与计价定额规定的计量单位一致。

（　　）77. 计算工程量必须与项目经理的要求一致。

（　　）78. 工程量计算规则必须与现行计量规范的规定相一致。

【下列题目（79～95）按《建筑工程建筑面积计算规范》（GB/T 50353—2013）的规定作答】

（　　）79. 建筑面积是建筑物各层外墙结构外边线围成的水平面积之和。

（　　）80. 单层建筑物的建筑面积，应按外墙外边线计算。

（　　）81. 单层建筑物结构层高达到 2.20 m 以上者，才能计算全面积。

（　　）82. 多层建筑坡屋顶内，应计算全面积。

（　　）83. 建筑物架空层，结构层高在 2.20 m 以上时，应计算全面积。

（　　）84. 某建筑物的门厅层高为 9.00 m，应至少按 3 层计算建筑面积。

（　　）85. 建筑物间有围护结构的架空走廊，应按其围护结构外围水平面积计算建筑面积。

（　　）86. 有顶盖无围护结构的场馆看台应按其顶盖水平投影面积的1/2计算建筑面积。

（　　）87. 有柱雨篷应按其结构板的水平投影面积的1/2计算建筑面积。

（　　）88. 室外楼梯，应按其水平投影面积计算建筑面积。

（　　）89. 建筑物的阳台应按其水平投影面积的1/2计算建筑面积。

（　　）90. 在主体结构以内的阳台，应按其结构底板水平投影面积计算全面积。

（　　）91. 在主体结构以外的阳台按其结构水平投影面积计算全面积。

（　　）92. 有幕墙的建筑物，应按幕墙外边线计算建筑面积。

（　　）93. 建筑物通道不计算建筑面积。

（　　）94. 建筑物的设备层、管道层、避难层，不应计算建筑面积。

（　　）95. 建筑物的飘窗、勒脚、台阶、装饰性幕墙、宽度在2.10 m以内的雨篷按1/2计算建筑面积。

【下列题目（96～135）根据《房屋建筑与装饰工程工程量计算规范》（GB 50854—2013）、《建设工程工程量清单计价规范》（GB 50500—2013）、《重庆市房屋建筑及装饰工程计价定额》（CQJZZSDE—2018）、《重庆市建设工程费用定额》（CQFYDE—2018）的规定作答】

（　　）96. 使用国有资金投资的建设工程发承包，必须使用工程量清单计价。

（　　）97. 措施项目中的安全文明施工费不得作为竞争性费用。

（　　）98. 招标工程量清单必须作为招标文件的组成部分，其准确性和完整性应由招标人和投标人共同负责。

（　　）99. 分部分项工程量清单必须根据国家计量规范及本市计量规则的项目编码、项目名称、项目特征、计量单位和工程量计算规则进行编制。

（　　）100. 按照《重庆市建设工程工程量清单计价规则》（2013）的规定，招标人必须在开标前5天公布招标控制价。

（　　）101. 投标报价不得低于工程成本。

（　　）102. 投标人可以根据工程实际情况，对招标工程量清单项目进行增减调整。

（　　）103. 投标总价应当与分部分项工程费、措施项目费、其他项目费和规费、税金的合计金额一致。

（　　）104. 实行工程量清单计价的工程，应采用总价合同。

（　　）105. 工程造价文件的编制与核对，应由具有相应专业资格的工程造价人员承担。

（　　）106. 投标人的投标价应由投标人或受其委托具有相应资质的工程造价咨询人编制。

（　　）107. "项目编码"是分部分项工程和措施项目清单名称的阿拉伯数字标识。

（　　）108. 载明建设工程分部分项工程项目、措施项目、其他项目的名称和相应数量以及规费、税金项目等内容的明细清单称为"招标工程量清单"。

（　　）109. "综合单价"是指完成一个规定清单项目所需的人工费、材料费和工程设备费、施工机具使用费和企业管理费、利润以及一定范围内的风险费用。

（　　）110. "项目特征"，是指构成分部分项工程项目、措施项目自身价值的本质特征。

（　）111. 取得全国建设工程造价员资格证书,在一个单位注册、从事建设工程造价活动的专业人员称为"造价员"。

（　）112. 建设工程计价,必须按工程量计量规则进行工程计量。

（　）113. 计算汇总工程量时,以"t"为单位,应保留小数点后 3 位数字,第 4 位小数四舍五入。

（　）114. 计算汇总工程量时,以"m、m²、m³、kg"为单位,应保留整数。

（　）115. 施工技术措施项目只能按"项"为计量单位列项。

（　）116. 工程量清单的项目编码,应采用 12 位阿拉伯数字表示,统一按国家计量规范的规定设置。

（　）117. "混凝土模板及支架"属于组织措施。

（　）118. "安全文明施工费"属于组织措施。

（　）119. 平整场地工程量按设计图示以建筑物首层面积计算。

（　）120. 现浇混凝土楼梯工程量只能按水平投影面积以平方米计算。

（　）121. 现浇混凝土台阶工程量可以按设计图示尺寸水平投影面积(m^2)计算。

（　）122. "块料楼地面"工程量按设计图示尺寸以面积计算。门洞、空圈、暖气包槽、壁龛的开口部分不增加面积。

（　）123. "墙面抹灰"按设计图示尺寸以面积计算,扣除单个面积$\geqslant 0.3$ m^2 的孔洞面积。

（　）124. "砖砌体拆除"工程量既可以按 m^3,也可以按 m 计量。

（　）125. 计算混凝土工程量时,有梁板的柱高,应以基础底面(或楼板底面)至上一层楼板上表面高度计算。

（　）126. 梁的混凝土工程量按设计断面乘以长度以 m^3 计算。梁与柱连接时,梁长算至柱侧面。

（　）127. 无梁板的混凝土工程量,按板的面积乘以厚度以 m^3 计算。

（　）128. 计算构造柱混凝土工程量时,"马牙槎"的体积不包括在内。

（　）129. 计算土石方工程量时,余方运输体积=挖方体积-回填方体积。

（　）130. HPB300 级钢筋的端部应留设 180°的弯钩,每个弯钩增加长度为 $6.25d$。

（　）131. 受力筋外边缘至混凝土表面的距离称为钢筋的混凝土保护层。

（　）132. 钢筋工程量=钢筋长度×钢筋每米理论质量

（　）133. 承包人应将预付款专用于合同工程。

（　）134. 发包人应在预付款扣完后的 15 天内将预付款保函退还给承包人。

（　）135. 招标人应在发布招标文件时公布招标控制价。

（　）136. 措施项目费划分为技术措施项目费和组织措施项目费。

（　）137. 风险费是指一般风险费和其他风险费。

（　）138. 水平钢筋,$\phi 10$ 以内的钢筋每 12 m 计算一个接头;$\phi 10$ 以上的钢筋每 9 m 计算一个接头。

（　）139. 人工土石方工程不计算一般风险费。

（　）140. 踢脚线按主墙间净长以延长米计算,但应扣除洞口及空圈长度。

（　）141. 卷材防水、涂料防水屋面按设计图示面积以"m^2"计算。

(　　)142. 刚性防水屋面按设计图示面积以"m²"计算。

(　　)143. 外墙面抹灰工程量应按设计结构尺寸面积以"m²"计算。

(　　)144. 某房屋基础开挖,底长 25 m,底宽 2 m,深度 1.2 m,应该执行基坑项目。

(　　)145. 平整场地是指厚度在±500 mm 以内的就地挖、填找平工作。

(　　)146. 凡能按《建筑面积计算规范》计算建筑面积的建筑工程,其脚手架均按综合脚手架项目计算。

(　　)147. 计价定额规定,综合脚手架按《建筑面积计算规范》规定的计算规则计算其工程量。

(　　)148. 计算墙体工程量时,设计厚度 120 mm 的墙体,应按计算厚度 115 mm 计算其体积。

(　　)149. 钢筋工程量按设计图示钢筋长度乘以理论质量以"t"计算。

(　　)150. 计算钢筋工程量时,竖向钢筋接头按自然层计算。

三、多项选择题

【基本知识题】

1. 工程造价具有(　　　)和兼容性等特点。

   A. 大额性　　　　　　　　B. 个别性和差异性　　　　　　C. 动态性

   D. 科学性　　　　　　　　E. 层次性

2. 根据工程建设的开展阶段,工程概(预)算可以分为投资估算、(　　　　)。

   A. 设计概算　　　　　　　B. 招标控制价　　　　　　　　C. 施工图预算

   D. 投标报价　　　　　　　E. 施工预算

3. 建设工程项目具有(　　　)的特点。

   A. 盈利大　　　　　　　　B. 单件性　　　　　　　　　　C. 体积大

   D. 生产周期长　　　　　　E. 价值高

4. 根据我国现行有关规定,建设项目一般分解为若干(　　　　)等。

   A. 单项工程　　　　　　　B. 单位工程　　　　　　　　　C. 分部工程

   D. 分项工程　　　　　　　E. 主体工程

5. 一般而言,根据使用单价的变化,施工图预算的编制方法有(　　　　)。

   A. 自己编制　　　　　　　B. 委托编制　　　　　　　　　C. 工料单价法

   D. 综合单价法　　　　　　E. 计算机编制法

6. 按照综合单价综合的内容不同,综合单价可分为(　　　　　)。

   A. 招标控制价　　　　　　B. 投标报价　　　　　　　　　C. 行业定价

   D. 全费用综合单价　　　　E. 清单综合单价

7. 工程定额的性质包括下列中的(　　　　)。

   A. 科学性　　　　　　　　B. 市场性　　　　　　　　　　C. 系统性

   D. 指导性　　　　　　　　E. 稳定性与实效性

8. 按照生产要素,工程定额分类为(　　　　)。

   A. 劳动定额　　　　　　　B. 材料消耗定额　　　　　　　C. 机械台班定额

   D. 企业定额　　　　　　　E. 补充定额

9. 按照定额的编制程序和用途,将工程定额划分为施工定额、(　　　　)和投资估算指标。

A. 人工定额　　　　　　　B. 预算定额　　　　　　　C. 概算定额

D. 概算指标　　　　　　　E. 通用安装定额

10. 按适用专业将工程定额分类为(　　)、仿古建筑及园林定额、修缮工程定额等。

A. 建设工程定额　　　　　B. 行业统一定额　　　　　C. 通用安装工程定额

D. 装饰工程定额　　　　　E. 市政工程定额

11. 按主编单位和管理权限将工程定额分类为(　　)、企业定额、补充定额等。

A. 冶金工程定额　　　　　B. 铁道工程定额　　　　　C. 全国统一定额

D. 行业统一定额　　　　　E. 地区统一定额

12. 施工定额内容主要由(　　)组成。

A. 劳动定额　　　　　　　B. 班组定额　　　　　　　C. 土石方定额

D. 材料定额　　　　　　　E. 机械台班定额

13. 劳动定额的基本表现形式有(　　)。

A. 时间定额　　　　　　　B. 产量定额　　　　　　　C. 机械台班定额

D. 材料消耗定额　　　　　E. 人工定额

14. 下列关于定额的叙述,(　　)是正确的。

A. 施工定额的水平是平均先进水平

B. 预算定额的水平是平均水平

C. 时间定额和产量定额互为倒数,其和等于1

D. 一个工人工作8小时为1工日

E. 施工定额是直接用于施工管理的一种定额

15. 计价定额的材料消耗量可分为(　　)。

A. 主要材料　　　　　　　B. 材料净用量　　　　　　C. 材料损耗率

D. 材料损耗量　　　　　　E. 辅助材料

16. 预算定额中人工消耗量由基本用工和其他用工两部分组成。其他用工一般包括(　　)。

A. 技术工　　　　　　　　B. 辅助用工　　　　　　　C. 平工

D. 超运距用工　　　　　　E. 人工幅度差用工

17. 预算定额材料按其使用性质、用途和用量划分为(　　)。

A. 主要材料　　　　　　　B. 辅助材料　　　　　　　C. 电工材料

D. 周转性材料　　　　　　E. 次要材料

18. 工程计价活动中,通常所称的"三量"是指(　　)。

A. 人工消耗量　　　　　　B. 材料净用量　　　　　　C. 材料消耗量

D. 机械台班消耗量　　　　E. 材料损耗量

19. 计价定额通常分为许多章,其中每章内容包括(　　)。

A. 配合比表　　　　　　　B. 说明　　　　　　　　　C. 工程量计算规则

D. 综合解释　　　　　　　E. 定额项目表

20. 计价定额的使用方法,一般可包括(　　)等情况。

A. 直接套用　　　　　　　B. 间接使用　　　　　　　C. 换算使用

D. 综合使用　　　　　　　E. 编制补充定额

21. 工程量是以（   ）所表示的各分项工程或结构构件的实物数量。
    A. 法定计量单位　　　　　　B. 辅助计量单位　　　　　　C. 物理计量单位
    D. 化学计量单位　　　　　　E. 自然计量单位

22. 下列（   ）属于物理计量单位。
    A. 套　　　　　　　　　　　B. m　　　　　　　　　　　C. kg
    D. 个　　　　　　　　　　　E. m³

23. 下列（   ）属于自然计量单位。
    A. 台　　　　　　　　　　　B. t　　　　　　　　　　　C. m
    D. 组　　　　　　　　　　　E. 个

24. 计算工程量过程中应遵循的基本要求包括（   ）。
    A. 工作内容与范围必须与定额中相应的规定一致
    B. 工程量计量单位必须与定额规定的计量单位一致
    C. 工程量计算规则必须与现行定额要求一致
    D. 工程量计算式力求简单明了，按一定顺序排列
    E. 必须严格使用统一书写格式

【下列题目（25～44）根据建标〔2013〕44号文的规定作答】

25. 建筑安装工程费按照费用构成要素划分：由人工费、（   ）、利润、规费和税金组成。
    A. 直接费　　　　　　　　　B. 材料费　　　　　　　　　C. 施工机具使用费
    D. 施工机械费　　　　　　　E. 企业管理费

26. 人工费、材料费、施工机具使用费、企业管理费和利润包含在（   ）中。
    A. 综合单价　　　　　　　　B. 分部分项工程费　　　　　C. 措施项目费
    D. 其他项目费　　　　　　　E. 直接工程费

27. 人工费内容包括：（   ）和特殊情况下支付的工资。
    A. 计时工资或计件工资　　　B. 奖金　　　　　　　　　　C. 津贴补贴
    D. 加班加点工资　　　　　　E. 基本工资

28. 材料费是指施工过程中耗费的原材料、辅助材料、构配件、零件、半成品或成品、工程设备的费用，内容包括（   ）。
    A. 材料原价　　　　　　　　B. 运杂费　　　　　　　　　C. 运输损耗费
    D. 采购及保管费　　　　　　E. 检验试验费

29. 施工机具使用费包括（   ）。
    A. 塔吊费　　　　　　　　　B. 搅拌机费　　　　　　　　C. 施工机械使用费
    D. 测量仪器费　　　　　　　E. 仪器仪表使用费

30. 施工机械使用费包括下列中的（   ）。
    A. 折旧费　　　　　　　　　B. 租赁费　　　　　　　　　C. 保管费
    D. 大修费　　　　　　　　　E. 燃料动力费

31. 下列选项中的（   ）不属于企业管理费。
    A. 办公费　　　　　　　　　B. 临时设施费　　　　　　　C. 工具用具使用费
    D. 工程排污费　　　　　　　E. 夜间施工费

32. 社会保险费包括下列中的(　　)。
    A. 养老保险费　　　　　　　B. 失业保险费　　　　　　　C. 财产保险费
    D. 危险作业以外伤害保险　　E. 工伤保险费

33. 规费是指按国家法律、法规规定,由省级政府和省级有关权力部门规定必须缴纳或计取的费用,包括(　　)。
    A. 住房公积金　　　　　　　B. 社会保险费　　　　　　　C. 工程排污费
    D. 按实计算费用　　　　　　E. 高温补贴费

34. 特殊情况下支付的工资包括下列中的(　　)。
    A. 病假工资　　　　　　　　B. 探亲假工资　　　　　　　C. 高温补贴费
    D. 夜间施工费　　　　　　　E. 产假工资

35. 建筑安装工程费按造价形成划分,由(　　)、税金所组成。
    A. 人工费　　　　　　　　　B. 分部分项工程费　　　　　C. 其他项目费
    D. 规费　　　　　　　　　　E. 措施项目费

36. 下列各项中,包含人工费、材料费、施工机具使用费、企业管理费和利润的是(　　)。
    A. 分部分项工程费　　　　　B. 措施项目费　　　　　　　C. 其他项目费
    D. 规费　　　　　　　　　　E. 税金

37. 措施项目费包括下列中的(　　)。
    A. 安全文明施工费　　　　　B. 二次搬运费　　　　　　　C. 脚手架费
    D. 临时设施费　　　　　　　E. 工程定位复测费

38. 下列中的(　　)属于措施项目费。
    A. 夜间施工费　　　　　　　B. 脚手架费　　　　　　　　C. 特殊地区施工增加费
    D. 总承包服务费　　　　　　E. 冬雨季施工增加费

39. 安全文明施工费包括(　　)。
    A. 已完工程及设备保护费　　B. 环境保护费　　　　　　　C. 文明施工费
    D. 安全施工费　　　　　　　E. 临时设施费

40. 其他项目费包括(　　)。
    A. 二次搬运费　　　　　　　B. 暂列金额　　　　　　　　C. 计日工
    D. 总承包服务费　　　　　　E. 规费

41. 下列叙述中的(　　)是正确的。
    A. 人工费=工日消耗量×日工资单价
    B. 材料费=材料消耗量×材料单价
    C. 材料单价=[(材料原价+运杂费)×(1+运输损耗率)]×(1+采购保管费率)
    D. 施工机械使用费=(施工机械台班消耗量×机械原价)
    E. 仪器仪表使用费=工程使用的仪器仪表摊销费+维修费

42. 税金是指国家税法规定的应计入建筑安装工程造价内的(　　)。
    A. 营业税　　　　　　　　　B. 印花税　　　　　　　　　C. 城市维护建设税
    D. 教育费附加　　　　　　　E. 地方教育附加

43. 下列中的(　　)属于人工费中的津贴补贴。
    A. 流动施工津贴　　　　　　B. 夜间施工费　　　　　　　C. 加班加点工资

D. 高空津贴　　　　　　　　　E. 特殊地区施工津贴

44. 材料的采购及保管费包括(　　　)。

A. 采购费　　　　　　　　B. 运输损耗费　　　　　　　　C. 仓储费

D. 工地保管费　　　　　　E. 仓储损耗

【下列题目(45～61)按《建筑工程建筑面积计算规范》(GB/T 50353—2013)的规定作答】

45. 下列中的(　　　)应计算1/2面积。

A. 结构层高2.20 m以下的平顶建筑物

B. 坡屋顶内结构净高在1.20 m以下的部位

C. 主体结构以外的阳台

D. 与室内相通的变形缝

E. 有柱雨篷

46. 下列中的(　　　)不应计算建筑面积。

A. 骑楼　　　　　　　　　B. 露台　　　　　　　　C. 飘窗

D. 建筑物内的管道层　　　E. 室外专用消防钢梯

47. 建筑面积是建筑物(包括墙体)所形成的楼地面面积。包括(　　　)。

A. 客厅面积　　　　　　　B. 使用面积　　　　　　　C. 阳台面积

D. 辅助面积　　　　　　　E. 结构面积

48. 建筑面积具有下列作用(　　　)。

A. 是基本建设投资、可行性研究、建设项目勘察设计、建设项目评估、建筑工程施工和
竣工验收、建筑工程造价管理过程中一系列工作的重要指标

B. 是计算开工面积、竣工面积、优良工程率等重要指标的依据

C. 是计算单位面积造价、人工单耗指标、材料单耗指标、工程量单耗指标的依据

D. 是计算总承包服务费的依据

E. 是计算有关分项工程量的依据

49. 下列选项中应计算全面积的是(　　　)。

A. 结构层高在2.20 m及以上的单层建筑物

B. 结构层高在2.10 m以上的多层建筑物

C. 坡屋顶结构净高超过2.10 m部分

D. 建筑物内的通道和骑楼

E. 建筑物顶部结构层高2.20 m的有围护结构的楼梯间

50. 下列中应计算1/2面积的是(　　　)。

A. 主体结构以外的阳台

B. 有顶盖无围护结构的场馆看台

C. 挑出墙外宽度大于2.1 m的无柱雨篷

D. 高度在2.20 m及以上的单层建筑物

E. 屋顶水箱、花架、凉棚、露台、露天游泳池

51. 下列中不应计算建筑面积的是(　　　)。

A. 屋顶水箱　　　　　　　B. 建筑物内的通道　　　　　　　C. 封闭的阳台

D. 露台　　　　　　　　　　　　E. 建筑物内的操作平台

52. 下列中应计算1/2面积的是(　　　)。

A. 挑出墙外宽度不足2.1 m的无柱雨篷

B. 建筑物内的设备管道夹层

C. 建筑物内的变形缝

D. 有顶盖无围护结构的车棚、货棚

E. 在主体结构内的阳台

53. 下列中不应计算建筑面积的是(　　　)。

A. 门斗　　　　　　　　　B. 骑楼　　　　　　　　　　C. 室内操作平台

D. 室外操作平台　　　　　E. 露台

54. 建筑物内的(　　　)应并入建筑物的自然层计算建筑面积。

A. 电梯井　　　　　　　　B. 烟道　　　　　　　　　　C. 操作平台

D. 管道井　　　　　　　　E. 提物井

55. 下列说法中,正确的有(　　　)。

A. 设有局部楼层的单层建筑物,局部楼层的第一层不应计算建筑面积

B. 结构层高2.20 m的单层建筑物不应计算建筑面积

C. 骑楼、过街楼底层的开放公共空间不应计算建筑面积

D. 结构层高6.00 m的建筑物的门厅,应按两层计算建筑面积

E. 室外楼梯不应计算建筑面积

56. 满足条件(　　　)的凸(飘)窗,应按其围护结构外围水平面积计算1/2面积。

A. 窗台与室内楼地面高差在0.45 m以上

B. 窗台与室内楼地面高差在0.45 m以下

C. 窗台与室内楼地面高差等于0.45 m

D. 结构净高在2.10 m以上

E. 结构净高在2.10 m以下

57. 下列关于建筑面积计算的描述中正确的是(　　　)。

A. 形成建筑空间的坡屋顶结构净高≥2.10 m的部位应计算全面积

B. 形成建筑空间的坡屋顶结构净高≥2.20 m的部位应计算全面积

C. 地下室的采光井不应计算建筑面积

D. 有顶盖的采光井应按一层计算面积

E. 建筑物的阳台均应按1/2计算建筑面积

58. 下列关于建筑面积计算的叙述中,(　　　)是正确的。

A. 建筑物的门廊不应计算建筑面积

B. 门廊应按其顶板水平投影面积的1/2计算建筑面积

C. 橱窗不应计算建筑面积

D. 有围护设施的室外走廊,应按其结构底板水平投影面积计算1/2面积

E. 场馆看台下的建筑空间不应计算建筑面积

59. 建筑物之间的架空走廊,计算全面积应满足的条件包括下列中的(　　　)。

A. 有顶盖　　　　　　　　B. 有围护设施　　　　　　　C. 有围护结构

D. 无顶盖　　　　　　　　E. 结构净高 2.20 m 及以上

60. 下列说法中,错误的是( )。

 A. 建筑顶部的水箱应计算全面积

 B. 无柱雨篷应按雨篷结构板的水平投影面积的 1/2 计算建筑面积

 C. 建筑物通道不应计算建筑面积

 D. 无围护结构的观光电梯应计算 1/2 面积

 E. 建筑物架空层应按其顶板水平投影面积计算建筑面积

61. 露台须同时满足下列条件中的( )。

 A. 设置在屋面、地面或雨篷顶　B. 有围护结构　　　　　C. 可出入

 D. 有围护设施　　　　　　　　E. 无盖

【下列题目(62~86)除有具体要求的题目外,均根据《房屋建筑与装饰工程工程量计算规范》(GB 50854—2013)和《建设工程工程量清单计价规范》(GB 50500—2013)、《重庆市房屋建筑与装饰工程计价定额》(CQJZZSDE—2018)、《重庆市建设工程费用定额》(CQFYDE—2018)的规定作答】

62. 工程量计算时每一项目汇总的有效位数应遵守下列规定:( )。

 A. 以"t"为单位,应保留小数点后 3 位数字,第 4 位小数四舍五入

 B. 以"m""m²""m³""kg"为单位,应保留小数点后 2 位数字,第 3 位小数四舍五入

 C. 以"t"为单位,应保留小数点后 2 位数字,第 3 位小数四舍五入

 D. 以"个""件""根""组""系统"为单位,应保留 1 位小数,第 2 位小数四舍五入

 E. 以"个""件""根""组""系统"为单位,应保留整数

63. 建设工程发承包及实施阶段的工程造价应由( )和税金组成。

 A. 分部分项工程费　　　　B. 直接工程费　　　　　　C. 措施项目费

 D. 其他项目费　　　　　　E. 规费

64. 建设工程计价活动应遵循( )的原则。

 A. 自愿　　　　　　　　　B. 客观　　　　　　　　　C. 公正

 D. 公平　　　　　　　　　E. 仁义

65. 根据计价定额,综合单价中的一般风险范围包括( )。

 A. 一个月内临时停水、停电在工作时间 16 小时以内的停工、窝工损失

 B. 不可抗力影响造成的损失

 C. 建设单位供应材料、设备不及时,造成的停、窝工每月在 8 小时以内的损失

 D. 材料的理论质(重)量与实际质(重)量的差

 E. 材料代用,但不包括建筑材料中钢材的代用

66. 由于下列因素( )出现,影响合同价款的,应由发包人承担相应风险,并调整合同价款。

 A. 国家法律、法规、规章和政策发生变化的

 B. 政府定价或政府指导价管理的原材料价格发生变化的

 C. 省级或行业城乡建设主管部门发布的人工费调整,人工单价高于承包人报价的

 D. 承包人使用施工机械设备造成施工费用增加的

E. 承包人施工技术原因造成施工费用增加的

67. 招标工程量清单是工程量计价的基础,应作为(　　　)、支付工程款、索赔、办理竣工结算等的依据。

    A. 编制招标控制价　　　　　　B. 编制投标报价　　　　　　C. 计算工程量

    D. 工程项目承包　　　　　　　E. 调整合同价款

68. 编制招标工程量清单的依据包括下列中的(　　　)。

    A. 投标时拟订的施工方案　　　　　　　　　　　B. 国家计量规范

    C. 建设工程设计文件及相关资料　　　　　　　　D. 拟订的招标文件

    E. 有关标准、规范、技术资料

69. 招标工程量清单应由(　　　)、规费和税金项目清单组成。

    A. 计日工清单　　　　　　　　B. 分部分项工程量清单　　　　C. 措施项目清单

    D. 其他项目清单　　　　　　　E. 安全文明施工费清单

70. 分部分项工程项目清单必须载明项目编码、(　　　)。

    A. 项目名称　　　　　　　　　B. 项目费用　　　　　　　　　C. 项目特征

    D. 计量单位　　　　　　　　　E. 工程量

71. 其他项目清单应按(　　　)进行列项。

    A. 暂列金额　　　　　　　　　B. 零星用工　　　　　　　　　C. 暂估价

    D. 计日工　　　　　　　　　　E. 总承包服务费

72. 规费项目清单应包括(　　　)。

    A. 社会保险费　　　　　　　　B. 住房公积金　　　　　　　　C. 安全文明施工专项费

    D. 工程排污费　　　　　　　　E. 企业管理费

73. 税金项目清单应包括(　　　)。

    A. 增值税　　　　　　　　　　B. 附加税　　　　　　　　　　C. 印花税

    D. 所得税　　　　　　　　　　E. 环境保护税

74. 工程量清单是载明建设工程(　　　)的名称及相应数量以及规费、税金项目等内容的明细清单。

    A. 单项工程清单　　　　　　　B. 建设项目清单　　　　　　　C. 分部分项工程项目

    D. 措施项目　　　　　　　　　E. 其他项目

75. 措施项目是指为完成工程项目施工,发生于工程施工准备和施工过程中的(　　　)等方面的项目。

    A. 加工　　　　　　　　　　　B. 技术　　　　　　　　　　　C. 生活

    D. 安全　　　　　　　　　　　E. 环境保护

76. 综合单价是指完成一个规定清单项目所需的(　　　)、利润以及一定范围内的风险费用。

    A. 人工费　　　　　　　　　　B. 材料和工程设备费　　　　　C. 施工机具使用费

    D. 安全文明施工费　　　　　　E. 企业管理费

77. 根据《重庆市建设工程工程量清单计价规则》(2013),投标价应满足招标文件的实质性要求,投标人不得以(　　　)为由不计入工程成本,且不得低于成本报价。

    A. 锻炼队伍　　　　　　　　　B. 自有机械设备闲置　　　　　C. 占领市场

D. 自有材料　　　　　　　E. 社会效益

78. 编制投标报价的依据包括下列中的(　　)。

A. 国家或省级、行业建设主管部门颁发的计价办法

B. 项目经理的指示

C. 招标文件、招标工程量清单及其补充通知、答疑纪要

D. 劳务单位、分包单位的要求

E. 市场价格信息或工程造价管理机构发布的工程造价信息

79. 根据《重庆市建设工程工程量清单计价规则》(CQJJGZ—2013),投标人在进行投标报价时,不能进行(　　)。

A. 价格浮动　　　　　　B. 投标总价优惠　　　　　C. 自主报价

D. 投标总价降价　　　　E. 投标总价让利

80. 合同约定不得违背招标、投标文件中关于(　　)等方面的实质性内容。

A. 费用　　　　　　　　B. 进度　　　　　　　　　C. 工期

D. 造价　　　　　　　　E. 质量

81. 下列中的(　　)发生,发承包双方应当按照合同约定调整合同价款。

A. 工程变更　　　　　　B. 工程量偏差　　　　　　C. 不可抗力

D. 现场签证　　　　　　E. 施工方申请

82. 下列中的(　　)发生,发承包双方应当按照合同约定调整合同价款。

A. 法律法规变化　　　　B. 工程量清单缺项　　　　C. 施工机械故障

D. 提前竣工(赶工补偿)　E. 物价变化

83. 发承包双方应按照合同约定的(　　),根据工程计量结果,办理期中价款结算,支付进度款。

A. 时间　　　　　　　　B. 地点　　　　　　　　　C. 程序

D. 数量　　　　　　　　E. 方法

84. 承包人要求赔偿时,可以选择下列(　　)方式获得赔偿。

A. 支付现金

B. 延长工期

C. 要求发包人支付实际发生的额外费用

D. 要求发包人支付合理的预期利润

E. 要求发包人按合同的约定支付违约金

85. 发包人要求赔偿时,可以选择下列(　　)方式获得赔偿。

A. 延长质量缺陷修复期

B. 要求承包人支付实际发生定额额外费用

C. 要求承包人按合同的约定支付违约金

D. 缩短工期

E. 减少工程造价

86. 编制和复核工程竣工结算的依据包括下列的(　　)。

A. 工程合同　　　　　　B. 投标文件　　　　　　　C. 双方已确认的工程量

D. 甲方的赔偿要求　　　E. 施工单位的索赔要求

87. 计价定额人工以综合工日表示,内容包括( ),定额人工按 8 小时工作制。

    A. 基本用工   B. 超运距用工   C. 辅助用工

    D. 职工福利费   E. 人工幅度差

88. 开挖基槽应符合下列条件中的( )。

    A. 槽底宽度≤7 m   B. 槽底宽度≤9 m   C. 槽底长≥3 倍槽底宽

    D. 槽底长>3 倍槽底宽   E. 底面积≤50 m^2

89. 松土是符合下列条件中( )的土壤。

    A. 未经碾压   B. 堆积时间不超过一年   C. 含水率低

    D. 碎石类   E. 砂土

90. 执行基坑子目的土石方开挖应符合( )。

    A. 底宽度≤5 m   B. 槽底宽度≤7 m   C. 长边≤3 倍短边

    D. 长边>3 倍短边   E. 底面积≤150 m^2

91. 下列关于放坡系数的说法中,正确的是( )。

    A. 人工挖土方 1∶0.3   B. 人工凿石方 1∶0.3

    C.(土方)放坡起点深度 1.5 m D. 机械开挖土方 1∶0.25

    E. 机械开挖石方 1∶0.67

92. 下面给出的尺寸均为不含加宽工作面的底面尺寸,其中应执行开挖基槽项目的是( )。

    A. 长边 60 m、短边 5 m   B. 长边 12 m、短边 5 m   C. 长边 16 m、短边 5 m

    D. 长边 15 m、短边 4 m   E. 长边 60 m、短边 9 m

93. 下列关于预留工作面的说法中,正确的是( )。

    A. 砖基础 200 mm   B. 混凝土基础支模板 300 mm

    C. 混凝土基础支模板 400 mm D. 混凝土垫层支模板 150 mm

    E. 基础垂面做砂浆防潮层 400 mm

94. 下面给出的尺寸均为不含加宽工作面的底面尺寸,其中应执行开挖基坑项目的是( )。

    A. 长边 20 m、短边 7 m   B. 长边 12 m、短边 5 m   C. 长边 16 m、短边 5 m

    D. 长边 15 m、短边 6 m   E. 长边 23 m、短边 8 m

95. 下列关于地基工程量计算的说法中,正确的是( )。

    A. 混凝土喷射按设计图示尺寸以"m^3"计算

    B. 强夯地基按设计图示处理范围以"m^2"计算

    C. 锚具安装按设计图示数量以"套"计算

    D. 土钉按设计图示尺寸以"m^3"计算

    E. 砂浆锚钉按照设计钻孔图示深度以"m"计算

96. 下面关于砖墙体工程量计算的叙述,( )是正确的。

    A. 外墙长度按外墙中心线长度计算

    B. 内墙长度按内墙净长计算

    C. 女儿墙高度自屋面板上表面算至图示标高

    D. 空花墙应扣除空洞部分体积

E. 120 墙计算体积时,按 115 mm 厚度计算

97. 下面关于砖墙体工程量计算的叙述,(　　)是错误的。

A. 设计厚度 370 mm 的砖墙体,按 365 mm 厚度计算

B. 设计厚度 240 mm 的砖墙体,按 250 mm 厚度计算

C. 山墙高度按其平均高度计算

D. 平屋面的外墙高度,算至钢筋混凝土板底

E. 围墙砖垛的工程量,并入砖柱工程量中

98. 下面关于砖墙体工程量计算的叙述,(　　)是正确的。

A. 外墙长度按外墙外边线长度计算

B. 砖墙工程量应扣除单个面积在 0.3 m² 以上孔洞所占体积

C. 砖墙工程量应扣除门窗洞口所占体积

D. 不扣除梁头、板头、梁垫等所占体积

E. 砖砌台阶按实体体积计算

99. 下列现浇构件中,适用于现浇零星项目的是(　　)。

A. 小型池槽   B. 栏杆、栏板

C. 挑出墙外宽度小于 500 mm 的板   D. 悬挑板

E. 挑出墙外 450 mm 的雨篷

100. 下列预制构件中的(　　)属于二类构件。

A. 天窗架   B. 6 m 以上的板   C. 空心板

D. 屋面板   E. 楼梯段

101. 下列关于钢筋接头的说法,正确的是(　　)。

A. $\phi 10$ 以内的钢筋每 12 m 长计算一个接头

B. $\phi 10$ 以上的钢筋每 10 m 长计算一个接头

C. 钢筋竖向接头按自然层计接头个数

D. 机械接头不分接头形式按个计算

E. 钢筋电渣压力焊接头以个计算

102. 下列关于现浇构件混凝土工程量计算的叙述中(　　)是正确的。

A. 混凝土的工程量按设计图示尺寸以"m³"计算

B. 不扣除构件内钢筋、预埋铁件所占体积

C. 应扣除 0.3 m² 以上孔洞所占体积

D. 应扣除 0.3 m² 以内孔洞所占体积

E. 梁按设计断面尺寸乘以梁长以 m³ 计算

103. 下列关于现浇柱工程量计算的描述,正确的是(　　)。

A. 柱按设计断面乘以柱高以 m³ 计算

B. 有梁板的柱高应以柱基上表面至上一层楼板上表面高度计算

C. 无梁板的柱高应以柱基上表面至上一层楼板下表面高度计算

D. 无梁板的柱高应以柱基上表面至柱帽上表面高度计算

E. 附属于柱的牛腿,不另计算

104. 下列关于现浇梁工程量计算的叙述中(　　)是正确的。

A. 梁按设计断面乘以梁长以 m^3 计算

B. 梁与柱连接时,梁长算至柱侧面

C. 次梁与主梁连接时,次梁长算至主梁侧面

D. 梁的高度算至梁顶,应扣除板的厚度

E. 深入墙内的梁头体积并入梁体积内

105. 下列中属于零星砌体的是( )。

  A. 砖砌小便池槽   B. 垃圾箱   C. 砖柱

  D. 砖围墙   E. 花台

106. 下列中不属于零星砌体的是( )。

  A. 框架填充墙   B. 砖围墙   C. 厕所蹲台

  D. 架空隔热板砖墩   E. 女儿墙

107. 下列关于混凝土计算的叙述( )是正确的。

  A. 不扣除构件内钢筋、预埋铁件所占体积

  B. 整体楼梯按水平投影面积计算,不扣除宽度小于 500 mm 楼梯井所占面积

  C. 伸入墙内的板头忽略不计

  D. 雨篷按体积以立方米计算

  E. 预制空心板、空心梯段应扣除空洞体积

108. 下列关于钢筋工程量计算的叙述中,( )是正确的。

  A. 钢筋工程量按设计图示钢筋长度乘以单位理论质量以"t"计算

  B. HPB300 级钢筋端部 $180°$ 弯钩,每个增加长度为 $27.8d$

  C. 如果按 $6.25d$ 计算每个 $180°$ 弯钩的增加长度,其中含 $3d$ 的平直段

  D. 一类环境下的梁、柱混凝土保护层按 20 mm 计

  E. 计算钢筋工程量时,应考虑施工损耗量

109. 下面有关钢筋弯钩的说法,( )是正确的。

  A. HPB300 级钢筋末端应作 $180°$ 弯钩

  B. 做受压钢筋时,末端可不做弯钩

  C. 抗震封闭箍筋及拉筋端部弯钩的平直段为 $5d$

  D. $135°$ 弯钩,平直段 $3d$ 时,弯钩增加长度 $4.9d$

  E. $90°$ 直弯钩的增加长度为 $3.5d$

110. 下列关于预制混凝土构件损耗率的叙述,( )是正确的。

  A. 制作废品率 0.2% B. 运输堆放损耗 0.8%

  C. 运输工程量 $V(1+0.8\%)$ D. 安装损耗 0.5%

  E. 长度 9 m 以上的梁不计算损耗率

111. 下列关于金属结构工程量计算的叙述中,( )是错误的。

  A. 金属结构的制作工程量按设计图示尺寸计算的理论质量以"t"计算

  B. 型钢按设计图纸的规格尺寸计算,应扣除孔眼、切边的质量

  C. 钢板按几何图形的设计尺寸计算

  D. 钢板按几何图形的外接矩形计算

  E. 钢构件的运输、安装工程量等于制作工程量,但应增加焊条或螺栓质量

112. 木门窗五金一般包括下列的(　　)。
    A. 普通折页　　　　　　　B. 插销　　　　　　　C. 铜拉手
    D. 不锈钢门板扣　　　　　E. 风钩

113. 下列门窗工程量计算规则中说法正确的是(　　)。
    A. 有框木门窗制作、安装工程量按门窗洞口图示面积以"m²"计算
    B. 制作、安装无框木门窗工程量,按扇外围设计图示尺寸以"m²"计算
    C. 门窗贴脸按图示尺寸以外边线延长米计算
    D. 木门窗运输按质量吨计算
    E. 成品门窗塞缝按门窗洞口面积计算

114. 计算室内净空面积时应扣除(　　)所占面积。
    A. 柱、垛　　　　　　　　B. 凸出地面构筑物　　　C. 设备基础
    D. 室内铁道　　　　　　　E. 地沟

115. 计算室内净空面积时,不扣除(　　)所占面积。
    A. 间壁墙　　　　　　　　B. 柱、垛
    C. 面积在 0.3 m² 以上孔洞　　D. 附墙烟囱
    E. 室内铁道

116. 计算室内净空面积时,不增加(　　)开口部分的面积。
    A. 壁龛　　　　　　　　　B. 门洞　　　　　　　C. 暖气包槽
    D. 空圈　　　　　　　　　E. 面积在 0.3 m² 以上孔洞

117. 下列关于楼地面工程量的描述,正确的是(　　)。
    A. 找平层按主墙间净空面积计算
    B. 垫层按室内主墙间净空面积乘以设计厚度计算
    C. 块料面层按设计图示尺寸净空面积计算
    D. 楼梯面层按水平投影面积计算
    E. 台阶按水平投影面积计算,但不包括最上层踏步沿 300 mm

118. 下列计算工程量的叙述,错误的是(　　)。
    A. 栏杆、扶手包括弯头按延长米计算
    B. 计算块料面层,应增加门洞、空圈等开口部分面积
    C. 踢脚线按设计图示尺寸以平方米计算
    D. 散水按水平投影面积计算
    E. 整体面层按设计图示尺寸实铺面积计算

119. 计算卷材屋面工程量,不扣除所占面积的是(　　)。
    A. 楼梯井　　　　　　　　B. 房上烟囱　　　　　C. 风道
    D. 变形缝　　　　　　　　E. 斜沟

120. 建筑物地面防水、防潮层,按主墙间净空面积计算,扣除所占面积的是(　　)。
    A. 柱、垛　　　　　　　　B. 凸出地面的构筑物　　C. 烟囱
    D. 设备基础　　　　　　　E. 面积在 0.3 m² 以上孔洞

121. 建筑物地面防水、防潮层,按主墙间净空面积计算,不扣除(　　)所占面积。
    A. 柱、垛　　　　　　　　B. 凸出地面的构筑物　　C. 间壁墙

D.面积在 0.3 m² 以下孔洞　　E.设备基础

122.下列关于屋面工程量的叙述,(　　)是正确的。

　　A.卷材防水屋面按设计图示面积以"m²"计算

　　B.刚性屋面按设计图示面积以"m²"计算

　　C.如图纸无规定,女儿墙处卷材弯起部分按 500 mm 计算

　　D.计算刚性屋面时,挑出墙外的屋面天沟并入屋面工程量

　　E.塑料水落管按图示长度以"m"计算

123.某砖混结构住宅楼工程,使用预应力空心板作为楼(屋)面板,总共需要板量为:①YKB3306—4600 块,0.139 m³/块;②YKB3006—4500 块,0.126 m³/块;③YKB3005—4400 块,0.104 m³/块。下列数据正确的是(　　)。

　　A.第①种板的体积是 83.40 m³

　　B.第②种板的制作工程量是 63.95 m³

　　C.第③种板的运输工程量是 41.808 m³

　　D.第①种板的安装工程量是 83.57 m³

　　E.第②种板的运输工程量是 63.50 m³

124.某砖混结构住宅楼工程,使用预应力空心板作为楼(屋)面板,总共需要板量为:①YKB3306—4600 块,0.139 m³/块;②YKB3006—4500 块,0.126 m³/块;③YKB3005—4400 块,0.104 m³/块。下列数据错误的是(　　)。

　　A.第①种板的制作工程量是 83.40 m³

　　B.第②种板的制作工程量是 63.95 m³

　　C.第③种板的运输工程量是 41.808 m³

　　D.第①种板的安装工程量是 83.57 m³

　　E.第②种板的运输工程量是 63.50 m³

125.图 10.13 是某规格预应力空心板的断面示意图,板长 4 180 mm,板中空洞直径 78 mm。如果有 500 块这种板,下列数据正确的是(　　)。

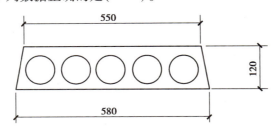

图 10.13　某空心板断面示意图

　　A.一块板的体积是 0.184 m³

　　B.500 块板总工程量是 92 m³

　　C.500 块板的制作工程量是 93.38 m³

　　D.500 块板的运输工程量是 92.74 m³

　　E.500 块板的安装工程量是 92.46 m³

126.图 10.13 是某规格预应力空心板的断面示意图,板长 4 180 mm,板中空洞直径 78 mm。

如果有 1 000 块这种板,下列数据错误的是(　　)。

    A. 一块板的体积是 0.184 m³

    B. 1 000 块板总工程量是 184 m³

    C. 1 000 块板的制作工程量是 184.37 m³

    D. 1 000 块板的运输工程量是 185.47 m³

    E. 1 000 块板的安装工程量是 184.92 m³

127. 下列关于计算防腐工程量的描述,正确的是(　　)。

    A. 防腐层按设计图示尺寸以"m³"计算

    B. 防腐工程面层工程量按设计图示面积以"m²"计算

    C. 防腐隔离层工程量按设计图示面积以"m²"计算

    D. 混凝土抹灰面防腐按设计图示体积以"m³"计算

    E. 防腐油漆工程量按设计图示面积以"m²"计算

128. 下列关于楼地面工程量的描述,正确的是(　　)。

    A. 整体面层按设计图示尺寸以面积计算

    B. 台阶面层按其表面积以"m²"计算

    C. 防滑条按设计图示踏步宽度计算

    D. 找平层不扣除设备基础所占面积

    E. 楼地面踢脚线按设计图示尺寸以"延长米"计算

129. 下列抹灰中适用于"零星项目"的是(　　)。

    A. 外墙面　　　　　　　B. 天沟　　　　　　　　C. 扶手

    D. 花台　　　　　　　　E. 梯帮侧面

130. 下列抹灰中不适用于"零星项目"的是(　　)。

    A. 外墙面　　　　　　　B. 花台　　　　　　　　C. 柱面

    D. 压顶　　　　　　　　E. 梯帮侧面

131. 计算内墙面抹灰工程量时,应扣除的面积包括(　　)。

    A. 门窗洞口　　　　　　B. 空圈　　　　　　　　C. 踢脚板

    D. 挂镜线　　　　　　　E. 单个面积 0.3 m² 以上孔洞

132. 计算内墙面抹灰工程量时,不扣除的面积是(　　)。

    A. 挂镜线　　　　　　　B. 空圈　　　　　　　　C. 踢脚板

    D. 门窗洞口　　　　　　E. 单个面积 0.3 m² 以内孔洞

133. 计算内墙面抹灰工程量时,不增加的面积是(　　)。

    A. 门洞口侧壁和顶面　　B. 窗洞口侧壁、顶、底面　　C. 窗洞口

    D. 门窗洞口　　　　　　E. 附墙柱的侧面

134. 计算内墙面抹灰工程量时,与内墙面合并计算的面积是(　　)。

    A. 门洞口侧壁和顶面　　　　B. 窗洞口侧壁、顶、底面

    C. 墙垛侧壁面积　　　　　　D. 附墙烟囱侧壁面积

    E. 单个面积 0.3 m² 以上孔洞

135. 计算外墙面抹灰工程量时,应扣除的面积是(　　)。

    A. 门洞口　　　　　　　B. 窗洞口

C.外墙裙　　　　　　　　　D.单个面积 0.3 m² 以上孔洞

E.附墙烟囱侧壁面积

136.计算外墙面抹灰工程量时,不应扣除的面积包括(　　　)。

A.挂镜线　　　　　　　　　B.踢脚板　　　　　　　　　C.空圈

D.门窗洞口　　　　　　　　E.单个面积 0.3 m² 以内孔洞

137.下列内墙面抹灰高度的叙述,错误的是(　　　)。

A.无墙裙的,按室内地面或楼面至天棚底面之间距离计算

B.有墙裙的,按墙裙底至天棚底面之间距离计算

C.有吊顶的,按室内地面或楼面至天棚底面另加 200 mm 计算

D.有吊顶的,按室内地面或楼面至天棚底面另加 100 mm 计算

E.有吊顶的,按室内地面或楼面至天棚底面另加 50 mm 计算

138.计算天棚抹灰工程量时,不扣除的面积包括(　　　)。

A.柱　　　　　　　　　　　B.垛　　　　　　　　　　　C.管道孔

D.检查口　　　　　　　　　E.单个面积 0.3 m² 以内孔洞

139.有梁板底的抹灰按展开面积以平方米计算,这里所指的有梁板包含(　　　)。

A.预制板　　　　　　　　　B.密肋梁板　　　　　　　　C.井字梁板

D.槽形板　　　　　　　　　E.空心板

140.天棚龙骨按主墙间净空面积计算,不扣除的面积包括(　　　)。

A.窗帘盒　　　　　　　　　B.垛　　　　　　　　　　　C.检查口

D.管道孔　　　　　　　　　E.楼梯

141.下列抹灰应并入天棚抹灰工程量内的是(　　　)。

A.阳台底面　　　　　　　　B.雨篷底面或顶面　　　　　C.阳台顶面

D.楼梯底面　　　　　　　　E.雨篷线

142.下列关于天棚抹灰的说法,正确的是(　　　)。

A.阳台底面有悬臂梁者,其工程量乘以系数 1.20

B.雨篷顶面有反沿者,其工程量乘以系数 1.20

C.雨篷底面有悬臂梁者,其工程量乘以系数 1.30

D.有斜平顶的楼梯底面,其工程量乘以系数 1.30

E.有距齿形顶的楼梯底面,其工程量乘以系数 1.50

四、计算及案例题

1.某工程需要水泥 1 000 t。甲厂供应 400 t,原价 270 元/t;乙厂供应 400 t,原价 280 元/t;丙厂供应 200 t,原价 290 元/t。试计算确定该工程所用水泥的原价。

2.某工程需砌筑 180 m³ 的一砖基础,计划每天投入 28 名工人参加施工,如果时间定额为 0.89 工日/m³,试计算完成该项任务所需的定额施工天数。

3.某工地某种材料有甲、乙两个来源地,甲地供应 60%,原价 1 400 元/t;乙地供应 40%,原价 1 500 元/t。试计算该种材料的原价。

4.用 1:1 水泥砂浆贴 150 mm×150 mm×5 mm 瓷砖墙面,结合层厚度为 10 mm,灰缝宽度 2 mm,瓷砖损耗率 1.5%,砂浆损耗率 1.0%。试计算 100 m² 瓷砖墙面中瓷砖和砂浆的消耗量。

5.有一建筑物，外墙厚 370 mm，中心线总长 80 m；内墙厚 240 mm，净长线总长为 35 m。底层建筑面积为 600 m²，室内外高差 0.6 m。室内地坪厚度 100 mm，已知该建筑基础挖土量为 1 000 m³，室外设计地坪以下埋设物体积 450 m³。试计算该工程的余土外运工程量。

6.某独立柱基础垫层设计为 4 000 mm×3 600 mm×250 mm，基坑深度 2.5 m。

问题：

①如果不预留工作面，不放坡，试计算基坑开挖土石方量。

②若施工组织设计规定四边放坡，放坡系数为 1∶0.30，每边增加工作面宽度为 300 mm，试按计算规则计算该基坑开挖工程量。

7.某房屋建筑工程有 18 根直径 800 mm 的圆柱，图 10.14 是其基础示意图。

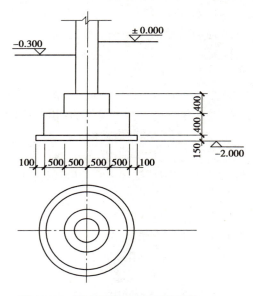

图 10.14　某柱下独立基础示意图

问题：

①如果不预留工作面，不考虑放坡，试计算其基坑开挖工程量。

②如果每边预留工作面宽度 300 mm，并按边坡系数 1∶0.3 放坡，试计算其基坑开挖工程量。

8.某工地水泥从两个地方采购，其采购数量及费用如表 10.2 所示。试计算该工地水泥基价。

表 10.2　采购数量及费用

采购处	采购量（t）	原价（元/t）	运杂费（元/t）	运输损耗率（%）	采购及保管费率（%）
来源一	300	240	20	0.5	3
来源二	200	250	15	0.4	

9. 图 10.15 是某车站单排柱站台示意图,试计算其建筑面积。

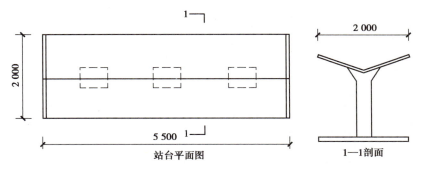

图 10.15　某单排柱站台示意图

10. 如图 10.16 所示是房屋顶层的储藏室,四面墙厚均为 360 mm。试计算其建筑面积(提示:图中所注轴线不是 360 mm 墙的中心线,轴线外侧墙厚 240 mm,轴线内侧墙厚 120 mm)。

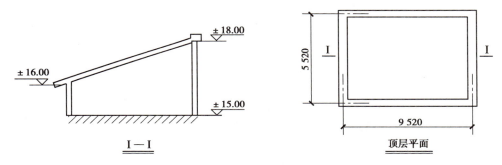

图 10.16　某房屋顶层储藏室示意图

11. 某 6 层房屋的标准层平面图如图 10.17 所示,墙体厚度均为 240 mm,室外楼梯依附于建筑物的 1~5 层。试计算该房屋的建筑面积。

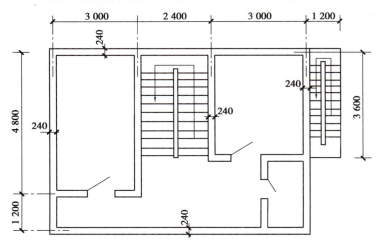

图 10.17　某房屋标准层平面示意图

12. 计算如图 10.18 所示的单层房屋的建筑面积。

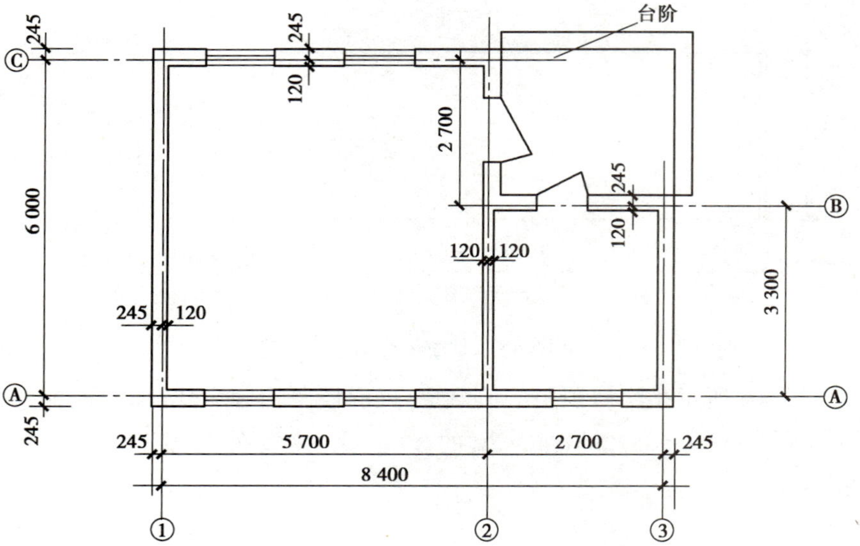

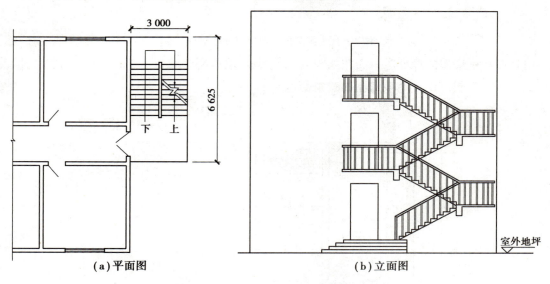

图 10.18　某单层房屋平面示意图

13. 计算如图 10.19 所示室外楼梯的建筑面积。

14. 如图 10.20 是某商场门斗、橱窗示意图,试计算其建筑面积。

15. 计算如图 10.21 所示建筑物的建筑面积。

16. 计算图 10.22 所示某建筑物其中一层阳台的建筑面积。

（a）平面图　　　　　**（b）立面图**

图 10.19　某建筑物室外楼梯示意图

17. 图 10.23 是某单层建筑物外墙示意图,墙厚均为 240 mm,轴线均为墙体中心线。

问题:

①计算该单层建筑物的建筑面积。

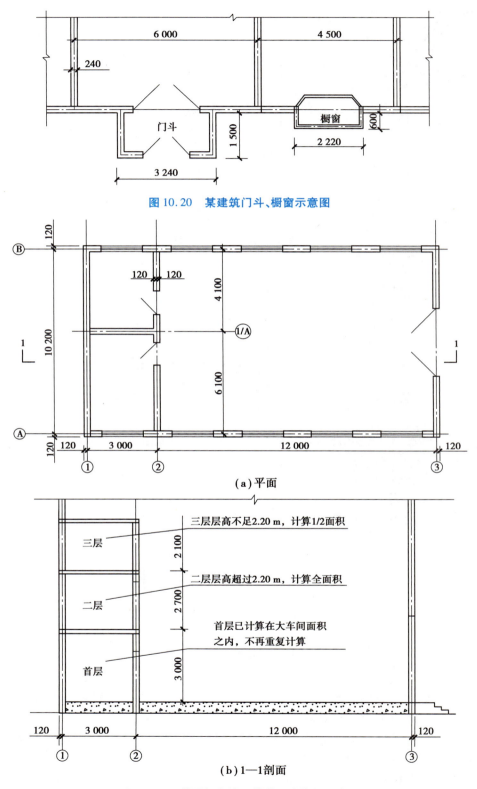

图 10.20 某建筑门斗、橱窗示意图

（a）平面

（b）1—1剖面

图 10.21 某局部有楼层的单层建筑物示意图

②按工程量清单计量规则计算平整场地工程量。

③按外墙外边线每边各加 2 m 的规则计算场地平整工程量。

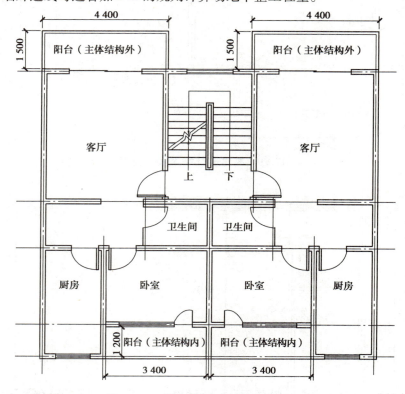

图 10.22　某建筑物标准层平面示意图

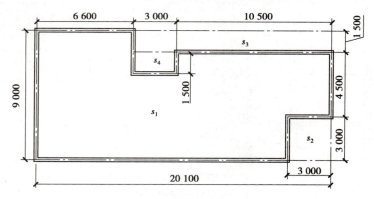

图 10.23　某单层建筑物平面图

18. 图 10.24 是某钢筋混凝土独立基础示意图。试计算 24 个独立基础的混凝土工程量。

19. 图 10.25 是一块四周支承在圈梁上的现浇钢筋混凝土板示意图。试计算 Ⓕ—Ⓖ/③—④区格上的①,②号钢筋工程量。

20. 图 10.26 是一框架梁示意图,三级抗震,钢筋锚固长度按 $L_{aE}=35d$ 计算,混凝土保护层厚度 25 mm,全部纵向筋均为 HRB400。试计算该框架梁纵向钢筋和箍筋工程量。

21. 计算图 10.27 所示四坡水瓦屋面工程量,已知屋面坡度 $\alpha=33°40'$。

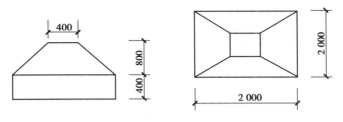

图 10.24 某独立基础示意图

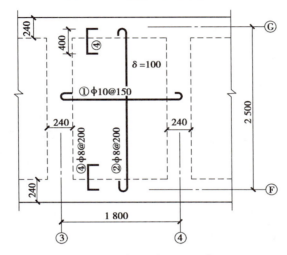

图 10.25 某现浇板平面示意图

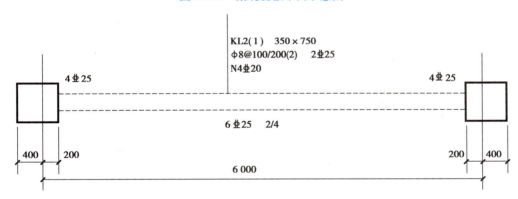

图 10.26 某框架梁配筋示意图

22.某砖混结构住宅楼工程,使用预应力空心板作为楼(屋)面板,总共需要板量为:①YKB 3306—4675 块,0.139 m³/块;②YKB 3006—4500 块,0.126 m³/块;③YKB 3005—4420 块,0.104 m³/块。试计算该工程预应力空心板的各项工程量。

23.图 10.28 是某规格预应力空心板的断面图,板长 4 180 mm,板中空洞直径 133 mm。试计算 480 块这种板的制作、运输、安装工程量。

24.计算图 10.29 所示现浇钢筋混凝土杯形基础的混凝土工程量。提示:上口四边杯壁厚度均为 400 mm。

25.某房屋的底层有 20 根独立钢筋混凝土矩形柱,截面为 800 mm×750 mm,高度

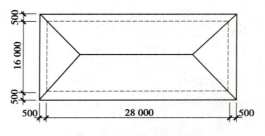

图 10.27 四坡水瓦屋面示意图

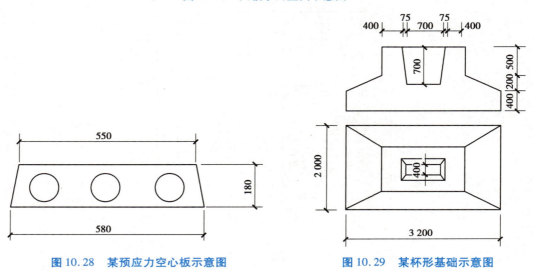

图 10.28 某预应力空心板示意图

图 10.29 某杯形基础示意图

为 4 800 mm。根据它们所处位置不同,设计采用了不同的装饰方案。其中 8 根柱子:15 mm 厚 1:3 水泥砂浆打底;10 mm 厚 1:2.5 水泥砂浆罩面;乳胶漆两遍。另外 12 根柱子:20 厚 1:3 水泥砂浆找平;10 mm 1:1 水泥砂浆贴面砖(350 mm×250 mm×10 mm)。

问题:

①计算独立柱面水泥砂浆抹灰工程量。

②计算矩形柱面水泥砂浆贴面砖工程量。

26. 计算如图 10.14 所示柱下独立基础垫层、独立基础的混凝土工程量。

27. 图 10.30 是某现浇钢筋混凝土雨篷示意图,试按清单规则计算混凝土工程量。

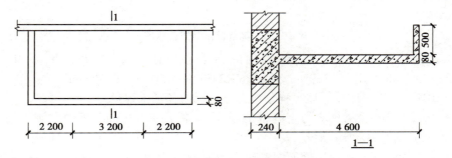

图 10.30 某现浇钢筋混凝土雨篷示意图

28. 某房屋门窗统计表如表 10.3 所示,数量经核对无误。试计算该建筑物门窗工程量。

表 10.3 门窗统计表

名　称	编　号	洞口尺寸(mm)		数　量	备　注
		宽	高		
门	M—1	1 000	2 000	12	单扇塑钢全玻平开门
	M—2	1 200	2 000	1	双扇塑钢全玻平开门
	M—3	1 800	2 700	1	三扇塑钢带上亮推拉门
窗	C—1	1 800	1 800	42	双扇塑钢推拉窗
	C—2	1 500	1 800	6	双扇塑钢推拉窗

29. 图 10.31 是某建筑物屋顶平面示意图,该屋面设计采用现浇水泥珍珠岩作保温层兼找坡,最薄处 100 mm。试计算其保温层工程量。

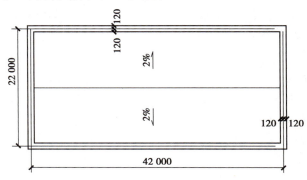

图 10.31　某建筑物屋顶平面示意图

30. 计算如图 10.31 所示卷材防水屋面工程量。

31. 某建筑工程承包合同的工程总价款为 500 万元,预付备料款占工程价款的 25%。经测算,主要材料和结构构件金额占工程造价的 62.5%,每月实际完成工程量如表 10.4 所示。

表 10.4 每月完成工程量

月　份	一月	二月	三月	四月	五月	六月
完成工程量金额(万元)	25	50	100	200	75	50

问题:

①计算该工程备料款。

②确定备料款起扣点。

③计算确定每月工程结算款。

32. 某施工单位承包了某工程项目的施工任务,工期为 10 个月。合同中关于工程价款的内容有:

①建筑安装工程造价 1 200 万元。

②工程预付款为建筑安装工程造价的 20%。

③从工程价款(含预付款)支付至合同价款的 60% 后,开始从当月的工程款中扣回预付款。预付款分 3 个月扣回,开始扣回的第一个月扣 30%,第二个月扣回 40%,第三个月扣回 30%。

④工程质量保修金为工程价款的 3%,最后一个月扣除。

⑤工程款支付方式为按月结算。

工程各月完成的建安工程量如表 10.5 所示。

表 10.5　每月完成工程量表

月　　份	1—3	4	5	6	7	8	9	10
完成工程量(万元)	320	130	130	140	140	130	110	100

问题:

①工程预付款为多少? 预付款的起扣点为多少? 质量保修金为多少?

②各月应拨付的工程款为多少? 累计工程款为多少?

【33～42 题按《重庆市房屋建筑与装饰工程计价定额》(2018 年)解算】

33. 图 10.32 是某房屋的设计示意图。该房屋的散水设计为:素土夯实;200 mm 厚片石垫层;80 mm 厚 C20 混凝土,800 mm 宽。台阶设计为:素土夯实;200 mm 厚片石垫层;C20 混凝土;水泥砂浆贴地面砖。

问题:

①简述混凝土散水的工程量计算规则,简述台阶混凝土的计算规则。

②计算散水工程量。

③计算台阶混凝土工程量。

④计算散水和台阶片石垫层工程量。

34. 图 10.32 是某房屋的设计示意图。室内块料地面设计为:素土夯实;100 mm 厚 C20 混凝土垫层;20 mm 厚水泥砂浆找平;水泥砂浆贴地面砖。踢脚设计为:150 mm 高水泥砂浆贴地面砖。

问题:

①叙述关于块料面层工程量计算规则、踢脚线工程量计算规则。

②计算本例房屋的室内净面积。

③计算本例块料面层工程量。

④计算本例踢脚线工程量。

35. 图 10.32 是某房屋设计示意图。该房屋是砖混结构建筑,未设构造柱与圈梁。墙体设计为:M5 混合砂浆砌筑页岩砖标准砖墙(内、外、女儿墙)。

问题:

①计算外墙砖墙工程量(计算时不考虑过梁体积)。

②计算内墙砖墙工程量。

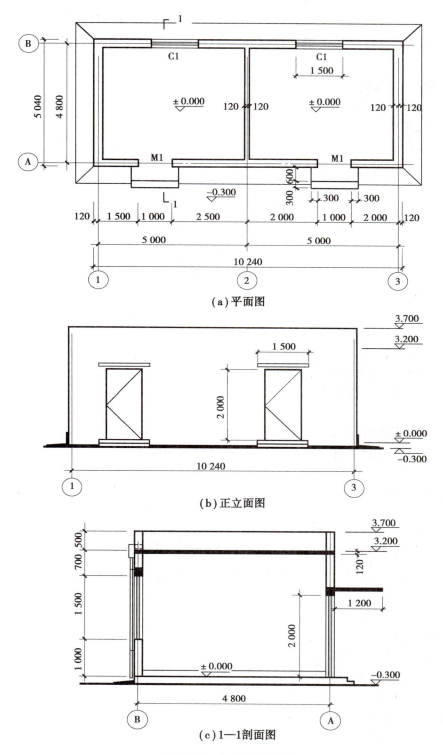

（a）平面图

（b）正立面图

（c）1—1剖面图

图 10.32　某房屋示意图

③计算女儿墙工程量。

36. 图 10.32 是某单层房屋设计示意图。该房屋是砖混结构建筑,计算时不考虑构造柱与圈梁。

问题:

①什么是"计算基数"?

②计算该单层房屋的"计算基数"。

37. 图 10.32 是某单层房屋设计示意图。该房屋门窗过梁设计参数:宽度同墙厚;长度为洞口宽度加 500 mm;厚度:洞口宽 ≤ 1 000 mm 时,厚 180 mm;洞口宽 > 1 000 mm 时,厚 240 mm。均为预制 C25 混凝土过梁。

问题:

①计算本例门窗工程量(单位:m^2)。

②计算本例预制过梁混凝土工程量。

38. 图 10.32 是某单层房屋设计示意图。该房屋墙面装修做法设计如下:①外墙面及女儿墙内面:25 mm 厚水泥砂浆抹灰;外墙涂料。②内墙面:25 mm 厚水泥砂浆抹灰;满刮腻子两遍;乳胶漆两遍。

问题:

①墙面、柱面、梁面及天棚面刮腻子、刷油漆及涂料的工程量按什么规则计算?

②计算外墙面及女儿墙内面抹灰工程量。

③计算本例内墙面抹灰工程量。

39. 图 10.32 是某单层房屋设计示意图。现浇 C25 混凝土雨篷,厚度 100 mm。计算雨篷混凝土工程量。

40. 图 10.32 是某单层房屋设计示意图。室内顶棚装饰设计为:素水泥浆一遍;水泥砂浆抹灰;乳胶漆两遍。雨篷装饰设计为:素水泥浆一遍;水泥砂浆抹灰;外墙涂料。

问题:

①叙述雨篷抹灰工程量计算规则。

②计算雨篷抹灰工程量。

③计算顶棚抹灰工程量。

41. 图 10.32 是某单层房屋设计示意图。屋面设计为:素水泥浆一遍;矿渣混凝土找坡,平均厚度 65 mm;20 mm 厚水泥砂浆找平;高分子防水卷材冷贴满铺;着色剂保护层两遍。

问题:

①本题屋面工程应怎样列项?

②计算矿渣混凝土工程量。

③计算防水卷材工程量。

42. 图 10.32 是某单层房屋设计示意图。水落管设计:ϕ110 mm 塑料管。

问题:

①水落管排水系统一般由哪些部件组成?

②计算塑料水落管工程量。

43. 如图 10.33 所示,某框架梁基本信息如下:①抗震等级:三级;②混凝土强度等级:C30;③框架柱截面尺寸为 500 mm×500 mm,轴线居中标注;④混凝土保护层厚度取

20 mm；⑤主、次梁交接处，一律在次梁位置两侧附加主梁箍筋，箍筋直径同主梁内箍筋，间距为 50 mm，每侧附加箍筋数为 3 道，梁内箍筋采用封闭箍并做成 135° 弯钩，次梁宽 250 mm；⑥当图中指明设置吊筋时，需另加吊筋，附加吊筋规格为 2Φ16；⑦钢筋直径 $d \geqslant 16$ mm 时采用机械连接。

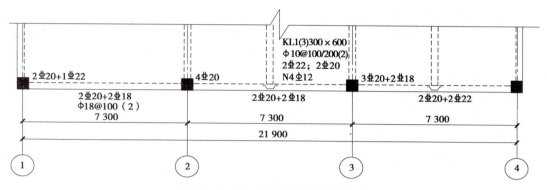

图 10.33 某框架梁部分设计示意图

问题：

①解释本图 KL1 中集中标注的含义。

②影响钢筋锚固长度的因素有哪些？

③本例上部通长筋 2Φ20 的锚固长度是多少？在端支座处是什么锚固形式？为什么？

④计算梁第一跨箍筋 Φ8@100 的单根长及根数。

⑤计算 KL1 的混凝土体积及模板面积。（已知板厚 120 mm，次梁 250 mm×400 mm，梁板顶面平齐）

44.图 10.34 是某建筑无梁板的柱设计示意图。该建筑物共 3 层，设有 20 根现浇 C30 矩形柱，柱截面为 400 mm×400 mm；造型规整的倒棱台式混凝土柱帽，柱帽高 400 mm；现浇混凝土楼板厚度 150 mm；柱下普通锥形独立基础。

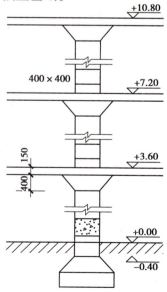

图 10.34 某无梁柱示意图

问题：

①有人认为只要是现浇钢筋混凝土楼板，都是按立方米计算混凝土工程量，所以有梁板与无梁板的混凝土工程量计算规则是完全一样的。这种看法对吗？为什么？

②有梁板的柱高与无梁板的柱高的计算规则一样吗？为什么？

③计算本例无梁柱混凝土工程量。

45.市区某框架结构住宅建筑工程，建筑面积 8 000 m²。经过计算，分部分项工程费为 800 万元，技术措施费 120 万元；其中：定额人工费 180 万元，定额材料费 470 万元，定额施工机具使用费 100 万元。

按规定计算的其他项目费合计 50 万元。

组织措施费率 6.88%，规费费率 10.32%，一般风险费率 1.5%，安全文明施工费费率 3.59%，建设工程竣工档案编制费费率 0.56%，住宅工程质量分户验收费费用标准为 1.32 元/m²，增值税率 9%，附加税率 12%。

问题：

①简述建筑安装工程造价的构成。

②其他项目费主要包括哪些内容？

③施工组织措施项目费包括哪些内容？

④在表 10.6 内计算建筑工程费用(保留两位小数)。

表 10.6　单位工程计价表

序号	项目名称	计算式	金额(万元)	备注
1	分部分项工程费			
2	措施项目费			
2.1	施工技术措施项目费			
2.2	施工组织措施项目费			
2.2.1	组织措施费			
2.2.2	安全文明施工费			
2.2.3	建设工程竣工档案编制费			
2.2.4	住宅工程质量分户验收费			
3	其他项目费			
3.1	暂列金额			
3.2	暂估价			
3.3	计日工			
3.4	总承包服务费			
3.5	索赔及现场签证			
4	规费			

续表

序号	项目名称	计算式	金额(万元)	备注
5	税金	5.1+5.2+5.3		
5.1	增值税	(1+2+3+4−甲供材料费)×税率		
5.2	附加税	5.1×税率		
5.3	环境保护税	按实计算		此项无
6	合价	1+2+3+4+5		

46.某砖混结构小平房,室外地面标高为−0.300,部分信息如下:

①土石方:设计室外地坪标高−0.300,首层室内地面标高为±0.000,房心回填土厚度为200 mm,放坡系数 $K=0.33$,工作面宽度 $C=300$ mm。C15 商品混凝土垫层下表面放坡;

②基础:C20 商品混凝土带形基础,M5 水泥砂浆砌页岩标砖基础,低于室内地坪60mm 处设置防水砂浆防潮层;

③墙身:内外墙身均采用 M5 水泥砂浆砌页岩标砖;

④混凝土结构:沿内外墙身敷设高 300 mm 的圈梁;屋面板厚 100 mm;过梁高为 120 mm,一侧伸入墙身 250 mm;暂不考虑构造柱;以上构件均采用 C20 商品混凝土;

⑤门窗:见表 10.7,门窗框 60 mm,居中安装;

表 10.7 门窗统计表

门窗名称	代号	洞口尺寸	数量(樘)	单樘面积(m²)	合计面积(m²)
平开塑钢门	M1	900 mm×2 000 mm	4	1.8	7.2
塑钢推拉窗	C1	1 500 mm×1 800 mm	6	2.7	16.2
塑钢推拉窗	C2	2 100 mm×1 800 mm	2	3.78	7.56

⑥屋面防水:水泥陶粒混凝土找坡层(最薄处 30 mm 厚),20 mm 厚 1∶3 水泥砂浆找平层,防水卷材二道,40 mm 厚 C20 细石混凝土保护层(内配 A4 钢筋@200 双向);

⑦墙面装饰:内墙面为 14 mm 厚 1∶2 水泥砂浆打底,7 mm 厚 1∶3 石灰砂浆找平;外墙刷真石漆墙面;

⑧楼地面装饰:60 mm 厚 C15 混凝土垫层,刷素水泥浆一道,20 mm 厚 1∶2.5 水泥砂浆找平层,1∶2.5 水泥砂浆贴 10mm 厚 800mm×800 mm 防滑地砖面层;

⑨天棚:装配式 U 形轻钢龙骨石膏板吊顶(龙骨间距 600 mm×600 mm,不上人,吊顶高度为板下 100 mm)。

⑩其他:60 mm 厚 C15 细石混凝土散水。

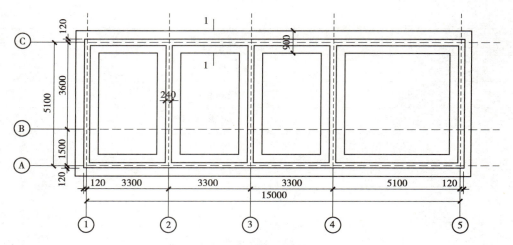

图 10.35　基础平面图

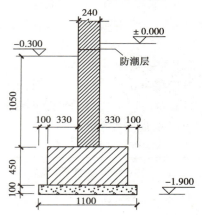

图 10.36　基础断面图

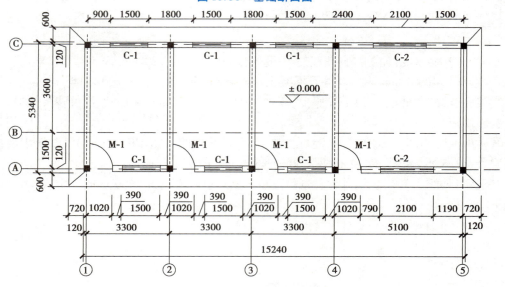

图 10.37　首层平面图

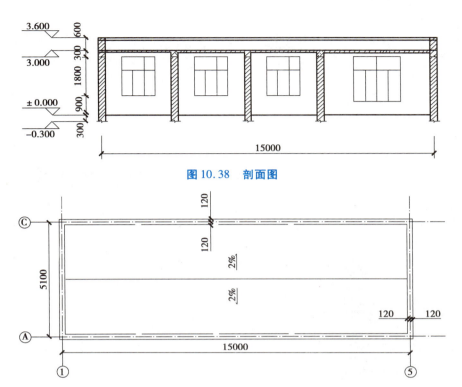

图 10.38 剖面图

图 10.39 屋顶平面图

问题：

①基数计算

表 10.8 小平房工程基数计算表

序号	基数名称	代号	单位	数量	计算式
1					
2					
3					
4					

②试依据《房屋建筑与装饰工程工程量计算规范》（GB 50854—2013）编制以下分部分项工程量清单。

表 10.9 分部分项工程量清单

序号	项目编码	项目名称	项目特征	计量单位	工程量	计算式
1		平整场地				
2		挖沟槽土方				
3		室内回填				
4		基础回填				

续表

序号	项目编码	项目名称	项目特征	计量单位	工程量	计算式
5		余方弃置				
6		砖基础				
7		实心砖墙				
8		垫层				
9		带形基础				
10		圈梁				
11		过梁				
12		平板				
13		散水				
14		塑钢门				
15		塑钢窗				
16		屋面卷材防水				
17		块料楼地面				
18		内墙抹灰				
19		外墙涂料				
20		吊顶天棚				

③试结合《重庆市房屋建筑与装饰工程计价定额》(CQJZZSDE—2018)编制各分部分项工程综合单价分析表。

表 10.10　分部分项工程综合单价分析表

项目编码			项目名称					计量单位			综合单价		
							定额综合单价					人材机价差	其他风险费	合价
定额编号	定额项目名称	单位	数量	定额人工费	定额材料费	定额施工机具使用费	企业管理费		利润		一般风险费用			
							4	5	6	7	8	9			12
				1	2	3	费率(%)	(1+3)×(4)	费率(%)	(1+3)×(6)	费率(%)	(1+3)×(8)	10	11	1+2+3+5+7+9+10+11
合　计															

④试编制分部分项工程量清单计价表。

表 10.11 分部分项工程量清单计价表

序号	项目编码	项目名称	项目特征	计量单位	工程量	金额(元)		
						综合单价	合价	其中暂估价
1		平整场地						
2		挖沟槽土方						
3		室内回填						
4		基础回填						
5		余方弃置						
6		砖基础						
7		实心砖墙						
8		垫层						
9		带形基础						
10		圈梁						
11		过梁						
12		平板						
13		散水						
14		塑钢门						
15		塑钢窗						
16		屋面卷材防水						
17		块料楼地面						
18		内墙抹灰						
19		外墙涂料						
20		吊顶天棚						
小 计								

⑤试针对以上分部分项工程并结合费用定额计算小平房建筑安装工程费。

表 10.12 单位工程计价表

序号	项目名称	计算式	金额(万元)	备注
1	分部分项工程费			
2	措施项目费			
2.1	施工技术措施项目费			
2.2	施工组织措施项目费			

续表

序号	项目名称	计算式	金额(万元)	备注
2.2.1	组织措施费			
2.2.2	安全文明施工费			
2.2.3	建设工程竣工档案编制费			
2.2.4	住宅工程质量分户验收费			
3	其他项目费			
3.1	暂列金额			
3.2	暂估价			
3.3	计日工			
3.4	总承包服务费			
3.5	索赔及现场签证			
4	规费			
5	税金	5.1+5.2+5.3		
5.1	增值税	(1+2+3+4−甲供材料费)×税率		
5.2	附加税	5.1×税率		
5.3	环境保护税	按实计算		此项无
6	合价	1+2+3+4+5		

47. 某施工项目发承包双方签订了工程合同,工期 6 个月,有关工程内容及其价款约定如下:

①分项工程(含单价措施,下同)项目 4 项,有关数据如表 10.13 所示。

②总价措施项目费用为分项工程项目费用的 15%,其中安全文明施工费为 6%。

③其他项目费用包括,暂列金额 18 万元,分包专业工程暂估价 20 万元,另计总承包服务费 5%;管理费和利润为不含税人材机费用之和的 12%,规费为工程费用的 7%,增值税税率为 9%。

表 10.13 分项工程项目相关数据与计划进度表

分项工程项目				每月计划完成工程量(m^3 或者 m^2)					
名称	工程量	综合单价	费用(万元)	1	2	3	4	5	6
A	900 m^3	300 元/m^3	27.0	400	500				
B	1 200 m^3	480 元/m^3	57.6		400	400	400		
C	1 400 m^2	320 元/m^2	44.8		350	350	350	350	
D	1 200 m^2	280 元/m^2	33.6			200	400	400	200
分项工程项目费用合计(万元)			163.0	12	45.4	36	41.6	22.4	5.6

有关工程价款调整与支付条款约定如下：

①开工日期 10 日前,发包人按分项工程项目签约合同价的 20% 支付给承包人作为工程预付款,在施工期间 2—5 个月的每月工程款中等额扣回。

②安全文明施工费工程款分 2 次支付,在开工前支付签约合同价的 70%,其余部分在施工期间第 3 个月支付。

③除安全文明施工费之外的总价措施项目工程款,按签约合同价在施工期间第 1—5 个月分 5 次平均支付。

④竣工结算时,根据分项工程项目费用变化值一次性调整总价措施项目费用。

⑤分项工程项目工程款按施工期间实际完成工程量逐月支付。当分项工程项目累计完成工程量增加(或减少)超过计划总工程量 15% 以上时,管理费和利润降低(或提高)50%。

⑥其他项目工程款在发生当月支付。

⑦开工前和施工期间,发包人按承包人每次应得工程款的 90% 支付。

⑧发包人在承包人提交竣工结算报告后 20 天内完成审查工作,并在承包人提供所在开户行出具的工程质量保函(额度为工程竣工结算总造价的 3%)后,一次性结清竣工结算款。

该工程如期开工,施工期间发生了经发承包双方确认的下列事项:

①因设计变更,分项工程 B 的工程量增加 300 m³,第 2、3、4 个月每月实际完成工程量均比计划完成工程量增加 100 m³。

②因招标工程量清单的项目特征描述与工程设计文件不符,分项工程 C 的综合单价调整为 330 元/m²。

③分包专业工程在第 3、4 个月平均完成,工程费用不变。

其他工程内容的施工时间和费用均与原合同约定相符。

问题:

①该施工项目签约合同价中的总价措施项目费用、安全文明施工费分别为多少万元?签约合同价为多少万元?开工前发包人应支付给承包人的工程预付款和安全文明施工费工程款分别为多少万元?

②截止到第 2 个月末,分项工程项目的拟完工程计划投资、已完工程计划投资、已完工程实际投资分别为多少万元(不考虑总价措施项目费用的影响)?投资偏差和进度偏差分别为多少万元?

③第 3 个月,承包人完成分项工程项目费用为多少万元?该月发包人应支付给承包人的工程款为多少万元?

④分项工程 B 按调整后的综合单价计算费用的工程量为多少 m³?调整后的综合单价为多少元/m³?分项工程项目费用、总价措施项目费用分别增加多少万元?竣工结算时,发包人应支付给承包人的竣工结算款为多少万元?(计算过程和结果以万元为单位的保留三位小数,以元为单位的保留两位小数)

48.背景资料:某企业已建成 1 500 m³ 生活用高位水池,开始办理工程竣工结算事宜。承建该工程的施工企业根据施工招标工程量清单中标的"高位水池土建分部分项工程和单价措施项目清单与计价表"(见表 10.14),依据该工程的实体工程分部分项结算工程量(见表 10.15)编制工程结算。

表 10.14　高位水池土建分部分项工程和单价措施项目清单与计价表

序号	项目名称	项目编码	项目特征	计量单位	工程量	金额	
						综合单价	合价
一			分部分项工程				
1	010101002001	开挖土方	挖运 1 km 内	m³	1 172.00	14.94	17 509.88
2	010102002001	开挖石方	风化岩挖运 1 km 内	m³	4 688.00	17.72	83 071.36
3	010103001001	回填土石方	夯填	m³	1 050.00	30.26	31 773.00
4	010501001001	混凝土垫层	C15 混凝土	m³	36.00	588.84	21 198.24
5	070101001001	混凝土池底板	C30 抗渗混凝土	m³	210.00	761.76	159 969.60
6	070101002001	混凝土池壁板	C30 混凝土	m³	180.00	798.77	143 778.60
7	070101003001	混凝土池顶板	C30 混凝土	m³	40.00	719.69	28 787.60
8	070101004001	混凝土池内柱	C30 混凝土	m³	5.00	718.07	3 590.35
9	010515001001	钢筋	制作绑扎	t	36.00	8 688.86	312 798.96
10	010606008001	钢爬梯	制作安装	t	0.20	9 402.10	1 880.42
	分部分项工程小计			元			804 537.81
二			单价措施项目				
1	—		模板、脚手架、垂直运输、大型机械	—	—	—	131800.00
	单价措施项目小计			元			131 800.00
	分部分项工程和单价措施项目合计			元			936 157.81

表 10.15　实体工程分部分项结算工程量

序号	项目名称	计量单位	计算过程	计算结果
1	混凝土垫层	m³	/	36.24
2	混凝土池底板	m³	/	211.65
3	混凝土池壁板	m³	/	175.00
4	混凝土池顶板	m³	/	42.91
5	混凝土池内柱	m³	/	4.80
6	钢筋	t	/	35.78
7	钢爬梯	t	/	0.17

问题：

①原招标工程量清单中钢筋混凝土池顶板混凝土标号为 C30,施工过程中经各方确认设计变更为 C35。若该清单项目混凝土消耗量为 1.015;同期 C30 及 C35 商品混凝土到工地价分别为 488.00 元/m³ 和 530.00 元/m³;原投标价中企业管理费按人工、材料、机械费之和的 10% 计取,利润按人工、材料、机械、企业管理费之和的 7% 计取。请列式计算该钢筋混凝土池顶板混凝土标号由 C30 变更为 C35 的综合单价差和综合单价。

②该工程施工合同双方约定,工程竣工结算时,土石方工程量和单价措施费不做调整。请根据问题①的计算结果和表 10.14、表 10.15 中已有的数据,在表 10.16 中编制该高位水池土建分部分项工程和单价措施项目清单与计价表。

表 10.16　高位水池土建分部分项工程和单价措施项目清单与计价表

序号	项目编码	项目名称	项目特征	计量单位	工程量	综合单价	合价
一				分部分项工程			
1	010101002001	开挖土方	挖运 1 km 内	m³			
2	010102002001	开挖石方	风化岩挖运 1 km 内	m³			
3	010103001001	回填土石方	夯填	m³			
4	010501001001	混凝土垫层	C15 混凝土	m³			
5	070101001001	混凝土池底板	C30 抗渗混凝土	m³			
6	070101002001	混凝土池壁板	C30 混凝土	m³			
7	070101003001	混凝土池顶板	C35 混凝土	m³			
8	070101004001	混凝土池内柱	C30 混凝土	m³			
9	010515001001	钢筋	制作绑扎	t			
10	010606008001	钢爬梯	制作安装	t			
		分部分项工程小计		元			
二				单价措施项目			
1	—	模板、脚手架、垂直运输、大型机械	—	—	—	—	
		单价措施项目小计		元			
	分部分项工程和单价措施项目合计			元			

③若总价措施项目中仅有安全文明施工费,其费率按分部分项工程费的 6% 计取;其他项目费用的防水工程专业分包结算价为 85 000.00 元,总包服务费按 5% 计取;人工费占分部分项工程费及措施项目费的 25%,规费按人工费的 21% 计取,税金按 9% 计取。

请根据问题②的计算结果,按《建设工程工程量清单计价规范》(GB50500—2013)的计算规则,列式计算安全文明施工费、措施项目费、人工费,在表 10.17 中编制该高位水池土建单位工程竣工结算汇总表。(无特殊说明的,费用计算时均为不含税价格;计算结果均保两位小数)

表 10.17　高位水池土建单位工程竣工结算汇总表

序号	汇总内容	金额(元)
1	分部分项工程费	
2	措施项目费	
2.1	其中:安全文明施工费	
3	其他项目费	
3.1	专业工程分包	
3.2	总承包服务费	
4	规费	
5	税金	
竣工结算总价合计 1+2+3+4+5		

49.背景资料:如图 10.40 所示,某工程为回旋钻机干作业成孔灌注桩基础工程。设计钻孔灌注桩 300 根,桩径 φ800 mm,设计桩长 29 m,入岩 2.0 m。自然地面标高-0.6 m,桩顶标高-3.9 m。C30 混凝土。

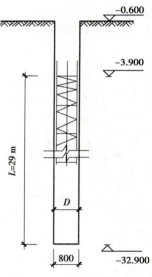

图 10.40　桩基示意图

问题:

①试依据《房屋建筑与装饰工程工程量计算规范》(GB50854—2013)编制桩基分部分项工程量清单。

表 10.18　分部分项工程量清单

序号	项目编码	项目名称	项目特征	计量单位	工程量	计算式
1		干作业成孔灌注桩				

②试结合《重庆市房屋建筑与装饰工程计价定额》（CQJZZSDE—2018）编制桩基分部分项工程综合单价分析表。

表 10.19　分部分项工程量清单

项目编码			项目名称								计量单位		综合单价		
定额编号	定额项目名称	单位	数量	定额综合单价								人材机价差	其他风险费	合价
				定额人工费	定额材料费	定额施工机具使用费	企业管理费		利润		一般风险费用				
				1	2	3	4	5	6	7	8	9	10	11	12
							费率（%）	(1+3)×(4)	费率（%）	(1+3)×(6)	费率（%）	(1+3)×(8)			1+2+3+5+7+9+10+11
合　计															

③试编制桩基分部分项工程量清单计价表。

表 10.20　分部分项工程量清单计价表

序号	项目编码	项目名称	项目特征	计量单位	工程量	金额(元)		
						综合单价	合价	其中暂估价
1		干作业成孔灌注桩						

参考文献

[1] 规范编制组.2013 建设工程计价计量规范辅导[M].北京:中国计划出版社,2013.

[2] 全国造价工程师职业资格考试培训教材编审委员会.建设工程计价[M].北京:中国计划出版社,2021.

[3] 全国造价工程师职业资格考试培训教材编审委员会.建设工程造价管理[M].北京:中国计划出版社,2021.

[4] 陈达飞.平法识图与钢筋计算[M].北京:中国建筑工业出版社,2017.

[5] 袁建新.简明工程造价手册[M].北京:中国建筑工业出版社,2007.

[6] 陈青来.钢筋混凝土结构平法设计与施工规则[M].北京:中国建筑工业出版社,2018.

[7] 中国建设工程造价管理协会.《建筑工程建筑面积计算规范》图解[M].北京:中国计划出版社,2015.

[8] 住房和城乡建设部标准定额研究所.《建筑工程建筑面积计算规范》宣贯辅导教材[M].北京:中国计划出版社,2015.

[9] 全国二级造价工程师(重庆地区)职业资格考试培训教材编审委员会.建设工程计量与计价实务(土木建筑工程)[M].北京:中国建筑工业出版社,2020.

[10] 丁佩,等.三维激光扫描技术在土方测量中的应用[J].城市勘测,2018,(6):156-159.